ΣBEST シグマベスト

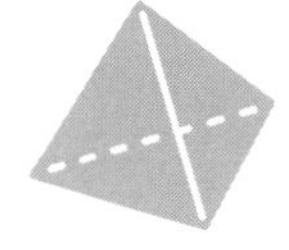

# 高校
# やさしく わかりやすい

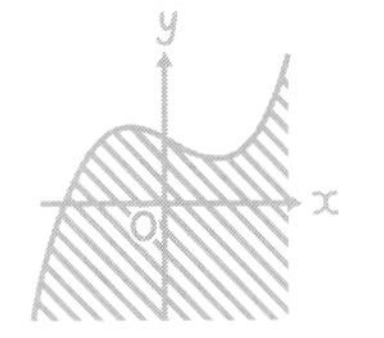

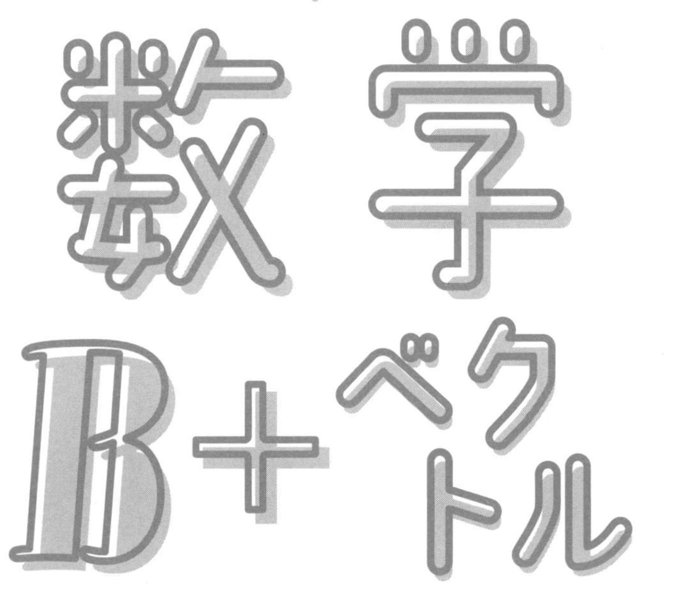


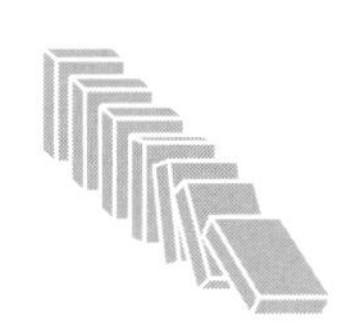

θ
r


堀部和経 著

文英堂

『高校やさしくわかりやすい数学B＋ベクトル』正誤表

本書に誤りがございました。深くお詫び申し上げますとともに，訂正の上でのご使用をお願い申し上げます。

文英堂

| 訂正箇所 | 訂正前 | 訂正後 |
| --- | --- | --- |
| 本冊 p.62 問題2(2)<br>別冊 p.34 問題2(2) | 1回取り出すごとにカードをもとにもどして，10回カードを取り出す。カードに書かれた数の合計を $Y$ とするとき， | 取り出したカードに書かれた数の10倍を $Y$ とするとき， |
| 別冊 p.36 右段「解き方」2行目 | 大きさは $n=\underline{900}$ であるから | 大きさは $n=\underline{600}$ であるから |

# 本書の特長と使い方

基礎の基礎からやさしくわかりやす

解けるようにしました。

ページにはまとめとチェック問題，右

例題と解き方のコツをくわしく解説しています。

(2) 次の数列 $(a_n)$ の規則を考えて，その一般項を $n$ の式で表せ。

類題 次の数列 $(a_n)$ の規則を考え，その規則を説明し，数列の一般項を $n$ の式で表せ。 解答 → 別冊 p.3

(1) 11, 10, 9, 8, 7, 6, … (2) $\frac{2}{1}, \frac{5}{2}, \frac{10}{3}, \frac{17}{4}, \frac{26}{5}, \frac{37}{6}, \cdots$

❷ □をうめ，右の答えで確認しながら進めましょう。

❹ 上の例題を見ながら解きましょう。解答は別冊にあります。

❺ 数単元ごとに，確認テストを付けました。ここには，解けなかったときにどの単元に戻ればよいか示してあります。

# もくじ

## 第1章 数列 数学B

## 第2章 統計的な推測 数学B

## 第3章 ベクトル　数学C

# 1 > 数列とは

## まとめ

### ☑ 数列の定義

← 数学Bでは，数列は実数の範囲で考える

ある規則にしたがって数を順に並べたものを**数列**という。

例 自然数の2乗を，小さいものから順に並べた数列は

1，4，9，16，25，…

### ☑ 数列の項

数列のそれぞれの数を，**項**(こう)という。はじめから順に第1項(**初項**ともいう)，第2項，第3項，…，第 $n$ 項，…と呼ぶ。また，項の番号を添え字(サフィックス)に書いて

$$a_1,\ a_2,\ a_3,\ a_4,\ a_5,\ \cdots,\ a_n,\ \cdots$$

のように書く。また，数列全体を $\{a_n\}$ と表すことも多い。

例 上の例では　$a_1=1$，$a_2=4$，$a_3=9$，…，$a_n=n^2$，…となる。

### ☑ 一般項

第 $n$ 項 $a_n$ を表す $n$ の式を，数列の**一般項**という。

例 上の例では $a_n=n^2$，他の例としては，$a_n=2n-1$（奇数の列）など。

### ☑ 有限数列・無限数列

↓ 有限数列の項の数を項数という

項の数が有限である数列を**有限数列**，無限である数列を**無限数列**という。

## > チェック問題

(1) 次の数列の規則を考えて，空欄に適当な数を入れよ。

・5，10，［❶］，20，25　　・4，7，10，［❷］，16，19

・$1,\ \frac{1}{2},\ \frac{1}{3},$ ［❸］$,\ \frac{1}{5},\ \frac{1}{6}$　　・$1,\ \frac{3}{2},\ \frac{5}{3},$ ［❹］$,\ \frac{9}{5},\ \frac{11}{6}$

(2) 次の数列 $\{a_n\}$ の規則を考えて，その一般項を $n$ の式で表せ。

・2，4，6，8，10，12，…　　$a_n=$［❺］

・$\frac{1}{2},\ \frac{1}{3},\ \frac{1}{4},\ \frac{1}{5},\ \frac{1}{6},\ \frac{1}{7},\ \cdots$　　$a_n=$［❻］

答え >

❶ 15　❷ 13

❸ $\frac{1}{4}$　❹ $\frac{7}{4}$

❺ $2n$

❻ $\frac{1}{n+1}$

**例題** 次の数列 $\{a_n\}$ の規則を考え，その規則を説明し，数列の一般項を $n$ の式で表せ。

(1) 8, 6, 4, 2, 0, −2, …

(2) $\frac{1}{1}$, $\frac{3}{4}$, $\frac{5}{9}$, $\frac{7}{16}$, $\frac{9}{25}$, $\frac{11}{36}$, …

**解説**

(1) この数列は，項が1つ後ろになると2ずつ減っていくことがわかる。

$n$ と一般項 $a_n$ および $2n$ の表を作ると

| $n$ | 1 | 2 | 3 | 4 | 5 | 6 | … |
|---|---|---|---|---|---|---|---|
| $a_n$ | 8 | 6 | 4 | 2 | 0 | −2 | … |
| $2n$ | 2 | 4 | 6 | 8 | 10 | 12 | … |

← 何番目についても和が10になっている

となる。$a_n+2n=10$ なので　$\boldsymbol{a_n=10-2n}$ …答

(2) この数列の一般項 $a_n$ について，分子と分母に分けて考える。

(1)のように，$a_n$ の分子と $2n$ の表を作ると

| $a_n$ の分子 | 1 | 3 | 5 | 7 | 9 | 11 | … |
|---|---|---|---|---|---|---|---|
| $2n$ | 2 | 4 | 6 | 8 | 10 | 12 | … |

← 差が1

となる。($a_n$ の分子)$-2n=-1$ となり　($a_n$ の分子)$=2n-1$

次に，$a_n$ の分母と $n^2$ の表を作ると

| $a_n$ の分母 | 1 | 4 | 9 | 16 | 25 | 36 | … |
|---|---|---|---|---|---|---|---|
| $n^2$ | 1 | 4 | 9 | 16 | 25 | 36 | … |

← 等しい

となり　($a_n$ の分母)$=n^2$　　したがって　$\boldsymbol{a_n=\frac{2n-1}{n^2}}$ …答

**類題** 次の数列 $\{a_n\}$ の規則を考え，その規則を説明し，数列の一般項を $n$ の式で表せ。

解答 → 別冊 p.3

(1) 11, 10, 9, 8, 7, 6, …

(2) $\frac{2}{1}$, $\frac{5}{2}$, $\frac{10}{3}$, $\frac{17}{4}$, $\frac{26}{5}$, $\frac{37}{6}$, …

# 2 > 等差数列

## まとめ

### ☑ 等差数列

初項 $a$ に次々と一定の数 $d$（公差という）を加えて得られる数列を**等差数列**という。

$a_1=a$，$a_2=a+d$，$a_3=a+2d$，$a_4=a+3d$，…

初項 $a$，公差 $d$ の等差数列 $\{a_n\}$ の一般項は　$\boldsymbol{a_n=a+(n-1)d}$

### ☑ 等差数列の条件

数列 $\{a_n\}$ が等差数列 $\iff a_n=pn+q$（$p$，$q$ は定数）

$\iff a_{n+1}=a_n+d$（$d$ は定数）

### ☑ 等差中項

3 数 $a$，$b$，$c$ がこの順で等差数列 $\iff \boldsymbol{2b=a+c}$

### ☑ 等差数列の性質

2 つの等差数列 $\{a_n\}$，$\{b_n\}$ と定数 $k$ に対して

① $\{ka_n\}$ は等差数列　　② $\{a_n+b_n\}$ は等差数列

### ☑ 調和数列

$\left\{\dfrac{1}{a_n}\right\}$ が等差数列になるとき，$\{a_n\}$ は調和数列であるという。

例 (1) $\dfrac{1}{1}$，$\dfrac{1}{2}$，$\dfrac{1}{3}$，$\dfrac{1}{4}$，…　　(2) $\dfrac{1}{3}$，$\dfrac{1}{5}$，$\dfrac{1}{7}$，$\dfrac{1}{9}$，$\dfrac{1}{11}$，…

## > チェック問題

(1) 3，［❶］，11，［❷］は等差数列である。

(2) 初項 3，公差 2 の等差数列 $\{a_n\}$ の一般項は

$a_n=$［❸］

(3) 初項 8，公差 $-3$ の等差数列 $\{a_n\}$ の一般項は

$a_n=$［❹］

(4) $a_n=4n+9$ のとき，数列 $\{a_n\}$ の初項は［❺］，公差は［❻］

(5) $x$，6，$2x+3$，…が等差数列となるとき　$x=$［❼］

**答え >**

❶ 7　❷ 15

❸ $2n+1$

❹ $-3n+11$

❺ 13　❻ 4

❼ 3

**例題** 次の問いに答えよ。

(1) 第 4 項が 28，第 7 項が 46 である等差数列 $\{a_n\}$ について，130 は第何項か答えよ。

(2) 等差数列をなす 3 数の和が 15，積が 80 であるとき，この 3 数を求めよ。



**解説**

(1) 初項を $a$，公差を $d$ とする。$a_n=a+(n-1)d$ となるので，

$a_4=28$，$a_7=46$ より　$28=a+3d$，$46=a+6d$

これを解いて，$d=6$，$a=10$ となり　$a_n=10+(n-1)\cdot 6=6n+4$

$a_n=130$ とおくと，$6n+4=130$ から　$n=21$　　**第 21 項**　…答

(2) 等差数列の 3 数を $x-d$，$x$，$x+d$ とおくと

$$(x-d)+x+(x+d)=15,\ (x-d)x(x+d)=80$$

第 1 式より，$x=5$ となり，第 2 式に代入して

$$(5-d)\cdot 5\cdot (5+d)=80 \qquad 25-d^2=16$$

$d^2=9$ から　$d=\pm 3$

$d=\pm 3$ のどちらの場合も，等差数列の 3 数は　**2，5，8**　…答

**類題** 次の問いに答えよ。　解答 → 別冊 p.3

(1) 第 5 項が 2，第 9 項が 14 である等差数列 $\{a_n\}$ について，100 以上 110 以下となる項の数を求めよ。

(2) 等差数列の初項から第 3 項までの和が 15，積が 45 である。また，公差を正とするとき，この数列の第 4 項を求めよ。

# 3 〉等差数列の和

## まとめ

### ☑ 等差数列の和

等差数列 $\{a_n\}$ の初項 $a_1$ から第 $n$ 項 $a_n$ までの和を $S_n$ とする。

$$\begin{array}{l} \quad\ \ a_1+d \quad a_1+2d \qquad\quad a_n-d \\ \quad\ \ \downarrow \qquad\quad \downarrow \qquad\qquad\quad \downarrow \\ S_n=a_1+a_2\ \ +a_3\ \ +\cdots+a_{n-1}+a_n \quad \cdots\cdots① \\ S_n=a_n+a_{n-1}+a_{n-2}+\cdots+a_2\ \ +a_1 \quad \cdots\cdots② \\ \quad\ \ \uparrow \qquad\quad \uparrow \qquad\qquad\quad \uparrow \\ \quad\ \ a_n-d \quad a_n-2d \qquad\quad a_1+d \end{array}$$

①+②を考えると（各かっこ内は $a_1+a_n$）

$$\begin{aligned} 2S_n&=(a_1+a_n)+(a_2+a_{n-1})+(a_3+a_{n-2})+\cdots+(a_{n-1}+a_2)+(a_n+a_1) \\ &=\underline{(a_1+a_n)+(a_1+a_n)+(a_1+a_n)+\cdots+(a_1+a_n)+(a_1+a_n)} \\ &=n(a_1+a_n) \end{aligned}$$

↑(　)は $n$ 個あり，(　)内はすべて $a_1+a_n$

よって　$S_n=\dfrac{1}{2}n(a_1+a_n)$

つまり　$S_n=a_1+a_2+a_3+\cdots+a_n=\dfrac{1}{2}n(a_1+a_n)$

さらに初項を $a$，公差を $d$ とすれば

$$S_n=\frac{1}{2}n\{2a+(n-1)d\}$$

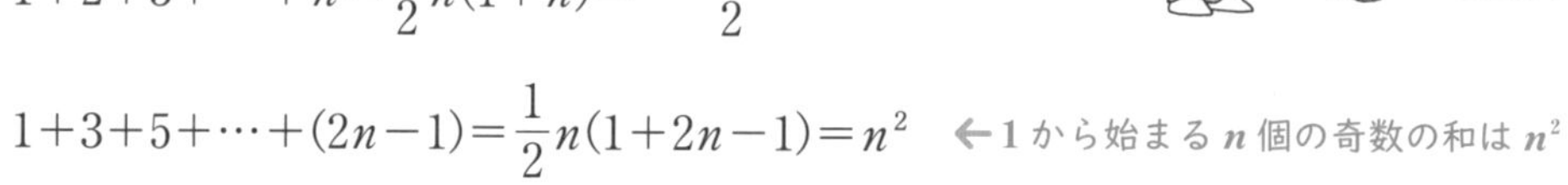

**例**　$1+2+3+\cdots+n=\dfrac{1}{2}n(1+n)=\dfrac{n(n+1)}{2}$

$1+3+5+\cdots+(2n-1)=\dfrac{1}{2}n(1+2n-1)=n^2$　←1 から始まる $n$ 個の奇数の和は $n^2$

## 〉チェック問題

次の和を求めよ。

(1) $2+4+6+\cdots+2n=$ [ ❶ ]

(2) 等差数列で，初項 4 から第 10 項 31 までの和は [ ❷ ]

(3) 初項 $-3$，公差 4，項数 12 の等差数列の和は [ ❸ ]

(4) 初項 5，公差 3，末項 47 の等差数列の項数は [ ❹ ] である。
したがって，その和は [ ❺ ] である。

**答え〉**

❶ $n(n+1)$

❷ 175

❸ 228

❹ 15

❺ 390

例題 次の問いに答えよ。

(1) 初項が $-10$, 末項が 90, 和が 840 である等差数列 $\{a_n\}$ の項数と公差を求め，一般項を求めよ。

(2) 初項 38, 公差 $-3$ の等差数列 $\{a_n\}$ の初項から第 $n$ 項までの和を $S_n$ とするとき，$S_n$ の最大値とそのときの $n$ の値を求めよ。

**解説**

(1) 項数を $N$, 公差を $d$ とすると　$a_N=-10+(N-1)d=90$　……①

また　$S_N=\frac{1}{2}N(-10+90)=840$　……②

②より，$N=21$ となり，①に代入して，$-10+(21-1)d=90$ より　$d=5$

よって　$a_n=-10+(n-1)\cdot 5=5n-15$

以上より，**項数 21，公差 5，一般項 $a_n=5n-15$** …答

(2) $a_n=38+(n-1)\times(-3)=-3n+41$

$-3n+41>0$ とすると　$n<\frac{41}{3}=13.6\cdots$　← $n=14$ 以降の項はすべて負になる

よって，$S_n$ が最大となる $n$ の値は　$\boldsymbol{n=13}$ …答

$a_{13}=2$ なので，最大値は　$S_{13}=\frac{1}{2}\cdot 13\cdot(38+2)=\mathbf{260}$ …答

類題 次の問いに答えよ。 解答 → 別冊 p.4

(1) 初項が 8, 末項が 98, 和が 1643 である等差数列 $\{a_n\}$ の一般項を求めよ。

(2) 初項 45, 公差 $-7$ の等差数列 $\{a_n\}$ の初項から第 $n$ 項までの和を $S_n$ とするとき，$S_n$ の最大値とそのときの $n$ の値を求めよ。

# 1～3の確認テスト

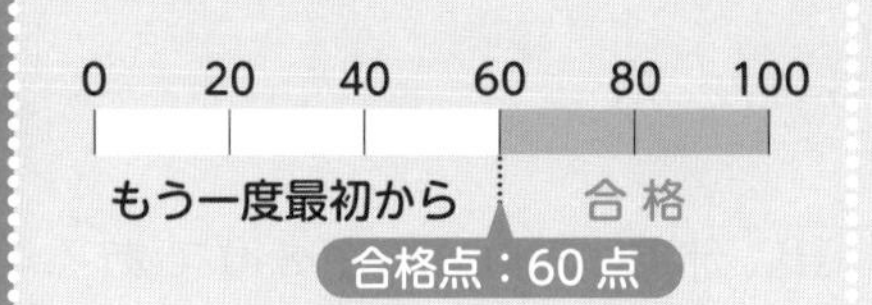


点

解答 → 別冊 p.6～7

わからなければ 1 へ

**1** 次の数列の規則性を考えて，□内に適当な数を入れよ。　（各8点　計32点）

(1) 2, 5, 8, 11, □, 17, …

(2) 1, 3, 9, 27, □, 243, …

(3) $\frac{1}{2}$, $\frac{3}{4}$, $\frac{5}{8}$, $\frac{7}{16}$, □, $\frac{11}{64}$, …

(4) 2, 1, $\frac{2}{3}$, $\frac{1}{2}$, □, $\frac{1}{3}$, …

わからなければ 2 へ

**2** 第5項が $-5$，第9項が7であるような等差数列 $\{a_n\}$ について，次の問いに答えよ。　（各10点　計20点）

(1) 58は第何項か。

(2) 項の値が初めて100より大きくなるのは第何項か。

わからなければ 2 へ

**3** 等差数列になる3数の和が $-6$，積が10であるとき，この3数を求めよ。（12点）

わからなければ 2 へ

**4** 初項3，公差2の等差数列 $\{a_n\}$ と，初項5，公差3の等差数列 $\{b_n\}$ がある。
$c_n=a_n+b_n$ とおくとき，数列 $\{c_n\}$ は等差数列となることを示し，その初項と公差を求めよ。（12点）

わからなければ 3 へ

**5** 初項から第5項までの和が95，第6項から第10項までの和が195である等差数列の一般項を求めよ。（12点）

わからなければ 3 へ

**6** 1から100までの自然数で，3の倍数の和を求めよ。（12点）

# 4 > 等比数列

## まとめ

### ☑ 等比数列

初項 $a$ に次々と一定の数 $r$（公比という）を掛けて得られる数列を等比数列という。

$$a_1=a,\ a_2=ar,\ a_3=ar^2,\ a_4=ar^3,\ \cdots$$

初項 $a$，公比 $r$ の等比数列 $\{a_n\}$ の一般項は　$\boldsymbol{a_n=ar^{n-1}}$

### ☑ 等比数列の条件

数列 $\{a_n\}$ が等比数列 $\iff a_{n+1}=a_nr$（$r$ は定数）　← 各項が 0 でない場合，$\dfrac{a_{n+1}}{a_n}=r$ と変形できる

### ☑ 等比中項

3 数 $a$，$b$，$c$ がこの順で等比数列 $\iff \boldsymbol{b^2=ac}$

### ☑ 等比数列の性質

2 つの等比数列 $\{a_n\}$，$\{b_n\}$ と定数 $k$ に対して

① $\{ka_n\}$ は等比数列　② $\{a_n\cdot b_n\}$ は等比数列

③ $\left\{\dfrac{1}{a_n}\right\}$ は等比数列（ただし，$\{a_n\}$ の各項は 0 ではない。）

## > チェック問題

(1) 2，6，[ ❶ ]，54，[ ❷ ] は等比数列である。

(2) 4，$-2$，[ ❸ ]，[ ❹ ]，$\dfrac{1}{4}$ は等比数列である。

(3) 初項 3，公比 2 の等比数列の一般項 $a_n=$ [ ❺ ] である。

(4) $a_n=3^n$ の初項は [ ❻ ]，公比は [ ❼ ] である。

(5) 3 数 3，$x+3$，$4x$ がこの順で等比数列となるとき，
( [ ❽ ] $)^2=3\times$ [ ❾ ] より　$x=$ [ ❿ ]

(6) 等比数列 $\{a_n\}$ の公比が $\dfrac{3}{2}$ のとき，$\left\{\dfrac{1}{a_n}\right\}$ の公比は [ ⓫ ] である。

## 答え >

❶ 18　❷ 162

❸ 1　❹ $-\dfrac{1}{2}$

❺ $3\cdot 2^{n-1}$（$6^{n-1}$ ではない）

❻ 3　❼ 3

❽ $x+3$　❾ $4x$　❿ 3

⓫ $\dfrac{2}{3}$

例題 次の問いに答えよ。

(1) 第 2 項が 12，第 5 項が 96 である等比数列 $\{a_n\}$ について，一般項を求めよ。
また，768 は第何項か答えよ。

(2) 等比数列をなす 3 数の和が 14，積が 64 であるとき，この 3 数を求めよ。

解説

(1) 初項を $a$，公比を $r$ とすると，一般項 $a_n=ar^{n-1}$ となる。

$a_2=ar=12$，$a_5=ar^4=96$ より　$r^3=8$　　$r$ は実数なので　$r=2$

よって，$a=6$ であり　$a_n=6\cdot2^{n-1}=3\cdot2\cdot2^{n-1}=\mathbf{3\cdot2^n}$ …答　←$6\cdot2^{n-1}$ のままでもよい

$a_n=3\cdot2^n=768$ のとき　$2^n=256$

よって，$2^n=2^8$ なので　$n=8$　　**第 8 項** …答

(2) 等比数列の第 2 項を $b$，公比を $r$ とする。3 数の積が 64 なので　$r\neq0$

$$\frac{b}{r}+b+br=14 \quad \cdots\cdots① \qquad \frac{b}{r}\times b\times br=64 \quad \cdots\cdots②$$

②より $b^3=4^3$ で，$b$ は実数なので　$b=4$　　①より　$4\left(\frac{1}{r}+1+r\right)=14$

両辺に $\frac{r}{2}$ を掛けて整理して　$2r^2-5r+2=0$　　これを解いて　$r=\frac{1}{2}$，2

どちらの場合も 3 数は　**2，4，8** …答

類題 次の問いに答えよ。　解答 → 別冊 p.8

(1) 初項が 5，第 4 項が $-135$ である等比数列 $\{a_n\}$ の一般項を求めよ。

(2) 等比数列になる 3 数の和が $-3$，積が 8 であるとき，この 3 数を求めよ。

# 5 > 等比数列の和

## まとめ

### ☑ 等比数列の和

初項が $a$，公比が $r$ の等比数列 $\{a_n\}$ の初項から第 $n$ 項までの和を $S_n$ とすると

$$S_n=\begin{cases} na & (r=1) \\ a\cdot\dfrac{1-r^n}{1-r}=a\cdot\dfrac{r^n-1}{r-1} & (r\neq 1)\end{cases}$$

［説明］ $a_n=ar^{n-1}$ である。

(ア) $r=1$ のとき，$a_n=a\cdot 1^{n-1}=a$（つまり，すべての項が $a$）なので

$S_n=a+a+a+\cdots+a+a=na$（$a$ が $n$ 個加えられている）

(イ) $r\neq 1$ のとき

$S_n=a+ar+ar^2+\cdots+ar^{n-2}+ar^{n-1}$ ……①

$rS_n=\quad ar+ar^2+\cdots+ar^{n-2}+ar^{n-1}+ar^n$ ……②

①－②を計算すると，右辺は①の左端と②の右端しか残らないので

$S_n-rS_n=a-ar^n$ 　よって　$(1-r)S_n=a\cdot(1-r^n)$

$r\neq 1$ なので $1-r\neq 0$ となり，両辺を $1-r$ で割ると　$S_n=a\cdot\dfrac{1-r^n}{1-r}=a\cdot\dfrac{r^n-1}{r-1}$

## > チェック問題

次の和を求めよ。

(1) $2+4+8+16+32+64=$ ❶ $\times\dfrac{❷^{❸}-1}{❷-1}=$ ❹

(2) $1+\dfrac{1}{3}+\dfrac{1}{3^2}+\dfrac{1}{3^3}=1\times\dfrac{1-\left(\dfrac{1}{3}\right)^{❺}}{1-\dfrac{1}{3}}=$ ❻

(3) $1+\sqrt{2}+2+2\sqrt{2}+4+4\sqrt{2}=$ ❼

(4) 初項 3，公比 $-2$，項数 5 の等比数列の和は ❽

(5) 初項 $x$，公比 $x+1$（ただし $x\neq 0$）の等比数列の初項から第 $n$ 項までの和は ❾

**答え >**

❶ 2　❷ 2　❸ 6

❹ 126

❺ 4　❻ $\dfrac{40}{27}$

❼ $\left(1\times\dfrac{(\sqrt{2})^6-1}{\sqrt{2}-1}=\right)$ $7(\sqrt{2}+1)$

❽ $\left(3\times\dfrac{1-(-2)^5}{1-(-2)}=\right)33$

❾ $\left(x\times\dfrac{(x+1)^n-1}{(x+1)-1}=\right)$ $(x+1)^n-1$

例題　次の問いに答えよ。

(1) 初項が1，末項が32，和が63であるような等比数列の公比と項数を求めよ。
(2) 初項から第4項までの和の8倍が第4項から第7項までの和に等しく，第4項は80である等比数列の一般項を求めよ。ただし，数列の各項は正とする。

解説

(1) 公比を $r$，末項を $a_N$ とすると　$a_N=r^{N-1}=32$　……①

初項が1なので，$r=1$ とすると末項も1となり不適。

よって，$r\neq1$ なので，$S_N=1\cdot\dfrac{r^N-1}{r-1}=63$ より　$r^N=63r-62$　……②

①より，$r^N=r^{N-1}\times r=32r$ となるので，②と合わせて

$32r=63r-62$ より　$r=2$

①に代入して，$2^{N-1}=32=2^5$ より　$N=6$

よって，**公比は2，項数は6** …答

(2) 初項を $a$，公比を $r$ とおく。数列の各項は正なので　$a>0$，$r>0$

(初項から第4項までの和)$=a+ar+ar^2+ar^3=a(1+r+r^2+r^3)$

(第4項から第7項までの和)$=ar^3+ar^4+ar^5+ar^6=ar^3(1+r+r^2+r^3)$

$8a(1+r+r^2+r^3)=ar^3(1+r+r^2+r^3)$ で，$a>0$，$1+r+r^2+r^3>0$ より　$r^3=8$

$r$ は実数なので　$r=2$

$a_4=a\cdot2^3=80$ より　$a=10$　　よって　$a_n=\mathbf{10\cdot2^{n-1}}$ $(=5\cdot2^n)$ …答

類題　第3項が12，初項から第3項までの和が9である等比数列の初項と公比を求めよ。

解答 → 別冊 p.9

# 6 和の記号 Σ

## まとめ

**☑ 和の記号 Σ**　数列の和を表すのに $a_1+a_2+a_3+\cdots+a_n$ のように書いてきた。

これを新しい記号 "Σ"（シグマと読む）を用いて次のように表す。

$$a_1+a_2+a_3+\cdots+a_n=\sum_{k=1}^{n}a_k$$

> 見慣れない記号であるが，慣れると，長く複雑な式も短く簡素に書ける。ただし，慣れないとその式が何を表しているか，わからなくなってしまう。ここで大切なのは，慣れることである。

・$\sum_{k=1}^{n}a_k$ の $k$ は変数のようなもの。問題文やそれまでの解答で使っていない文字ならどの文字を使ってもかまわない。

例 $1+2+3=\sum_{k=1}^{3}k=\sum_{i=1}^{3}i=\sum_{p=1}^{3}p=\sum_{n=1}^{3}n=\cdots$

・和を Σ で表す方法は，何通りも考えられる。（文字を変える以外に…）

例 $1^2+2^2+3^2+4^2=\sum_{k=1}^{4}k^2=\sum_{k=3}^{6}(k-2)^2=\sum_{k=7}^{10}(k-6)^2=\cdots$

・$\sum_{k=1}^{n}$ のように，変数が $k$ のときは，$k$ 以外の文字は定数として扱う。

例 ① $\sum_{k=1}^{5}(n+k)=(n+1)+(n+2)+(n+3)+(n+4)+(n+5)$

② $\sum_{k=1}^{3}n^k=n^1+n^2+n^3$

・Σ の右側では Σ の次にある項までしか影響しない。

例 ① $\sum_{k=1}^{3}(k+1)=(1+1)+(2+1)+(3+1)$　② $\sum_{k=1}^{3}k+1=(1+2+3)+1$

## チェック問題

次の和を求めよ。

$\sum_{k=1}^{5}k=$ ❶，$\sum_{k=1}^{3}(k+1)^2=$ ❷

$\sum_{i=3}^{6}(i-1)=$ ❸，$\sum_{k=1}^{4}a=$ ❹

**答え**

❶ 15　❷ 29

❸ 14　❹ $4a$

例題 次の問いに答えよ。

(1) 次の $\sum$ で書かれた和を求めよ。

① $\sum_{k=1}^{4}(3k-2)$　　② $\sum_{l=1}^{3}(x+l^2)$

(2) 次の和を $\sum$ を用いて表せ。ただし，$\sum_{k=1}^{n}a_k$ の形とする。

$5+9+13+17+\cdots$ (第 $n$ 項まで)

**解説**

(1) ① $\sum_{k=1}^{4}(3k-2)=(3\cdot1-2)+(3\cdot2-2)+(3\cdot3-2)+(3\cdot4-2)$

$=1+4+7+10=\mathbf{22}$ …答

② $\sum_{l=1}^{3}(x+l^2)=(x+1^2)+(x+2^2)+(x+3^2)$

$=(x+1)+(x+4)+(x+9)=\mathbf{3x+14}$ …答

(2) 与えられた和のもとの数列を $\{a_n\}$ とする。$\{a_n\}$ は，初項5，公差4の等差数列であるから　$a_n=5+(n-1)\cdot4=4n+1$

表すときに使う文字は $k$ に指定されているので　$\sum_{k=1}^{n}(\mathbf{4k+1})$ …答

類題 次の問いに答えよ。　解答 → 別冊 p.9

(1) 次の $\sum$ で書かれた和を求めよ。

① $\sum_{k=1}^{4}(2k-1)$　　② $\sum_{i=1}^{3}(n+i)i$

(2) 次の和を $\sum$ を用いて表せ。ただし，$\sum_{k=1}^{n}a_k$ の形とする。

$1+4+9+16+25+\cdots$ (第 $n$ 項まで)

## 4～6の
# 確認テスト

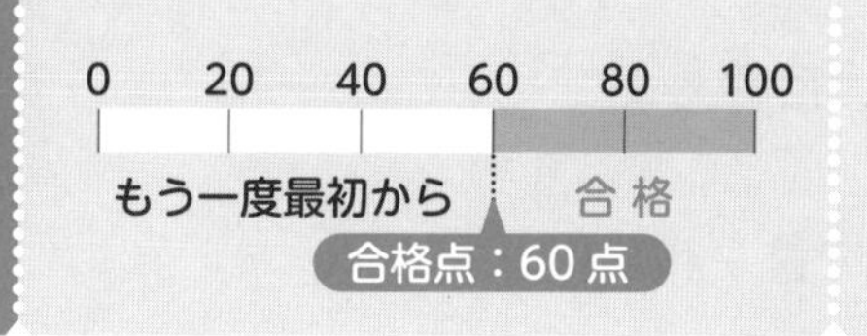


点

解答 → 別冊 p.10～11

わからなければ 4 へ

**1** 第 4 項が 2，第 7 項が 16 である等比数列 $\{a_n\}$ について，一般項を求めよ。また，128 は第何項か答えよ。　（各 10 点　計 20 点）

わからなければ 4 へ

**2** 等比数列になる 3 数の和が 9，積が $-216$ であるとき，この 3 数を求めよ。　（10 点）

わからなければ 5 へ

**3** 初項が 2，末項が 162，和が 122 であるような等比数列の公比と項数を求めよ。　（各 10 点　計 20 点）

わからなければ 5 へ

**4** 初項が 3，第 4 項が 24 の等比数列 $\{a_n\}$ の一般項を求めよ。さらに，$a_n$ が 2 桁の自然数となる項のすべての和を求めよ。　(各 10 点　計 20 点)

わからなければ 5 へ

**5** 第 3 項が 16，第 5 項が 64 である等比数列を $\{a_n\}$ とするとき，初項から第 8 項までの和を求めよ。　(10 点)

わからなければ 6 へ

**6** $\sum$ を用いて表された次の和を，$a_1+a_2+a_3+\cdots+a_n$ の形に書き直せ。　(各 10 点　計 20 点)

(1) $\sum_{k=0}^{n} 2^k$

(2) $\sum_{i=1}^{n} ni$

# 7 いろいろな数列の和

## まとめ

### ☑ 自然数の累乗の和

1 $\sum_{k=1}^{n} 1 = 1+1+1+\cdots+1 = n$　　$(1^0+2^0+3^0+\cdots+n^0$ と考えられる。)

2 $\sum_{k=1}^{n} k = 1+2+3+\cdots+n = \frac{1}{2}n(n+1)$

3 $\sum_{k=1}^{n} k^2 = 1^2+2^2+3^2+\cdots+n^2 = \frac{1}{6}n(n+1)(2n+1)$

4 $\sum_{k=1}^{n} k^3 = 1^3+2^3+3^3+\cdots+n^3 = \left\{\frac{1}{2}n(n+1)\right\}^2 = \frac{1}{4}n^2(n+1)^2$

[参考]　等比数列 $\sum_{k=1}^{n} ar^{k-1} = \begin{cases} a+a+a+\cdots+a = na & (r=1) \\ a+ar+ar^2+\cdots+ar^{n-1} = a\cdot\dfrac{r^n-1}{r-1} & (r\neq 1) \end{cases}$

### ☑ Σの性質

5 $\sum_{k=1}^{n}(a_k+b_k) = \sum_{k=1}^{n} a_k + \sum_{k=1}^{n} b_k$　　6 $\sum_{k=1}^{n} pa_k = p\sum_{k=1}^{n} a_k$ ($p$ は定数)

### ☑ 部分分数分解を利用する和

ペアで0

$$\frac{1}{1\cdot 2}+\frac{1}{2\cdot 3}+\frac{1}{3\cdot 4}+\cdots+\frac{1}{n(n+1)} = \left(\frac{1}{1}-\frac{1}{2}\right)+\left(\frac{1}{2}-\frac{1}{3}\right)+\left(\frac{1}{3}-\frac{1}{4}\right)+\cdots+\left(\frac{1}{n}-\frac{1}{n+1}\right)$$

$\frac{1}{k(k+1)} = \frac{1}{k} - \frac{1}{k+1}$

であるから

$$\sum_{k=1}^{n}\frac{1}{k(k+1)} = 1-\frac{1}{n+1} = \frac{n}{n+1}$$

## チェック問題

次の和を求めよ。

(1) $\sum_{k=1}^{10} k =$ [ ❶ ], $\sum_{k=1}^{9} k^2 =$ [ ❷ ]

(2) $\sum_{k=1}^{n} k(k+1) = \sum_{k=1}^{n}($ [ ❸ ] $) =$ [ ❹ ]

(3) $\sum_{k=1}^{10}\frac{1}{k(k+1)} =$ [ ❺ ]

(4) $\sum_{k=1}^{5} 3\cdot 2^{k-1} =$ [ ❻ ]

**答え**

❶ 55　❷ 285

❸ $k^2+k$

❹ $\frac{1}{3}n(n+1)(n+2)$

❺ $\frac{10}{11}$

❻ 93

**例題** 次の問いに答えよ。

(1) 和 $S=1\cdot n+2\cdot(n-1)+3\cdot(n-2)+\cdots+(n-1)\cdot 2+n\cdot 1$ を求めよ。

(2) $\dfrac{1}{(2k-1)(2k+1)}=\dfrac{1}{2}\left(\dfrac{1}{2k-1}-\dfrac{1}{2k+1}\right)$ を利用して，

和 $T=\dfrac{1}{1\cdot 3}+\dfrac{1}{3\cdot 5}+\dfrac{1}{5\cdot 7}+\cdots+\dfrac{1}{(2n-1)(2n+1)}$ を求めよ。

**解説**

(1) この数列の第 $k$ 項は，$k(n-k+1)$ であるので

$$S=\sum_{k=1}^{n}k(n-k+1)=\sum_{k=1}^{n}\{-k^2+(n+1)k\}$$

$$=-\frac{1}{6}n(n+1)(2n+1)+(n+1)\times\frac{1}{2}n(n+1)$$

$$=\frac{1}{6}n(n+1)\{-(2n+1)+3(n+1)\}=\boldsymbol{\frac{1}{6}n(n+1)(n+2)}$$ …答

(2) $T=\displaystyle\sum_{k=1}^{n}\frac{1}{(2k-1)(2k+1)}=\frac{1}{2}\sum_{k=1}^{n}\left(\frac{1}{2k-1}-\frac{1}{2k+1}\right)$

ペアで 0

$$=\frac{1}{2}\left\{\left(\frac{1}{1}-\frac{1}{3}\right)+\left(\frac{1}{3}-\frac{1}{5}\right)+\left(\frac{1}{5}-\frac{1}{7}\right)+\cdots+\left(\frac{1}{2n-1}-\frac{1}{2n+1}\right)\right\}$$

$$=\frac{1}{2}\left(1-\frac{1}{2n+1}\right)=\boldsymbol{\frac{n}{2n+1}}$$ …答

**類題** 次の問いに答えよ。

解答 → 別冊 p.12

(1) 和 $S=\displaystyle\sum_{k=1}^{n}k(2k-1)$ を求めよ。

(2) $\dfrac{1}{(3k-2)(3k+1)}=\dfrac{1}{3}\left(\dfrac{1}{3k-2}-\dfrac{1}{3k+1}\right)$ を利用して，

和 $T=\displaystyle\sum_{k=1}^{n}\frac{1}{(3k-2)(3k+1)}$ を求めよ。

# 8 階差数列

## まとめ

### ☑ 階差数列

数列 $\{a_n\}$ に対して，$b_n=a_{n+1}-a_n$（$n=1,\ 2,\ 3,\ \cdots$）とおくとき，数列 $\{b_n\}$ を数列 $\{a_n\}$ の階差数列という。

**例** $\{a_n\}$：1，2，4，7，11，……，$a_n$，$a_{n+1}$，……

$\{b_n\}$：1，2，3，4，……，$b_n$，……

### ☑ 階差数列の和

$a_1$　$a_2$　$a_3$　$a_4$，……，$a_{n-1}$，$a_n$，$a_{n+1}$，……

$(b_1+b_2+b_3+\cdots\cdots+b_{n-1})$　$b_n$

数列 $\{a_n\}$ の階差数列を $\{b_n\}$ とすると

$$a_n=a_1+\sum_{k=1}^{n-1}b_k \quad (n\geqq 2)$$

**例** 階差数列 $\{b_n\}$ が $b_n=d$（一定）のとき，$\{a_n\}$ は等差数列である。

### ☑ 数列の和と一般項

数列 $\{a_n\}$ の初項 $a_1$ から第 $n$ 項 $a_n$ までの和が $S_n$ で与えられているとき

$$a_1=S_1,\quad a_n=S_n-S_{n-1}\ (n\geqq 2)$$

## チェック問題

数列 $\{a_n\}$：3，4，7，12，19，28，…，$a_n$，$a_{n+1}$

○　○　○　○　○　　$b_n$

の階差数列を $\{b_n\}$ とすると，$\{b_n\}$ の初めの5項は

❶，❷，❸，❹，❺

なので　$b_n=$ ❻

$n\geqq 2$ のとき

$a_n=3+\sum_{k=1}^{n-1}$ ❼ $=$ ❽

この ❽ は $n=1$ のとき ❾ となる。

したがって，$n\geqq 1$ のとき，一般項 $a_n=$ ❽ である。

**答え**

❶ 1　❷ 3　❸ 5
❹ 7　❺ 9
❻ $2n-1$
❼ $2k-1$
❽ $n^2-2n+4$
❾ 3

例題 次の問いに答えよ。

(1) 数列 2, 4, 8, 14, 22, 32, …の一般項を求めよ。
(2) ある数列 $\{a_n\}$ の初項から第 $n$ 項までの和 $S_n$ が $S_n=2n^2+n$ で表されるとき，一般項を求めよ。



解説

(1) この数列を $\{a_n\}$ とし，その階差数列を $\{b_n\}$ とする。

$\{b_n\}$ : 2, 4, 6, 8, 10, … ← 初項 2，公差 2 の等差数列

よって，階差数列 $\{b_n\}$ の一般項は　$b_n=2+(n-1)\cdot 2=2n$

$n \geqq 2$ のとき

$$a_n=a_1+\sum_{k=1}^{n-1}b_k=2+\sum_{k=1}^{n-1}2k=2+2\cdot\frac{1}{2}(n-1)n=n^2-n+2$$

$a_1=2$ なので，$n \geqq 1$ のとき　$\boldsymbol{a_n=n^2-n+2}$ …答 ← $a_n=n^2-n+2$ が $a_1=2$ を満たすかどうか確認する

(2) まず，$a_1=S_1=2\cdot 1^2+1=3$ である。

次に，$n \geqq 2$ のとき

$$a_n=S_n-S_{n-1}=(2n^2+n)-\{2(n-1)^2+(n-1)\}=4n-1$$

これは，$n=1$ のときも成り立つので　$\boldsymbol{a_n=4n-1}$ …答

類題 次の問いに答えよ。 解答 → 別冊 p.13

(1) 数列 −10, −9, −6, −1, 6, 15, …の一般項を求めよ。

(2) ある数列 $\{a_n\}$ の初項から第 $n$ 項までの和 $S_n$ が $S_n=(n+1)^2$ で表されるとき，一般項を求めよ。

# 9 > 群に分けられた数列

**まとめ**　この単元の内容は難しいので，後回しにしてもかまわない。

### ☑ 群に分けられた数列　← 群数列とよぶ

数列を，ある規則に従って群に分けて考えることがある。分けられた群を前から順に，第 1 群，第 2 群，第 3 群，…という。

**例** 自然数の列 $\{a_n\}$ を，3 つの項ずつの群に分ける。　↓ 区切りは縦棒でかくことが多い

$$1,\ 2,\ 3\ |\ 4,\ 5,\ 6\ |\ 7,\ 8,\ 9\ |\ 10,\ 11,\ 12\ |\ \cdots$$

第 1 群　第 2 群　第 3 群　第 4 群　…

この例で，第 1 群から第 $n$ 群までのすべての項数を $T(n)$ とすると

$$T(n)=\underbrace{3+3+3+\cdots+3}_{n\text{ 個}}=3n$$

となる。このとき，第 $n$ 群の最初の項は，もとの数列の $T(n-1)+1$ 番目である。

$$1,\ 2,\ 3\ |\ 4,\ 5,\ 6\ |\ \cdots\ |\ \bigcirc,\ \bigcirc,\ \bigcirc\ |\ \bullet,\ \bigcirc,\ \bigcirc\ |\ \cdots$$

第 1 群　第 2 群　…　第 $n-1$ 群（ここまで $T(n-1)$ 個）　↑ 第 $n$ 群　$T(n-1)+1$ 番目

よって，第 $n$ 群の最初の項は

$$a_{T(n-1)+1}=T(n-1)+1=3(n-1)+1=3n-2$$　← $a_n=n$ であるので

## > チェック問題

自然数の列 $\{a_n\}$ を，第 $n$ 群の項数が $n$ となるように分ける。

$$1\ |\ 2,\ 3\ |\ 4,\ 5,\ 6\ |\ 7,\ 8,\ 9,\ 10\ |\ \cdots$$

このとき，第 1 群から第 $n$ 群までのすべての項数を $T(n)$ とすると

$$T(n)=1+2+3+\cdots+\boxed{❶}=\boxed{❷}$$

第 $n$ 群の最初の項は，もとの数列の $T(\boxed{❸})+1$ 番目である。よって，第 $n$ 群の最初の項は

$$a_{T(\boxed{❸})+1}=T(\boxed{❸})+1=\boxed{❹}$$

**答え >**

❶ $n$　❷ $\frac{1}{2}n(n+1)$

❸ $n-1$

❹ $\frac{1}{2}(n^2-n+2)$

例題 正の奇数の列を，次のように第 $n$ 群の項数が $n$ となるように分ける。

$$1 \mid 3,\ 5 \mid 7,\ 9,\ 11 \mid 13,\ 15,\ 17,\ 19 \mid \cdots$$

(1) 第 $n$ 群の最初の項を $n$ で表せ。

(2) 第 $n$ 群の $n$ 個の項の和 $S_n$ を $n$ で表せ。

**解説**

(1) もとの奇数の列を $\{a_n\}$ とすると　$a_n=1+(n-1)\cdot 2=2n-1$

第1群から第 $n$ 群までのすべての項数を $T(n)$ とすると

$$T(n)=1+2+3+\cdots+n=\frac{1}{2}n(n+1)$$

↓ $\frac{1}{2}n(n-1)+1$ である

となる。第 $n$ 群の最初の項は，もとの数列の $T(n-1)+1$ 番目である。

よって，第 $n$ 群の最初の項は

$$a_{T(n-1)+1}=2\{T(n-1)+1\}-1$$
$$=2\cdot\frac{1}{2}(n-1)n+1$$
$$=\boldsymbol{n^2-n+1}\ \cdots 答$$

← $T(n-1)+1=\frac{1}{2}(n-1)n+1=\frac{1}{2}(n^2-n+2)$ を計算してから $a_{\frac{1}{2}(n^2-n+2)}=2\cdot\frac{1}{2}(n^2-n+2)-1$ としてもよい

(2) $S_n$ は初項 $n^2-n+1$，公差2，項数 $n$ の等差数列の和なので

$$S_n=\frac{1}{2}n\{2(n^2-n+1)+(n-1)\cdot 2\}=\boldsymbol{n^3}\ \cdots 答$$

類題 正の偶数を，次のように第 $n$ 群の項数が $2n$ となるように分ける。

$$2,\ 4 \mid 6,\ 8,\ 10,\ 12 \mid 14,\ 16,\ 18,\ 20,\ 22,\ 24 \mid \cdots$$

解答 → 別冊 p.13

(1) 第 $n$ 群の最初の項を求めよ。

(2) 第 $n$ 群の $2n$ 個の項の和 $S_n$ を求めよ。

# 7～9の確認テスト

点

解答 → 別冊 p.14～15

わからなければ 7 へ

**1** 次の数列の初項から第 $n$ 項までの和 $S_n$ を求めよ。　（各10点　計20点）

(1) $2\cdot1,\ 4\cdot3,\ 6\cdot5,\ 8\cdot7,\ \cdots$

(2) $1^2\cdot3,\ 2^2\cdot5,\ 3^2\cdot7,\ 4^2\cdot9,\ \cdots$

わからなければ 7 へ

**2** $\dfrac{1}{1\cdot3}+\dfrac{1}{2\cdot4}+\dfrac{1}{3\cdot5}+\cdots+\dfrac{1}{n(n+2)}$ を求めよ。　（12点）

わからなければ 8 へ

**3** 数列 $\{a_n\}$：1，2，6，15，31，56，…について，次の問いに答えよ。

（各10点　計20点）

(1) 数列 $\{a_n\}$ の階差数列 $\{b_n\}$ の一般項を求めよ。

(2) 数列 $\{a_n\}$ の一般項を求めよ。

わからなければ 8 へ

**4** 数列 $\{a_n\}$ の初項から第 $n$ 項までの和 $S_n$ が $S_n=3^n-1$ で表されるとき，一般項を求めよ。 (12 点)

わからなければ 9 へ

**5** 次のように自然数を 1 から順に並べ，第 $n$ 群が $3^{n-1}$ 個の自然数を含むように群に分ける。

$$1 \mid 2,\ 3,\ 4 \mid 5,\ 6,\ 7,\ 8,\ 9,\ 10,\ 11,\ 12,\ 13 \mid \cdots$$

このとき，次の問いに答えよ。 (各 12 点　計 36 点)

(1) 第 $n$ 群の最初の項を求めよ。

(2) 第 $n$ 群に含まれるすべての自然数の和を求めよ。

(3) 250 は第何群の何番目の項か。

# 10 > 漸化式

## まとめ

### ☑ 帰納的定義

数列 $\{a_n\}$ を，初項 $a_1$ の値と，$a_n$ と $a_{n+1}$ の関係式によって定義することを帰納的定義という。

例 (A) $a_1=a,\ a_{n+1}=a_n+d \Longrightarrow a_n=a+(n-1)d$ （等差）

(B) $a_1=a,\ a_{n+1}=ra_n \Longrightarrow a_n=ar^{n-1}$ （等比）

(C) $a_1=a,\ a_{n+1}=a_n+b_n \Longrightarrow a_n=a+\sum_{k=1}^{n-1}b_k\ (n\geqq 2)$ （階差）

### ☑ 漸化式

帰納的定義の $a_n$ と $a_{n+1}$ の関係式のことを漸化式という。

例 上の例の(A)，(B)，(C)は代表的な漸化式であり，一般項も求められる。

$a_1=a,\ a_{n+1}=pa_n+q$ とすると

$p=1$ のとき(A)と同じ，$q=0$ のとき(B)と同じである。

$p\neq 1$ かつ $q\neq 0$ のとき，この漸化式で定められた数列の一般項を求めることが，この単元の目標である。

注 今後断りがなければ，漸化式は $n=1,\ 2,\ 3,\ \cdots$ で成り立つものとする。

## > チェック問題

(1) $a_1=3,\ a_{n+1}=a_n+2$ のとき　$a_n=$ [ ❶ ]

(2) $a_1=4,\ a_{n+1}=2a_n$ のとき　$a_n=$ [ ❷ ]

(3) $a_1=1,\ a_{n+1}=a_n+2n$ のとき，$b_n=a_{n+1}-a_n$ とすると

$b_n=$ [ ❸ ] なので，$n\geqq 2$ のとき

$a_n=$ [ ❹ ] $+\sum_{k=1}^{n-1}$ [ ❺ ] $=$ [ ❻ ]

$a_1=1$ なので，$n\geqq 1$ のとき　$a_n=$ [ ❼ ]

(4) $a_{n+1}$ と $a_n$ の間に $a_{n+1}-a_n=3(a_n-a_{n+1}+4)$ の関係があるという。このとき，$a_{n+1}=$ [ ❽ ] という漸化式が得られる。

いま，$a_1=2$ とすると $a_n=$ [ ❾ ] となる。

## 答え >

❶ $2n+1$

❷ $4\cdot 2^{n-1}\ (=2^{n+1})$

❸ $2n$

❹ $1$　❺ $2k$

❻ $n^2-n+1$

❼ $n^2-n+1$

❽ $a_n+3$

❾ $3n-1$

例題　漸化式 $a_1=1$，$a_{n+1}=3a_n+2$ で定義される数列 $\{a_n\}$ の一般項を求めよ。

**解説**

数列 $\{a_n\}$ の各項から一定の数 $\alpha$ を引いてできる数列 $\{b_n\}$ を考えて，その $\{b_n\}$ が等比数列になるようにする。　← 数列 $\{a_n\}$ の平行移動とも考えられる

つまり，$a_n-\alpha=b_n$ とおくと　$a_n=b_n+\alpha$　　よって　$a_{n+1}=b_{n+1}+\alpha$

これらを，与えられた漸化式に代入する。

$$b_{n+1}+\alpha=3(b_n+\alpha)+2$$

$$b_{n+1}=3b_n+(2\alpha+2)\quad\cdots\cdots①$$

ここで得られた①が等比数列の漸化式となるようにするには　$2\alpha+2=0$

つまり，$\alpha=-1$ となればよい。

$\alpha=-1$ とすると，$b_{n+1}=3b_n$，$b_n=a_n-\alpha=a_n+1$ より　$b_1=2$

したがって，数列 $\{b_n\}$ は初項 2，公比 3 の等比数列であり　$b_n=2\cdot3^{n-1}$

また，$b_n=a_n+1$ であるので　$\boldsymbol{a_n=2\cdot3^{n-1}-1}$ …答

> 一般に，漸化式 $a_{n+1}=pa_n+q$ が与えられたとき，$a_{n+1}$ と $a_n$ を $\alpha$ におき換えた方程式
>
> $\alpha=p\alpha+q$　← 特性方程式という
>
> の解 $\alpha$ を用いて
>
> $a_{n+1}-\alpha=p(a_n-\alpha)$
>
> と変形できる。

類題　次の漸化式で表された数列の一般項を求めよ。　解答 → 別冊 p.16

(1) $a_1=3$，$a_{n+1}=2a_n+1$

(2) $a_1=4$，$a_{n+1}=2a_n-3$

# 11 > 数学的帰納法

## まとめ

### ☑ 数学的帰納法

自然数 $n$ に関する命題 P($n$) が任意の自然数 $n$ について成り立つことを証明するための方法として，数学的帰納法がある。

任意の自然数 $n$ について P($n$) が成り立つ。

(Ⅰ) $n=1$ のとき命題 P($n$) が成り立つ。
(Ⅱ) ある自然数 $k$ に対し，$n=k$ のとき命題 P($n$) が成り立つことを仮定すれば，$n=k+1$ のときも P($n$) が成り立つ。

もう少しカンタンに表現すれば

(Ⅰ) 命題 P(1) は正しい。
(Ⅱ) ある自然数 $k$ に対し，P($k$) は正しいと仮定すれば P($k+1$) も正しい。

## > チェック問題　　答え >

$$1^2+2^2+3^2+\cdots+n^2=\frac{1}{6}n(n+1)(2n+1) \quad \cdots\cdots Ⓐ$$

を数学的帰納法で証明する。

(Ⅰ) $n=$ [ ❶ ] のとき

(左辺)$=$ [ ❶ ]$^2=$ [ ❷ ]，　(右辺)$=$ [ ❸ ]

であるので，等式Ⓐは成り立つ。

(Ⅱ) $n=k$ のときⒶは成り立つと仮定すると

$1^2+2^2+3^2+\cdots+k^2=$ [ ❹ ]

このとき，$n=k+1$ に対するⒶの左辺は

(Ⓐの左辺)$=1^2+2^2+3^2+\cdots+k^2+(k+1)^2$

$=$ [ ❺ ] $+(k+1)^2$

$=$ [ ❻ ]

$=$(Ⓐの右辺)　↑ $n=k+1$ に対するⒶの右辺

(Ⅰ)，(Ⅱ)より，すべての自然数 $n$ についてⒶは成り立つ。

❶ 1

❷ 1　❸ 1

❹ $\frac{1}{6}k(k+1)(2k+1)$

❺ $\frac{1}{6}k(k+1)(2k+1)$

❻ $\frac{1}{6}(k+1)(k+2)(2k+3)$

**例題** $1\cdot2+2\cdot3+3\cdot4+\cdots+n(n+1)=\frac{1}{3}n(n+1)(n+2)$ を証明せよ。

**解説**

[証明] $1\cdot2+2\cdot3+3\cdot4+\cdots+n(n+1)=\frac{1}{3}n(n+1)(n+2)$ ……①

を $n$ に関する数学的帰納法を用いて証明する。

(Ⅰ) $n=1$ のとき

(①の左辺)$=1\cdot2=2$,　(①の右辺)$=\frac{1}{3}\cdot1\cdot2\cdot3=2$

よって，$n=1$ に対して①は成り立つ。

(Ⅱ) $n=k$ のとき①が成り立つと仮定すると

$$1\cdot2+2\cdot3+3\cdot4+\cdots+k(k+1)=\frac{1}{3}k(k+1)(k+2) \quad \cdots\cdots②$$

$n=k+1$ のとき

↓ ②の左辺部分を右辺とおき換える

(①の左辺)$=1\cdot2+2\cdot3+3\cdot4+\cdots+k(k+1)+(k+1)(k+2)$

$=\frac{1}{3}k(k+1)(k+2)+(k+1)(k+2)$ ← 共通因数 $\frac{1}{3}(k+1)(k+2)$ をくくり出す

$=\frac{1}{3}(k+1)(k+2)(k+3)$ ← $n=k+1$ に対する①の右辺となっている

$=$(①の右辺)

よって，①が示された。

(Ⅰ)，(Ⅱ)から，すべての自然数 $n$ に対して，①が示された。 [証明終わり]

**類題** $1\cdot2\cdot3+2\cdot3\cdot4+3\cdot4\cdot5+\cdots+n(n+1)(n+2)=\frac{1}{4}n(n+1)(n+2)(n+3)$ を証明せよ。

解答 → 別冊 p.17

## 10～11の 確認テスト

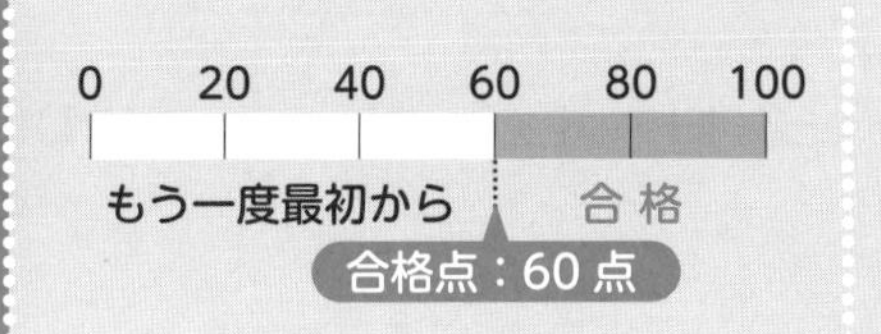


点

解答 → 別冊 p.18～19

わからなければ 10 へ

**1** $a_1=1$，$a_{n+1}=3a_n+4$ で定義された数列 $\{a_n\}$ の一般項を求めよ。また，初項から第 $n$ 項までの和 $S_n$ を求めよ。　（各9点　計18点）

わからなければ 10 へ

**2** $a_1=1$，$a_{n+1}=a_n+2^n+3$ について，次の問いに答えよ。　（各9点　計18点）

(1) $a_{n+1}-a_n=b_n$ とおく。$b_n$ を $n$ の式で表せ。

(2) $a_n$ を $n$ の式で表せ。

わからなければ 11 へ

**3** すべての自然数 $n$ について，$4^n-1$ は3の倍数になることを示せ。　（16点）

## 4

わからなければ 11 へ

$n$ を自然数とする。次の等式を数学的帰納法を用いて示せ。

$$\frac{1}{1\cdot2}+\frac{1}{2\cdot3}+\frac{1}{3\cdot4}+\cdots+\frac{1}{n(n+1)}=\frac{n}{n+1} \quad \cdots\cdots①$$

（20 点）

## 5

わからなければ 10，11 へ

漸化式 $a_1=1$，$a_{n+1}=\dfrac{a_n}{1+a_n}$ で定められる数列 $\{a_n\}$ がある。（各 14 点　計 28 点）

(1) $a_2$，$a_3$，$a_4$ を求め，$a_n$ を推定せよ。

(2) (1)で推定した $a_n$ が正しいことを示せ。

# 12 > 確率分布

## まとめ

### ☑ 確率分布と確率変数

変数 $X$ のとり得る値 $x_1$, $x_2$, …, $x_n$ に対して，これらの値をとる確率がそれぞれ $p_1$, $p_2$, …, $p_n$ と定まっているとき，$X$ を**確率変数**という。

$p_1 \geqq 0$, $p_2 \geqq 0$, …, $p_n \geqq 0$ であり，$p_1+p_2+\cdots+p_n=1$ である。

このとき，右の表のような $x_1$, $x_2$, …, $x_n$ と $p_1$, $p_2$, …, $p_n$ の対応関係を，確率変数 $X$ の**確率分布**または分布といい，$X$ はこの分布に従うという。

| $X$ | $x_1$ | $x_2$ | … | $x_n$ | 計 |
|---|---|---|---|---|---|
| $P$ | $p_1$ | $p_2$ | … | $p_n$ | 1 |

また，$X=x_i$ となる確率 $p_i$ を，$P(X=x_i)$ と表すこともある。

例 1 枚の硬貨(こうか)を 2 回続けて投げる試行において，表の出る回数を $X$ とすると，$X$ のとり得る値は $X=0$, 1, 2 であり，それに対応する確率を表にすると，右のようになる。

| $X$ | 0 | 1 | 2 | 計 |
|---|---|---|---|---|
| $P$ | $\frac{1}{4}$ | $\frac{1}{2}$ | $\frac{1}{4}$ | 1 |

これは，数学Aで学んだ反復試行の確率により，

$$P(X=i)={}_2\mathrm{C}_i\left(\frac{1}{2}\right)^i\left(\frac{1}{2}\right)^{2-i} \quad (i=0,\ 1,\ 2)$$

で求められる。このような確率変数 $X$ と確率 $P(X=x_i)$ の対応関係が確率分布である。

## > チェック問題

3 枚の硬貨を同時に投げる試行において，表の出る枚数を $X$ とすると，$X$ のとり得る値は小さい順に

$X=$ ❶ ，❷ ，❸ ，❹

である。これらの値に対応する確率を計算し，確率分布を表にすると，次のようになる。

| $X$ | ❶ | ❷ | ❸ | ❹ | 計 |
|---|---|---|---|---|---|
| $P$ | ❺ | ❻ | ❼ | ❽ | 1 |

答え >

❶ 0 ❷ 1 ❸ 2 ❹ 3

❺ $\frac{1}{8}$ ❻ $\frac{3}{8}$

❼ $\frac{3}{8}$ ❽ $\frac{1}{8}$

**例題** 次の問いに答えよ。

(1) 青玉 3 個と白玉 4 個が入っている袋(ふくろ)から 3 個の玉を同時に取り出すとき，その中の青玉の個数 $X$ の確率分布を求めよ。

(2) 青玉 3 個と白玉 2 個が入っている袋から 3 個の玉を同時に取り出すとき，その中の白玉の個数 $Y$ の確率分布を求めよ。



**解説**

(1) 確率変数 $X$ のとり得る値は　$X=0,\ 1,\ 2,\ 3$

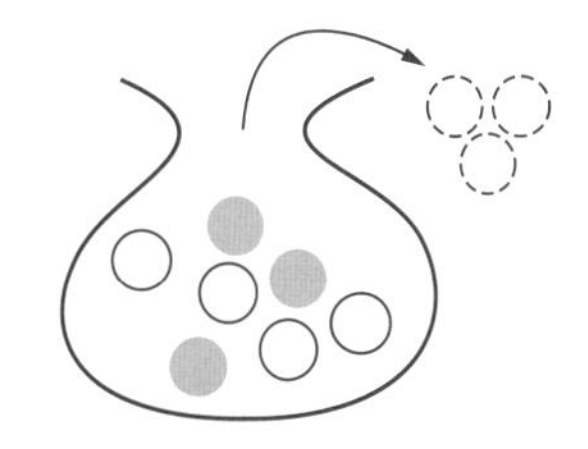

$$P(X=0)=\frac{{}_4C_3}{{}_7C_3}=\frac{4}{35}$$

$$P(X=1)=\frac{{}_3C_1\cdot{}_4C_2}{{}_7C_3}=\frac{18}{35}$$

$$P(X=2)=\frac{{}_3C_2\cdot{}_4C_1}{{}_7C_3}=\frac{12}{35}$$

$$P(X=3)=\frac{{}_3C_3}{{}_7C_3}=\frac{1}{35}$$

答

| $X$ | 0 | 1 | 2 | 3 | 計 |
|---|---|---|---|---|---|
| $P$ | $\frac{4}{35}$ | $\frac{18}{35}$ | $\frac{12}{35}$ | $\frac{1}{35}$ | 1 |

(2) 白玉は 2 個しかないから，確率変数 $Y$ のとり得る値は

$Y=0,\ 1,\ 2$

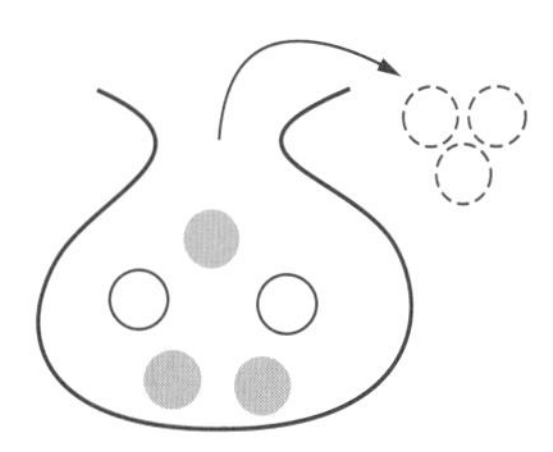

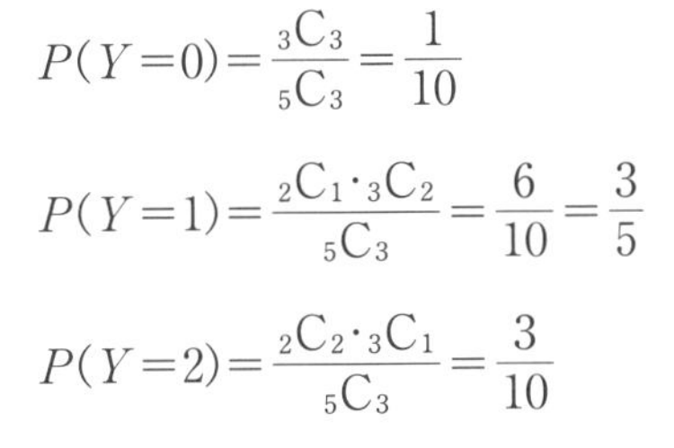

$$P(Y=0)=\frac{{}_3C_3}{{}_5C_3}=\frac{1}{10}$$

$$P(Y=1)=\frac{{}_2C_1\cdot{}_3C_2}{{}_5C_3}=\frac{6}{10}=\frac{3}{5}$$

$$P(Y=2)=\frac{{}_2C_2\cdot{}_3C_1}{{}_5C_3}=\frac{3}{10}$$

答

| $Y$ | 0 | 1 | 2 | 計 |
|---|---|---|---|---|
| $P$ | $\frac{1}{10}$ | $\frac{3}{5}$ | $\frac{3}{10}$ | 1 |

**類題** 上の例題(1)と同じ袋から 4 個の玉を同時に取り出すとき，青玉の個数 $Z$ の確率分布を求めよ。

解答 → 別冊 p.20

# 13 > 確率変数の平均・分散・標準偏差

## まとめ

### ☑ 平均

確率変数 $X$ が右の表の確率分布に従うとき，次の式で定義される値を確率変数 $X$ の平均といい，$E(X)$ で表す。

| $X$ | $x_1$ | $x_2$ | $\cdots$ | $x_n$ | 計 |
|---|---|---|---|---|---|
| $P$ | $p_1$ | $p_2$ | $\cdots$ | $p_n$ | 1 |

$$E(X)=x_1p_1+x_2p_2+\cdots+x_np_n=\sum_{i=1}^{n}x_ip_i$$

注　平均は，期待値ともいう。また，$E(X)$ は $m$，$\mu$，$\overline{X}$ などと表す。

### ☑ 分散・標準偏差

$E(X)=m$ とする。$X-m$ を $X$ の平均からの偏差という。そして，確率変数 $(X-m)^2$ の平均を $X$ の分散といい，$V(X)$ で表す。 ←(分散)=(偏差の 2 乗の平均)

$$V(X)=E((X-m)^2)=(x_1-m)^2p_1+(x_2-m)^2p_2+\cdots+(x_n-m)^2p_n$$
$$=\sum_{i=1}^{n}(x_i-m)^2p_i$$

分散 $V(X)$ は，次のように計算することもできる(証明は，別冊解答 $p$.21 参照)。

$$V(X)=E(X^2)-\{E(X)\}^2$$ ←(分散)=(2 乗の平均)−(平均の 2 乗)

また，$V(X)$ の正の平方根を，確率変数 $X$ の標準偏差といい，$\sigma(X)$ と表す。

$$\sigma(X)=\sqrt{V(X)}$$

注　標準偏差の単位は，確率変数の単位と同じになる。

## > チェック問題

1 個のさいころを投げるとき，出た目の数を $X$ とすると，$X$ の確率分布は次の表のようになる。

| $X$ | 1 | 2 | 3 | 4 | 5 | 6 | 計 |
|---|---|---|---|---|---|---|---|
| $P$ | $\frac{1}{6}$ | $\frac{1}{6}$ | $\frac{1}{6}$ | $\frac{1}{6}$ | $\frac{1}{6}$ | $\frac{1}{6}$ | 1 |

このとき　$E(X)=$ ❶　　$E(X^2)=\sum_{i=1}^{6}\left(i^2\cdot\frac{1}{6}\right)=$ ❷

$V(X)=$ ❸　　$\sigma(X)=$ ❹

答え >

❶ $\frac{7}{2}$　❷ $\frac{91}{6}$

❸ $\frac{35}{12}$　❹ $\frac{\sqrt{105}}{6}$

例題 袋（ふくろ）の中に，1から3までの数が1つずつ書かれた3個の玉がある。この袋から1個の玉を取り出し，書かれている数を記録して玉を袋にもどす。これを2回繰（く）り返し，記録された2つの数の大きくない方を$X$とする。確率変数$X$の平均$E(X)$，分散$V(X)$，標準偏差$\sigma(X)$を求めよ。

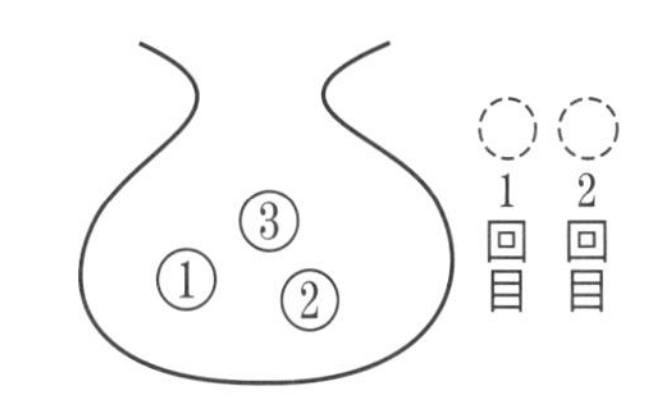




## 解説

1回目に記録された数を$a$，2回目に記録された数を$b$とし，それらに対する$X$の値の表を作って確率分布を求めると，次のようになる。

| $a$＼$b$ | 1 | 2 | 3 |
|---|---|---|---|
| 1 | 1 | 1 | 1 |
| 2 | 1 | 2 | 2 |
| 3 | 1 | 2 | 3 |

| $X$ | 1 | 2 | 3 | 計 |
|---|---|---|---|---|
| $P$ | $\frac{5}{9}$ | $\frac{3}{9}$ | $\frac{1}{9}$ | 1 |

↑後で通分するので約分していない

$$E(X)=1\times\frac{5}{9}+2\times\frac{3}{9}+3\times\frac{1}{9}=\frac{5+6+3}{9}=\mathbf{\frac{14}{9}}$$ …答

また　$$E(X^2)=1^2\times\frac{5}{9}+2^2\times\frac{3}{9}+3^2\times\frac{1}{9}=\frac{5+12+9}{9}=\frac{26}{9}$$

よって

$$V(X)=E(X^2)-\{E(X)\}^2=\frac{26}{9}-\left(\frac{14}{9}\right)^2=\frac{234-196}{81}=\mathbf{\frac{38}{81}}$$ …答

$$\sigma(X)=\sqrt{V(X)}=\mathbf{\frac{\sqrt{38}}{9}}$$ …答

類題 袋の中に，[0]，[1]，[2]，[3]の4枚のカードがある。この袋から1枚のカードを取り出し，書かれている数を記録してカードを袋にもどす。これを2回繰り返し，記録された2つの数の小さくない方を$X$とする。確率変数$X$の平均$E(X)$，分散$V(X)$，標準偏差$\sigma(X)$を求めよ。 解答→別冊 p.20

# 14 確率変数 $aX+b$ の平均・分散・標準偏差

## まとめ

### ☑ $aX+b$ の平均・分散・標準偏差

確率変数 $X$ と定数 $a$，$b$ に対し，
$aX+b$ もまた確率変数となる。
このとき，次の公式が成り立つ。

$$E(aX+b)=aE(X)+b$$
$$V(aX+b)=a^2V(X)$$
$$\sigma(aX+b)=|a|\sigma(X)$$

| $X$ | $x_1$ | $x_2$ | … | $x_n$ | 計 |
|---|---|---|---|---|---|
| $P$ | $p_1$ | $p_2$ | … | $p_n$ | 1 |
| $aX+b$ | $ax_1+b$ | $ax_2+b$ | … | $ax_n+b$ | |

［説明］ $E(X)=m$ とすると，$E(X)=\sum_{i=1}^{n}x_ip_i$，$\sum_{i=1}^{n}p_i=1$ より

$$E(aX+b)=\sum_{i=1}^{n}(ax_i+b)p_i=\sum_{i=1}^{n}(ax_ip_i+bp_i)=a\sum_{i=1}^{n}x_ip_i+b\sum_{i=1}^{n}p_i$$
$$=aE(X)+b$$ ← これより，確率変数 $aX+b$ の平均は $am+b$

$$V(aX+b)=E(\{(aX+b)-(am+b)\}^2)$$ ← 分散は，偏差の2乗の平均
$$=E(a^2(X-m)^2)=a^2E((X-m)^2)=a^2V(X)$$

$$\sigma(aX+b)=\sqrt{V(aX+b)}$$ ← 標準偏差は，分散の正の平方根
$$=\sqrt{a^2V(X)}=|a|\sqrt{V(X)}=|a|\sigma(X)$$

## チェック問題　　答え

確率変数 $X$ に対して，$E(X)=20$，$V(X)=4$ であるとき，確率変数 $Y=2X+10$ の平均 $E(Y)$，分散 $V(Y)$，標準偏差 $\sigma(Y)$ を求めると，

$E(Y)=$ ［❶］ $E(X)+$ ［❷］
$=$ ［❸］
$V(Y)=$ ［❹］ $V(X)=$ ［❺］
$\sigma(Y)=$ ［❻］ $\sigma(X)=$ ［❼］

となる。

❶ 2　❷ 10
❸ 50
❹ $(2^2=)4$　❺ 16
❻ 2　❼ 4

例題 100円硬貨(こうか)2枚を投げて，表の出た枚数を $X$ とする。

(1) 確率変数 $X$ の平均 $E(X)$ と分散 $V(X)$ を求めよ。
(2) 表が出た硬貨の合計金額に500円を加えた金額 $Y$ を受け取るとする。確率変数 $Y$ の平均 $E(Y)$ と分散 $V(Y)$ を求めよ。

**解説**

(1) 確率変数 $X$ のとり得る値は，$X=0$，1，2 であり，
その確率分布は，右のようになるから

| $X$ | 0 | 1 | 2 | 計 |
|---|---|---|---|---|
| $P$ | $\frac{1}{4}$ | $\frac{2}{4}$ | $\frac{1}{4}$ | 1 |

$$E(X)=0\times\frac{1}{4}+1\times\frac{2}{4}+2\times\frac{1}{4}=\frac{0+2+2}{4}=\mathbf{1}$$ …答

また $E(X^2)=0^2\times\frac{1}{4}+1^2\times\frac{2}{4}+2^2\times\frac{1}{4}=\frac{0+2+4}{4}=\frac{3}{2}$

よって

$$V(X)=E(X^2)-\{E(X)\}^2=\frac{3}{2}-1^2=\mathbf{\frac{1}{2}}$$ …答

[別解] $V(X)=(0-1)^2\times\frac{1}{4}+(1-1)^2\times\frac{1}{4}+(2-1)^2\times\frac{1}{4}=\frac{1+0+1}{4}=\mathbf{\frac{1}{2}}$ …答

(2) 受け取る金額 $Y$ は，$Y=100X+500$ となるから

$$E(Y)=E(100X+500)=100E(X)+500=\mathbf{600}$$ …答

$$V(Y)=V(100X+500)=100^2V(X)=\mathbf{5000}$$ …答

類題 $E(X)=\frac{5}{3}$，$V(X)=\frac{4}{9}$ である確率変数 $X$ について，次の確率変数の平均，分散，標準偏差を求めよ。 解答 → 別冊 p.21

(1) $Y=3X-1$　　(2) $Z=-2X+4$

# 12 ～ 14 の確認テスト

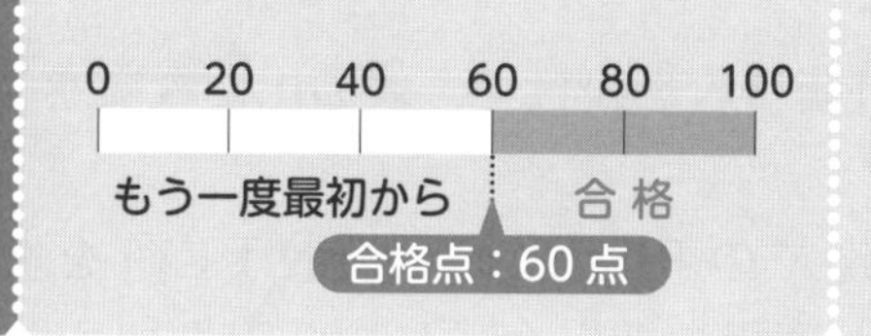


点

解答 → 別冊 p.22～23

わからなければ 12 へ

**1** 1枚の硬貨(こうか)を3回続けて投げる試行において，表の出る回数を $X$ とするとき，$X$ の確率分布を求めよ。（10点）

わからなければ 12 へ

**2** 白玉3個と黒玉3個が入っている袋(ふくろ)から，同時に2個の玉を取り出し，その中の白玉の個数を $X$ とするとき，$X$ の確率分布を求めよ。（15点）

わからなければ 12 へ

**3** A，B 2個のさいころを投げるとき，出た目の和 $X$ の確率分布を求めよ。（15点）

わからなければ 13 へ

**4** 袋の中に $\boxed{1}$，$\boxed{2}$，$\boxed{3}$，$\boxed{4}$ の 4 枚のカードがある。この 4 枚から 2 枚を無作為(むさくい)に取り出し，カードに書かれた 2 数の和を $X$ とする。確率変数 $X$ の平均，分散，標準偏差を求めよ。（各 10 点　計 30 点）

わからなければ 14 へ

**5** 確率変数 $X$ に対して，$m=E(X)$，$s=\sqrt{V(X)}$ とおく。このとき，確率変数 $Z=\dfrac{X-m}{s}$ の平均 $E(Z)$ と分散 $V(Z)$ を求めよ。（各 15 点　計 30 点）

# 15 > 確率変数の和の平均

## まとめ

### ☑ 2つの確率変数の平均

2つの確率変数 $X$, $Y$ に対して　$E(X+Y)=E(X)+E(Y)$

[説明]　2つの確率変数 $X$, $Y$ の確率分布が，次のようになっているとする。

| $X$ | $x_1$ | $x_2$ | 計 |
|---|---|---|---|
| $P$ | $p_1$ | $p_2$ | 1 |

| $Y$ | $y_1$ | $y_2$ | $y_3$ | 計 |
|---|---|---|---|---|
| $P$ | $q_1$ | $q_2$ | $q_3$ | 1 |

このとき，$E(X)=x_1p_1+x_2p_2$，$E(Y)=y_1q_1+y_2q_2+y_3q_3$ である。

$X=x_1$ のとき，$Y=y_1$，$y_2$，$y_3$ となる確率をそれぞれ $a$，$b$，$c$ とする。また，$X=x_2$ のとき，$Y=y_1$，$y_2$，$y_3$ となる確率をそれぞれ $d$，$e$，$f$ とすると，確率分布は右の表のようになる。

| $X$ ＼ $Y$ | $y_1$ | $y_2$ | $y_3$ | 計 |
|---|---|---|---|---|
| $x_1$ | $a$ | $b$ | $c$ | $p_1$ |
| $x_2$ | $d$ | $e$ | $f$ | $p_2$ |
| 計 | $q_1$ | $q_2$ | $q_3$ | 1 |

このとき，$a+b+c=p_1$，$a+d=q_1$ などが成り立つ。

$$
\begin{aligned}
E(X+Y)&=(x_1+y_1)a+(x_1+y_2)b+(x_1+y_3)c+(x_2+y_1)d+(x_2+y_2)e+(x_2+y_3)f\\
&=x_1(a+b+c)+x_2(d+e+f)+y_1(a+d)+y_2(b+e)+y_3(c+f)\\
&=x_1p_1+x_2p_2+y_1q_1+y_2q_2+y_3q_3\\
&=E(X)+E(Y)
\end{aligned}
$$

↑確率変数のとる値ごとにまとめる

### ☑ 3つの確率変数の平均

3つの確率変数 $X$，$Y$，$Z$ に対して　$E(X+Y+Z)=E(X)+E(Y)+E(Z)$

## > チェック問題

さいころを1個投げて出た目の数を $X$ とし，$Y$ は1枚の硬貨（こうか）を投げて表が出たら1，裏が出たら0とする。このとき，次の値を求めよ。

(1) $E(X)=1\times$ [❶] $+2\times$ [❶] $+3\times$ [❶] $+4\times$ [❶] $+5\times$ [❶] $+6\times$ [❶] $=$ [❷]

(2) $E(Y)=1\times$ [❸] $+0\times$ [❸] $=$ [❹]

(3) $E(3X-Y)=3E(X)-E(Y)=3\times$ [❷] $-$ [❹] $=$ [❺]

答え >

❶ $\frac{1}{6}$

❷ $\frac{7}{2}$

❸ $\frac{1}{2}$　❹ $\frac{1}{2}$

❺ 10

**例題** $\boxed{1}$, $\boxed{2}$, $\boxed{3}$, $\boxed{4}$ の 4 枚のカードを，1 から 4 までの数字が 1 つずつ書かれた封筒に無作為（むさくい）に入れる。カードの数字と封筒の数字が一致する数を $X$ とする。確率変数 $X$ の平均を求めよ。

**! 解説**

確率変数 $X_i$ $(i=1, 2, 3, 4)$ の値を，$i$ と書かれた封筒に $i$ と書かれたカードが入っていれば 1，そうでなければ 0 とすると，$X_i$ の確率分布は右のようになり

| $X_i$ | 0 | 1 | 計 |
|---|---|---|---|
| $P$ | $\frac{3}{4}$ | $\frac{1}{4}$ | 1 |

$$E(X_i)=0\times\frac{3}{4}+1\times\frac{1}{4}=\frac{1}{4}$$

$X=X_1+X_2+X_3+X_4$ であるから

$$E(X)=E(X_1)+E(X_2)+E(X_3)+E(X_4)=\frac{1}{4}+\frac{1}{4}+\frac{1}{4}+\frac{1}{4}=\mathbf{1}$$ …答

**! 別の解説**

実際に，1，2，3，4 の封筒に入ったカードに書かれた数字を順に並べ，封筒に書かれた数字と一致する場合を青で示し，4!=24（通り）をすべて並べると，以下のようになる。（　）内の数は $X$ の値を表す。

| | | | | | |
|---|---|---|---|---|---|
| 1234（4） | 1243（2） | 1324（2） | 1342（1） | 1423（1） | 1432（2） |
| 2134（2） | 2143（0） | 2314（1） | 2341（0） | 2413（0） | 2431（1） |
| 3124（1） | 3142（0） | 3214（2） | 3241（1） | 3412（0） | 3421（0） |
| 4123（0） | 4132（1） | 4213（1） | 4231（2） | 4312（0） | 4321（0） |

$X$ のとり得る値は，$X=0, 1, 2, 3, 4$ で，確率分布は，右のようになる。

| $X$ | 0 | 1 | 2 | 3 | 4 | 計 |
|---|---|---|---|---|---|---|
| $P$ | $\frac{9}{24}$ | $\frac{8}{24}$ | $\frac{6}{24}$ | 0 | $\frac{1}{24}$ | 1 |

よって，求める平均 $E(X)$ は

$$E(X)=0\times\frac{9}{24}+1\times\frac{8}{24}+2\times\frac{6}{24}+3\times0+4\times\frac{1}{24}=\mathbf{1}$$ …答

**類題** 1 枚の硬貨を 4 回投げて表が出た回数を $X$ とするとき，$X$ の平均を求めよ。

解答 → 別冊 p.24

# 16 独立な確率変数

## まとめ

### ☑ 確率変数の独立

確率変数 $X$ のとる任意の値 $a$ と，確率変数 $Y$ のとる任意の値 $b$ に対して，

$$P(X=a,\ Y=b)=P(X=a)\cdot P(Y=b)$$

が成り立つとき，$X$ と $Y$ は**独立**であるという。

試行 S，T が独立であるとき，S，T に関する確率変数 $X$，$Y$ は独立である。

### ☑ 確率変数の積の平均

確率変数 $X$，$Y$ が独立のとき　$E(XY)=E(X)E(Y)$

**［説明］**　$p.42$ の確率変数 $X$，$Y$ が独立であるとき，

$i=1$，2 と $j=1$，2，3 に対して，

$$P(X=x_i,\ Y=y_j)=p_iq_j$$

が成り立つから，確率分布は右のようになる。

| $X$ ＼ $Y$ | $y_1$ | $y_2$ | $y_3$ | 計 |
|---|---|---|---|---|
| $x_1$ | $p_1q_1$ | $p_1q_2$ | $p_1q_3$ | $p_1$ |
| $x_2$ | $p_2q_1$ | $p_2q_2$ | $p_2q_3$ | $p_2$ |
| 計 | $q_1$ | $q_2$ | $q_3$ | 1 |

$E(X)=x_1p_1+x_2p_2$，$E(Y)=y_1q_1+y_2q_2+y_3q_3$ なので

$$\begin{aligned}E(XY)&=x_1y_1p_1q_1+x_1y_2p_1q_2+x_1y_3p_1q_3+x_2y_1p_2q_1+x_2y_2p_2q_2+x_2y_3p_2q_3\\&=x_1p_1(y_1q_1+y_2q_2+y_3q_3)+x_2p_2(y_1q_1+y_2q_2+y_3q_3)\\&=(x_1p_1+x_2p_2)(y_1q_1+y_2q_2+y_3q_3)=E(X)E(Y)\end{aligned}$$

**注**　$E(X^2)=E(X)\times E(X)$ は成り立たない。$E(X^2)$ は，

$V(X)=E(X^2)-\{E(X)\}^2$ を，$E(X^2)=V(X)+\{E(X)\}^2$ と変形して求める。

### ☑ 確率変数の和の分散

確率変数 $X$，$Y$ が独立であるとき　$V(X+Y)=V(X)+V(Y)$

（証明は，別冊解答 $p.25$ 左段参照）

これより　$V(aX+bY)=a^2V(X)+b^2V(Y)$

## チェック問題

$X$，$Y$ が独立な確率変数で，$E(X)=2$，$E(Y)=3$，$V(X)=4$，$V(Y)=2$ であるとき

$E(XY)=$ ❶　　$V(X+2Y)=$ ❷

$E(X^2)=$ ❸

**答え**

❶ 6　❷ 12

❸ 8

**例題** 次の2つの試行S，Tにおける確率変数 $X$，$Y$ を考える。

S：[1]，[3]，[5] の3枚のカードが入った袋(ふくろ)からカードを1枚取り出し，カードに書かれた数を $X$ とする。

T：さいころを1つ投げ，出た目の数の2倍を $Y$ とする。

(1) $X$ の平均と分散を求めよ。　(2) $Y$ の平均と分散を求めよ。

(3) $Z=9X+3Y$ とするとき，$Z$ の平均と分散を求めよ。

**解説**

| $X$ | 1 | 3 | 5 | 計 |
|---|---|---|---|---|
| $P$ | $\frac{1}{3}$ | $\frac{1}{3}$ | $\frac{1}{3}$ | 1 |

(1) $E(X)=1\times\frac{1}{3}+3\times\frac{1}{3}+5\times\frac{1}{3}=\frac{1+3+5}{3}=\mathbf{3}$ ……答

$E(X^2)=1^2\times\frac{1}{3}+3^2\times\frac{1}{3}+5^2\times\frac{1}{3}=\frac{1+9+25}{3}=\frac{35}{3}$

$V(X)=E(X^2)-\{E(X)\}^2=\frac{35}{3}-3^2=\frac{35-27}{3}=\mathbf{\frac{8}{3}}$ ……答

| $Y$ | 2 | 4 | 6 | 8 | 10 | 12 | 計 |
|---|---|---|---|---|---|---|---|
| $P$ | $\frac{1}{6}$ | $\frac{1}{6}$ | $\frac{1}{6}$ | $\frac{1}{6}$ | $\frac{1}{6}$ | $\frac{1}{6}$ | 1 |

(2) $E(Y)=2\times\frac{1}{6}+4\times\frac{1}{6}+6\times\frac{1}{6}+8\times\frac{1}{6}$

$+10\times\frac{1}{6}+12\times\frac{1}{6}$

$=\frac{2+4+6+8+10+12}{6}=\mathbf{7}$ ……答

$E(Y^2)=2^2\times\frac{1}{6}+4^2\times\frac{1}{6}+6^2\times\frac{1}{6}+8^2\times\frac{1}{6}+10^2\times\frac{1}{6}+12^2\times\frac{1}{6}$

$=\frac{4+16+36+64+100+144}{6}=\frac{364}{6}=\frac{182}{3}$

$V(Y)=E(Y^2)-\{E(Y)\}^2=\frac{182}{3}-7^2=\frac{182-147}{3}=\mathbf{\frac{35}{3}}$ ……答

(3) 2つの試行S，Tは独立であるから，確率変数 $X$，$Y$ は独立である。

$E(Z)=9E(X)+3E(Y)=9\times3+3\times7=27+21=\mathbf{48}$ ……答

$V(Z)=9^2V(X)+3^2V(Y)=81\times\frac{8}{3}+9\times\frac{35}{3}=216+105=\mathbf{321}$ ……答

**類題** 例題の確率変数 $X$，$Y$ について，次の確率変数の平均を求めよ。

解答 → 別冊 p.24

(1) $XY$　(2) $3X^2-Y$

第2章 統計的な推測

# 17 > 二項分布

## まとめ

### ☑ 二項分布

ある試行Tにおいて，事象 $A$ の起こる確率を $p$ とする。この試行を $n$ 回繰り返す反復試行において，事象 $A$ の起こる回数を $X$ とすれば，$X$ は確率変数で，$r=0,\ 1,\ 2,\ \cdots,\ n$ に対して，$X=r$ となる確率は，

$$P(X=r)={}_n\mathrm{C}_r p^r q^{n-r} \quad \cdots\cdots① \qquad (ただし，q=1-p)$$

となる。①によって得られる確率分布を**二項分布**といい，$B(n,\ p)$ で表す。

### ☑ 二項分布に従う確率変数の平均・分散

確率変数 $X$ が，二項分布 $B(n,\ p)$ に従うとき

$$E(X)=np,\quad V(X)=npq \qquad (ただし，q=1-p)$$

**[説明]**　$i=1,\ 2,\ \cdots,\ n$ とする。$i$ 回目の試行に対して，確率変数 $X_i$ を，事象 $A$ が起こったとき $X_i=1$，起こらなかったとき $X_i=0$ と定める。このとき

$$E(X_i)=0\times q+1\times p=p,\quad E(X_i^2)=0^2\times q+1^2\times p=p,$$
$$V(X_i)=E(X_i^2)-\{E(X_i)\}^2=p-p^2=p(1-p)=pq$$

| $X_i$ | 0 | 1 | 計 |
|---|---|---|---|
| $P$ | $q$ | $p$ | 1 |

$X_1,\ X_2,\ \cdots,\ X_n$ は独立で，$X=X_1+X_2+\cdots+X_n$ であるから

$$E(X)=E(X_1)+E(X_2)+\cdots+E(X_n)=p+p+\cdots+p=np$$
$$V(X)=V(X_1)+V(X_2)+\cdots+V(X_n)=pq+pq+\cdots+pq=npq$$

## > チェック問題　　答え >

次の問いに答えよ。

(1) 1個のさいころを3回投げるとき，1または2の目が出る回数を $X$ とすると，$r=0,\ 1,\ 2,\ 3$ のとき

$$P(X=r)={}_{❶}\mathrm{C}_r(\boxed{❷})^r(\boxed{❸})^{3-r}$$

| $X$ | 0 | 1 | 2 | 3 | 計 |
|---|---|---|---|---|---|
| $P$ | ❹ | ❺ | ❻ | $\frac{1}{27}$ | 1 |

(2) 1個のさいころを90回投げるとき，6の約数の目が出る回数を $X$ とすると，$X$ は二項分布 $B(\boxed{❼},\ \boxed{❽})$ に従うので，$E(X)=\boxed{❾}$，$V(X)=\boxed{❿}$ となる。

答え

❶ 3　❷ $\frac{1}{3}$　❸ $\frac{2}{3}$

❹ $\frac{8}{27}$　❺ $\frac{4}{9}$　❻ $\frac{2}{9}$

❼ 90　❽ $\frac{2}{3}$

❾ 60　❿ 20

**例題** 次の問いに答えよ。

(1) 確率変数 $X$ が二項分布 $B\left(100,\ \dfrac{2}{5}\right)$ に従うとき，$X$ の平均と分散を求めよ。また，確率変数 $X^2$ の平均を求めよ。

(2) 黒の碁石(ごいし)が 4 個と白の碁石が 3 個入っている袋(ふくろ)から 2 個の石を同時に取り出し，色を記録して袋にもどす。この試行を 210 回繰り返す。このとき，2 個とも黒石が出た回数を $X$ とする。確率変数 $X$ の平均と分散を求めよ。

**解説**

(1) 確率変数 $X$ は，二項分布 $B\left(100,\ \dfrac{2}{5}\right)$ に従うから

$$E(X)=100\times\frac{2}{5}=\mathbf{40}$$ …答

$$V(X)=100\times\frac{2}{5}\times\left(1-\frac{2}{5}\right)=40\times\frac{3}{5}=\mathbf{24}$$ …答

また，$V(X)=E(X^2)-\{E(X)\}^2$ より

$$E(X^2)=V(X)+\{E(X)\}^2=24+40^2=\mathbf{1624}$$ …答

(2) 2 個とも黒になる確率は $\dfrac{{}_4C_2}{{}_7C_2}=\dfrac{6}{21}=\dfrac{2}{7}$

よって，$X$ は二項分布 $B\left(210,\ \dfrac{2}{7}\right)$ に従うから

$$E(X)=210\times\frac{2}{7}=\mathbf{60}$$ …答

$$V(X)=210\times\frac{2}{7}\times\left(1-\frac{2}{7}\right)=60\times\frac{5}{7}=\mathbf{\frac{300}{7}}$$ …答

**類題** A と B の 2 人でさいころを 1 個ずつ投げあって，出た目の大小で勝敗をつけるゲームを 60 回行う。ルールは，A の目が大きいか 2 人の目が等しいときは A の勝ちとする。A の勝つ回数の平均と分散を求めよ。

解答 → 別冊 p.25

# 15 ～ 17 の 確認テスト

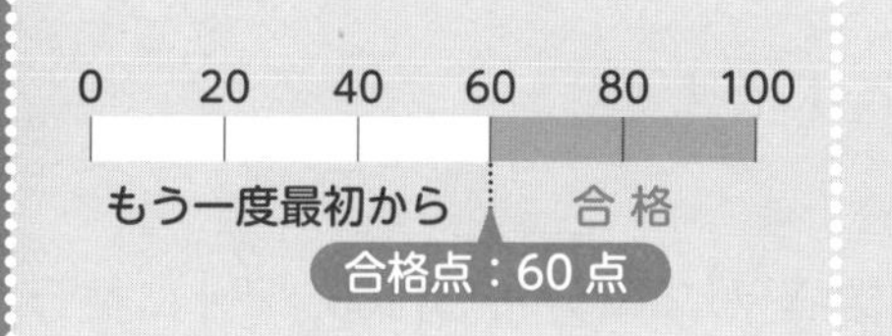


点

解答 → 別冊 p.26～27

わからなければ 15 へ

**1** 正しく作られていない 2 つのさいころ A，B を投げたときに出る目をそれぞれ $X$，$Y$ とする。それらの確率分布が次のようになっているとき，出た目の和 $X+Y$ の平均を求めよ。 （20 点）

| $X$ | 1 | 2 | 3 | 4 | 5 | 6 | 計 |
|---|---|---|---|---|---|---|---|
| $P$ | $\frac{1}{4}$ | $\frac{1}{6}$ | $\frac{1}{12}$ | $\frac{1}{4}$ | $\frac{1}{6}$ | $\frac{1}{12}$ | 1 |

| $Y$ | 1 | 2 | 3 | 4 | 5 | 6 | 計 |
|---|---|---|---|---|---|---|---|
| $P$ | $\frac{1}{6}$ | $\frac{1}{3}$ | $\frac{1}{4}$ | $\frac{1}{12}$ | $\frac{1}{12}$ | $\frac{1}{12}$ | 1 |

わからなければ 16 へ

**2** 次の 2 つの試行 S，T における確率変数 $X$，$Y$ を考える。

S：袋（ふくろ）の中に，[0]，[1]，[2]，[3] の 4 枚のカードがある。この袋から 1 枚のカードを取り出し，書かれている数を記録してカードを袋にもどす。これを 2 回繰（く）り返し，記録された 2 つの数の和を $X$ とする。

T：2 個のさいころを投げ，出た目の和を $Y$ とする。 （各 10 点　計 40 点）

(1) $E(X)$ と $E(Y)$ を求めよ。

(2) $E(X+Y)$ と $E(XY)$ を求めよ。

わからなければ 16 へ

**3**

Aの袋には[1], [1], [1], [2], [3], [4]の6枚のカードが，Bの袋には[0], [2], [4]の3枚のカードが入っている。A，Bの袋から1枚ずつカードを取り出し，それらのカードに書かれた数をそれぞれ$X$，$Y$とするとき，$X+Y$の平均と分散を求めよ。

（各10点　計20点）

わからなければ 17 へ

**4**

袋の中に[0], [0], [1], [1], [1]の5枚のカードが入っている。この袋の中から3枚のカードを取り出し，それらのカードに書かれた数の合計を得点として記録し，カードを袋にもどす。これを2100回繰り返すとき，得点が2点以上となる回数を$X$とする。確率変数$X$の平均と標準偏差を求めよ。

（各10点　計20点）

# 18 > 連続型確率変数

## まとめ

### ☑ 離散型確率変数・連続型確率変数

これまで，さいころの目のように 1，2，3，4，5，6 といった，とびとびの値をとる確率変数を扱ってきた。これを**離散型確率変数**という。
これからは，ある範囲の実数値のように，連続した値をとる確率変数を考える。これを**連続型確率変数**という。

### ☑ 確率密度関数 $f(x)$

連続型確率変数 $X$ に対して，関数 $f(x)$ $(\alpha \leqq x \leqq \beta)$ が，次の[1]，[2]，[3]を満たすとき，$f(x)$ を**確率密度関数**といい，曲線 $y=f(x)$ を $X$ の**分布曲線**という。

[1] $f(x) \geqq 0$

[2] $P(a \leqq X \leqq b)=\int_a^b f(x)\,dx$

[3] $x$ 軸と曲線 $y=f(x)$ の間の面積は 1

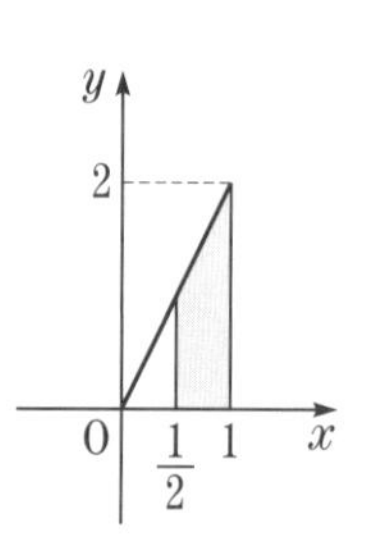


例 確率変数 $X$ の確率密度関数が，$f(x)=2x$ $(0 \leqq x \leqq 1)$ であるとき，$\frac{1}{2} \leqq X \leqq 1$ である確率は，右の図の色の部分の面積で

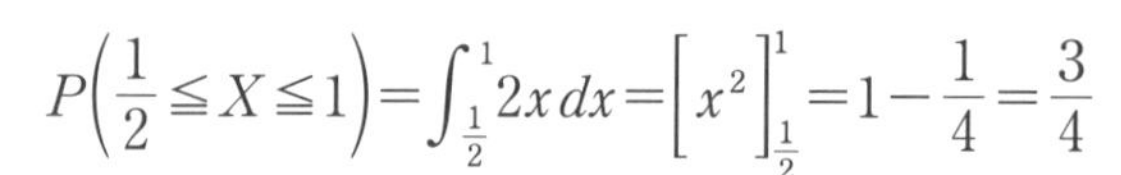

$$P\left(\frac{1}{2} \leqq X \leqq 1\right)=\int_{\frac{1}{2}}^{1} 2x\,dx=\left[x^2\right]_{\frac{1}{2}}^{1}=1-\frac{1}{4}=\frac{3}{4}$$

## > チェック問題 | 答え >

次の問いに答えよ。

(1) 確率変数 $X$ の確率密度関数が，$f(x)=\frac{1}{2}x$ $(0 \leqq x \leqq 2)$ のとき，$0 \leqq X \leqq 1$ である確率は

$$P(0 \leqq X \leqq 1)=\int_{❶}^{❷} \frac{1}{2}x\,dx= \boxed{❸}$$

❶ 0 ❷ 1 ❸ $\frac{1}{4}$

(2) 確率変数 $X$ の確率密度関数が，$f(x)=4x$ $\left(0 \leqq x \leqq \frac{\sqrt{2}}{2}\right)$ のとき，$\frac{1}{4} \leqq X \leqq \frac{1}{2}$ である確率は

$$P\left(\frac{1}{4} \leqq X \leqq \frac{1}{2}\right)=\int_{❹}^{❺} 4x\,dx= \boxed{❻}$$

❹ $\frac{1}{4}$ ❺ $\frac{1}{2}$ ❻ $\frac{3}{8}$

**例題** 次の関数 $f(x)$ が，確率変数 $X$ の確率密度関数となるように，定数 $k$ の値を定めよ。

(1) $f(x)=kx$ $(0 \leqq x \leqq 3)$　　(2) $f(x)=2x-2k$ $(k \leqq x \leqq 2)$

**! 解説**

(1) $f(x)$ は確率密度関数であるから，$f(x)=kx \geqq 0$ で，$0 \leqq x \leqq 3$ より $k \geqq 0$ である。

また，$P(0 \leqq X \leqq 3)=1$ で

$$\int_0^3 kx\,dx=\left[\frac{k}{2}x^2\right]_0^3=\frac{9}{2}k-0=\frac{9}{2}k$$

よって，$\frac{9}{2}k=1$ より　$\boldsymbol{k=\frac{2}{9}}$ …答　（これは，$k \geqq 0$ を満たす。）

(2) $f(x)=2x-2k=2(x-k)$ で，$k \leqq x \leqq 2$ であるから，$f(x) \geqq 0$ である。

また，$P(k \leqq X \leqq 2)=1$ で

$$\int_k^2 (2x-2k)\,dx=\left[x^2-2kx\right]_k^2=(4-4k)-(k^2-2k^2)=k^2-4k+4$$

よって，$k^2-4k+4=1$ より　$k^2-4k+3=0$　　$(k-1)(k-3)=0$

$k \leqq x \leqq 2$ より，$k \leqq 2$ であるから　$\boldsymbol{k=1}$ …答

**類題** 次の関数 $f(x)$ が，確率変数 $X$ の確率密度関数となるように，定数 $k$ の値を定めよ。

解答 → 別冊 p.28

(1) $f(x)=2kx$ $(0 \leqq x \leqq 4)$　　(2) $f(x)=\frac{9}{7}x^2$ $(k \leqq x \leqq 4k)$

# 19 ＞ 正規分布

## まとめ

### ☑ 正規分布

連続型確率変数 $X$ の確率密度関数 $f(x)$ が,

$$f(x)=\frac{1}{\sqrt{2\pi}\,\sigma}e^{-\frac{(x-m)^2}{2\sigma^2}}$$

($m$ は実数, $\sigma$ は正の実数, $e$ は自然対数の底とよばれる無理数で, $e=2.71828\cdots$) で与えられるとき, $X$ は**正規分布 $N(m,\ \sigma^2)$ に従う**といい, 次のことが知られている。

**平均 $E(X)=m$**　　**標準偏差 $\sigma(X)=\sigma$**

曲線 $y=f(x)$ を**正規分布曲線**といい, 次の性質をもつ。

[1] 直線 $x=m$ に関して対称で, $x=m$ のとき最大値をとる。

[2] 曲線 $y=f(x)$ と $x$ 軸の間の面積は 1 である。

[3] $x$ 軸を漸近線とし, 標準偏差 $\sigma$ の値が大きくなると山は平たくなり, 値が小さくなると山は高くなって対称軸のまわりに集まる。

### ☑ 標準正規分布

確率変数 $X$ を $Z=\dfrac{X-m}{\sigma}$ で定義される確率変数 $Z$ に変換することを, **標準化**という。このとき, $Z$ は平均 0, 標準偏差 1 の正規分布, すなわち $N(0,\ 1)$ に従い, 確率密度関数 $f(z)$ は次のようになる。

$$f(z)=\frac{1}{\sqrt{2\pi}}e^{-\frac{z^2}{2}}$$

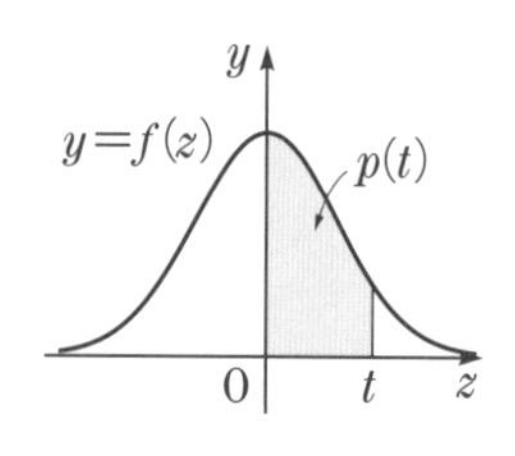


$P(0\leqq Z\leqq t)$ を $p(t)$ と表すと, $p(t)$ の値は右の図の色の部分の面積に等しい。$p.119$ の正規分布表は, $t$ の値に対する $p(t)$ の値をまとめたものである。

## ＞ チェック問題　　答え＞

確率変数 $X$ が標準正規分布 $N(0,\ 1)$ に従うとき, 正規分布表を使って, 次の値を求めよ。

(1) $P(0\leqq X\leqq 0.2)=p(0.2)=$ ❶

(2) $P(0\leqq X\leqq 2.01)=p(2.01)=$ ❷

❶ 0.07926

❷ 0.47778

例題　正規分布表を使って，次の問いに答えよ。

(1) 確率変数 $Z$ が標準正規分布 $N(0,\ 1)$ に従うとき，次の確率を求めよ。

① $P(-1.52 \leqq Z \leqq 0)$　　② $P(1.05 \leqq Z \leqq 2.11)$

(2) 確率変数 $X$ が正規分布 $N(8,\ 2^2)$ に従うとき，$P(7 \leqq X \leqq 11)$ を求めよ。

**解説**

(1) ① $P(-1.52 \leqq Z \leqq 0)$ は，右の図の色の部分の面積で，標準正規分布曲線は $y$ 軸対称であることから，それは右の図の斜線部分の面積である $p(1.52)$ に等しい。

すなわち　$P(-1.52 \leqq Z \leqq 0) = P(0 \leqq Z \leqq 1.52)$

$= p(1.52) = \mathbf{0.43574}$ …答

**[補足]**　$t>0$ のとき　$P(-t \leqq Z \leqq 0) = P(0 \leqq Z \leqq t) = p(t)$

② $P(1.05 \leqq Z \leqq 2.11)$ は，右の図の色の部分の面積であるから

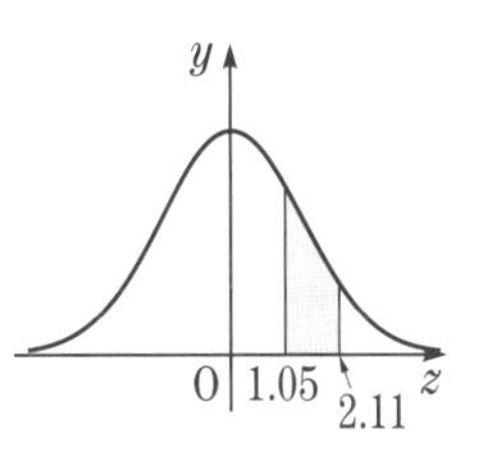


$P(1.05 \leqq Z \leqq 2.11) = P(0 \leqq Z \leqq 2.11) - P(0 \leqq Z \leqq 1.05)$

$= p(2.11) - p(1.05)$

$= 0.48257 - 0.35314$

$= \mathbf{0.12943}$ …答

**[補足]**　$s>t>0$ のとき　$P(t \leqq Z \leqq s) = P(0 \leqq Z \leqq s) - P(0 \leqq Z \leqq t) = p(s) - p(t)$

(2) $Z = \dfrac{X-8}{2}$ とおくと，確率変数 $Z$ は標準正規分布 $N(0,\ 1)$ に従う。

$7 \leqq X \leqq 11$ より　$\dfrac{7-8}{2} \leqq \dfrac{X-8}{2} \leqq \dfrac{11-8}{2}$　　よって　$-0.5 \leqq Z \leqq 1.5$

$P(7 \leqq X \leqq 11) = P(-0.5 \leqq Z \leqq 1.5) = P(-0.5 \leqq Z \leqq 0) + P(0 \leqq Z \leqq 1.5)$

$= P(0 \leqq Z \leqq 0.5) + P(0 \leqq Z \leqq 1.5) = p(0.5) + p(1.5)$

$= 0.19146 + 0.43319 = \mathbf{0.62465}$ …答

**[補足]**　$s>0,\ t>0$ のとき

$P(-s \leqq Z \leqq t) = P(0 \leqq Z \leqq s) + P(0 \leqq Z \leqq t) = p(s) + p(t)$

類題　確率変数 $X$ が正規分布 $N(4,\ 3^2)$ に従うとき，正規分布表を使って，次の確率を求めよ。

解答 → 別冊 p.28

(1) $P(X \leqq 7)$　　(2) $P(1 \leqq X \leqq 10)$

# 20 ＞二項分布と正規分布

## まとめ

### ☑ 二項分布と正規分布

確率変数 $X$ が二項分布 $B(n,\ p)$ に従うとき，$p.46$ で調べたように，

平均 $m=E(X)=np$　　分散 $\sigma^2=V(X)=npq$（ただし，$q=1-p$）

である。この確率変数 $X$ は，$n$ が十分大きいとき，近似的に正規分布 $N(np,\ npq)$ に従うことが知られている。

さらに，$Z=\dfrac{X-np}{\sqrt{npq}}$ とおくと，$Z$ は近似的に標準正規分布 $N(0,\ 1)$ に従う。

**例** 実際に，$B(n,\ p)$ が $N(np,\ npq)$ に近づくことを，グラフで確認する。
$p=0.3$ として，$n=10,\ 30,\ 50$ のときの二項分布 $B(n,\ p)$ に従う確率変数 $X$ とその確率 $p$ の折れ線を黒で，正規分布 $N(np,\ npq)$ の確率密度関数のグラフを青で描いて比較すると，次の図のようになる。

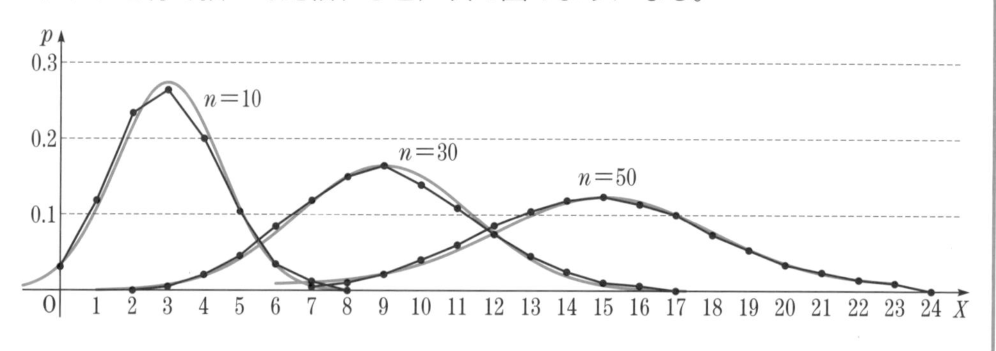


## ＞チェック問題

確率変数 $X$ が二項分布 $B\left(100,\ \dfrac{1}{10}\right)$ に従うとする。このとき，

$m=E(X)=$ ❶，$\sigma^2=V(X)=$ ❷，$\sigma=$ ❸

であるから，$n$ が十分大きいとき正規分布 $N($ ❹ ， ❺ $)$

で近似できる。このとき，$Z=\dfrac{X-❻}{❼}$ で標準化すれば，

$Z$ は標準正規分布 $N(0,\ 1)$ に従うから，正規分布表を利用することができる。

**答え＞**

❶ 10　❷ 9　❸ 3

❹ 10　❺ 9

❻ 10　❼ 3

例題　10本中1本だけ当たるくじがある。このくじを1本引き，当たりかどうかを確かめてくじをもとにもどす。これを900回繰り返したとき，当たる回数が80回以上99回以下となる確率を求めよ。

**解説**

当たる回数を$X$とする。$r=0,\ 1,\ 2,\ \cdots,\ 900$のとき，900回中$r$回当たる確率は，

$$P(X=r)={}_{900}C_r\left(\frac{1}{10}\right)^r\left(\frac{9}{10}\right)^{900-r}$$

であるから，$X$は二項分布$B\left(900,\ \frac{1}{10}\right)$に従う。このとき

$$m=E(X)=900\times\frac{1}{10}=90$$

$$\sigma^2=V(X)=900\times\frac{1}{10}\times\frac{9}{10}=81=9^2$$

900は十分大きいと考えると，$X$は近似的に正規分布$N(90,\ 9^2)$に従うとみなしてよい。さらに，$Z=\frac{X-90}{9}$とおくと，確率変数$Z$は近似的に標準正規分布$N(0,\ 1)$に従うとみなしてよい。

$80\leqq X\leqq 99$より　$\frac{80-90}{9}\leqq\frac{X-90}{9}\leqq\frac{99-90}{9}$

よって　$-1.11\cdots\leqq Z\leqq 1$

$$\begin{aligned}P(80\leqq X\leqq 99)&=P(-1.11\leqq Z\leqq 1)\\&=P(-1.11\leqq Z\leqq 0)+P(0\leqq Z\leqq 1)\\&=P(0\leqq Z\leqq 1.11)+P(0\leqq Z\leqq 1)\\&=p(1.11)+p(1)\\&=0.36650+0.34134=\mathbf{0.70784}\end{aligned}$$
…答

類題　さいころを720回投げて，1の目が150回以上出る確率を求めよ。

解答→別冊 p.29

## 18～20 の 確認テスト

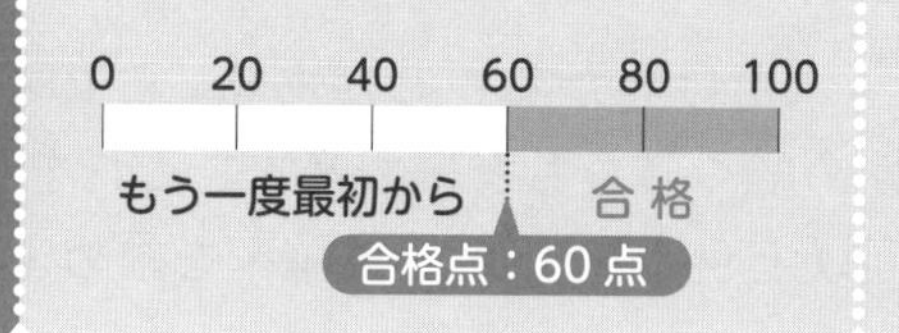


点

解答 → 別冊 p.30～31

わからなければ 18 へ

**1** 関数 $f(x)=k(x+1)$ $(0 \leqq x \leqq 2)$ が，確率変数 $X$ の確率密度関数となるように，定数 $k$ の値を定めよ。また，$P\left(\dfrac{1}{2} \leqq X \leqq \dfrac{3}{2}\right)$ を求めよ。 (各 15 点　計 30 点)

わからなければ 19 へ

**2** 確率変数 $X$ が正規分布 $N(5,\ 2^2)$ に従うとき，$P(X \leqq 10)$ を求めよ。 (10 点)

わからなければ 19 へ

**3** あるテストを 30000 人の学生が受験した。100 点満点で，平均が 59 点，標準偏差が 13.6 点であり，得点の分布は近似的に正規分布であった。90 点をとった学生は，およそ何百何十番であるか。 （30 点）

わからなければ 20 へ

**4** [1]，[1]，[1]，[0]，[0]，[0] の 6 枚のカードから無作為（むさくい）に 3 枚カードを取り出し，[1] が多ければ勝ち，[0] が多ければ負けというゲームを，1 人 1 回ずつ 10000 人で行う。勝った人数を $X$ とするとき，次の問いに答えよ。 （各 10 点　計 30 点）

(1) 確率変数 $X$ の平均 $m$ と標準偏差 $\sigma$ を求めよ。

(2) $P(4890 \leqq X \leqq 5080)$ を求めよ。

# 21 > 母集団とその分布

## まとめ

### ☑ 母集団と標本

統計では，調査の対象全体を母集団といい，母集団に属する個々のものを個体，個体の総数を母集団の大きさという。母集団から調査のために抜き出された個体の集合を標本といい，その中の個体の個数を標本の大きさという。

### ☑ 調査方法

調査の対象を母集団全体とする方法を全数調査という。母集団から一部を抜き出して調べる方法を標本調査という。標本調査は，全数調査が不適切あるいは不可能な場合や，費用の面などで無理な場合に実施する。一般に，多くの調査方法は標本調査である。

### ☑ 標本の抽出方法

標本を抽出するとき，毎回もとにもどした後に個体を1個ずつ抽出する方法を復元抽出という。そうではなく，個体をもとにもどさずに次の個体を抽出する方法を非復元抽出という。この2つの方法による標本の扱いは異なるが，母集団が標本に比べてその大きさが非常に大きな場合，この差は問題とならない。一般的に，標本の抽出方法として復元抽出を考えればよい。

### ☑ 母集団分布

母集団の各個体には統計の対象となる性質がいくつも備わっている。そのうちの1つを数量で表したものを変量という。

母集団の大きさを $N$ とし，変量 $X$ のとり得る値が $x_1$，$x_2$，…，$x_k$ のとき，それぞれの値をとる個体の個数を $f_1$，$f_2$，…，$f_k$ とする。当然，$f_1+f_2+\cdots+f_k=N$ となっている。

この母集団から1つの個体を抽出するとき，$X$ は右のような確率分布をもつ確率変数である。

| 変量 | $x_1$ | $x_2$ | … | $x_k$ | 計 |
|---|---|---|---|---|---|
| 個数 | $f_1$ | $f_2$ | … | $f_k$ | $N$ |

| $X$ | $x_1$ | $x_2$ | … | $x_k$ | 計 |
|---|---|---|---|---|---|
| $P$ | $\frac{f_1}{N}$ | $\frac{f_2}{N}$ | … | $\frac{f_k}{N}$ | 1 |

この確率分布を母集団分布という。

この分布の平均を母平均，分散を母分散，標準偏差を母標準偏差といい，それぞれ $m$，$\sigma^2$，$\sigma$ で表す。$E(X)$，$V(X)$，$\sigma(X)$ で表すこともある。

例題 $\boxed{1}$，$\boxed{3}$，$\boxed{4}$のカードが20枚ずつ，$\boxed{2}$のカードが40枚，合計100枚のカードがある。この100枚のカードを母集団とし，取り出したカードに書かれている数を確率変数$X$とする。このとき，母集団分布，母平均$m$，母分散$\sigma^2$，母標準偏差$\sigma$を求めよ。

**解説**

母集団の大きさは100で，確率変数$X$のとり得る値は，$X=1$，2，3，4である。

100枚のカードから1枚のカードを取り出すとき，$\boxed{1}$，$\boxed{3}$，$\boxed{4}$のカードが出る確率はそれぞれ$\dfrac{20}{100}=\dfrac{1}{5}$，$\boxed{2}$のカードが出る確率は$\dfrac{40}{100}=\dfrac{2}{5}$であるから，母集団分布は右の表のようになる。このとき

答

| $X$ | 1 | 2 | 3 | 4 | 計 |
|---|---|---|---|---|---|
| $P$ | $\mathbf{\frac{1}{5}}$ | $\mathbf{\frac{2}{5}}$ | $\mathbf{\frac{1}{5}}$ | $\mathbf{\frac{1}{5}}$ | **1** |

$$m=1\times\frac{1}{5}+2\times\frac{2}{5}+3\times\frac{1}{5}+4\times\frac{1}{5}=\frac{1+4+3+4}{5}=\mathbf{\frac{12}{5}}\ \cdots答$$

$$E(X^2)=1^2\times\frac{1}{5}+2^2\times\frac{2}{5}+3^2\times\frac{1}{5}+4^2\times\frac{1}{5}=\frac{1+8+9+16}{5}=\frac{34}{5}$$

$$\sigma^2=E(X^2)-m^2=\frac{34}{5}-\left(\frac{12}{5}\right)^2=\frac{170-144}{25}=\mathbf{\frac{26}{25}}\ \cdots答$$

$$\sigma=\sqrt{\frac{26}{25}}=\mathbf{\frac{\sqrt{26}}{5}}\ \cdots答$$

類題 $\boxed{-1}$，$\boxed{0}$，$\boxed{1}$，$\boxed{2}$，$\boxed{3}$のカードが100枚ずつ，合計500枚のカードがある。この500枚のカードを母集団とし，取り出したカードに書かれている数を確率変数$X$とする。このとき，母集団分布，母平均$m$，母分散$\sigma^2$，母標準偏差$\sigma$を求めよ。

解答→別冊 p.32

# 22 標本平均とその分布

## まとめ

### ☑ 標本平均の性質

母集団から復元抽出した大きさ $n$ の標本の変量を $X_1$, $X_2$, …, $X_n$ とするとき，それらの平均を**標本平均**といい，$\overline{X}$ で表す。すなわち

$$\overline{X}=\frac{X_1+X_2+\cdots+X_n}{n}$$

$n$ を固定すると，$\overline{X}$ は抽出される標本によって変化する確率変数である。
母平均が $m$，母分散が $\sigma^2$ のとき，$\overline{X}$ について，次の性質がよく知られている。

[1] $\overline{X}$ の平均と分散は，それぞれ $E(\overline{X})=m$，$V(\overline{X})=\dfrac{\sigma^2}{n}$ である。

[2] $n$ が大きくなるに従って，$\overline{X}$ は母平均 $m$ に近づく（**大数の法則**）。

**例** 右の図は，$n=100$，250，500 に対する正規分布 $N\left(m,\ \dfrac{10^2}{n}\right)$ を表す分布曲線である。$n$ が大きくなると，$\overline{X}$ の分布は母平均 $m$ の近くに集まって，グラフの高さは増し，$\overline{X}$ が $m$ に近い値をとる確率は 1 に近づいていくことがわかる。

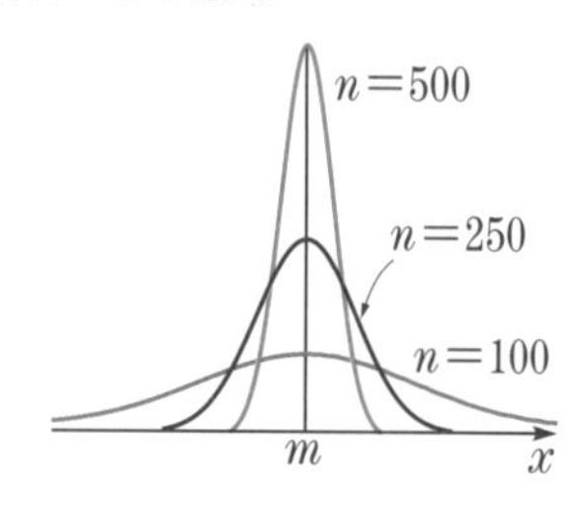


[3] $n$ が十分大きいときは，$\overline{X}$ の分布は近似的に正規分布 $N\left(m,\ \dfrac{\sigma^2}{n}\right)$ に従うとみなしてよい（**中心極限定理**）。とくに，母集団が正規分布 $N(m,\ \sigma^2)$ に従うときは，$n$ が大きくなくても，$\overline{X}$ の分布は正規分布 $N\left(m,\ \dfrac{\sigma^2}{n}\right)$ に従う。

## チェック問題　　答え

次の問いに答えよ。

(1) 母平均 $m=50$，母標準偏差 $\sigma=5$ である母集団から無作為（むさくい）に大きさ 25 の標本を復元抽出するとき，標本平均 $\overline{X}$ の平均と分散は，$E(\overline{X})=$ ❶，$V(\overline{X})=$ ❷ である。

❶ 50　❷ 1

(2) 母集団が正規分布 $N(100,\ (2\sqrt{5})^2)$ に従うとき，無作為に大きさ 36 の標本を復元抽出するときの標本平均 $\overline{X}$ の分布は，正規分布 $N($ ❸ $,\ ($ ❹ $)^2)$ である。

❸ 100　❹ $\dfrac{\sqrt{5}}{3}$

**例題** 次の問いに答えよ。

(1) 右の確率分布に従う母集団から，大きさ4の標本を復元抽出するとき，標本平均 $\overline{X}$ の平均 $E(\overline{X})$ と分散 $V(\overline{X})$ を求めよ。

| $X$ | 1 | 2 | 3 | 4 | 5 | 計 |
|---|---|---|---|---|---|---|
| $P$ | $\frac{1}{10}$ | $\frac{1}{5}$ | $\frac{2}{5}$ | $\frac{1}{5}$ | $\frac{1}{10}$ | 1 |

(2) ある高校3年生男子210名全員の平均身長は，近似的に正規分布 $N(169,\ 4^2)$ に従っている。この母集団から大きさ4の標本を無作為に抽出する。このとき，標本平均 $\overline{X}$ が平均身長から3cm以内となる確率は約何%か。整数値で答えよ。

**解説**

(1) まず，母平均 $E(X)$ と母分散 $V(X)$ を求める。

$$E(X)=1\times\frac{1}{10}+2\times\frac{1}{5}+3\times\frac{2}{5}+4\times\frac{1}{5}+5\times\frac{1}{10}=\frac{30}{10}=3$$

$$E(X^2)=1^2\times\frac{1}{10}+2^2\times\frac{1}{5}+3^2\times\frac{2}{5}+4^2\times\frac{1}{5}+5^2\times\frac{1}{10}=\frac{102}{10}=\frac{51}{5}$$

$$V(X)=E(X^2)-\{E(X)\}^2=\frac{51}{5}-3^2=\frac{6}{5}$$

よって　$E(\overline{X})=E(X)=\mathbf{3}$，$V(\overline{X})=\dfrac{V(X)}{4}=\dfrac{\mathbf{3}}{\mathbf{10}}$ …答

(2) $E(X)=169$，$V(X)=4^2$ で，標本の大きさ $n=4$ なので

$$E(\overline{X})=E(X)=169,\quad V(\overline{X})=\frac{V(X)}{4}=4=2^2$$

よって，標本平均 $\overline{X}$ は近似的に正規分布 $N(169,\ 2^2)$ に従う。そこで，

$Z=\dfrac{\overline{X}-169}{2}$ とおくと，$Z$ は近似的に標準正規分布 $N(0,\ 1)$ に従う。

$\overline{X}$ が平均身長から3cm以内のとき，$169-3\leqq\overline{X}\leqq169+3$ より

$$\frac{-3}{2}\leqq\frac{\overline{X}-169}{2}\leqq\frac{3}{2}\qquad よって\quad -1.5\leqq Z\leqq1.5$$

$$P(169-3\leqq\overline{X}\leqq169+3)=P(-1.5\leqq Z\leqq1.5)=2\times P(0\leqq Z\leqq1.5)$$
$$=2\times p(1.5)=2\times0.43319=0.86638$$

よって，求める確率は，**約87%**である。…答

**類題** ある高校の女子生徒全員の平均身長は，近似的に正規分布 $N(165,\ 4^2)$ に従っている。この母集団から大きさ25の標本を無作為に抽出する。この標本平均 $\overline{X}$ について，$164\leqq\overline{X}\leqq166$ となる確率を求めよ。 解答→別冊 p.32

# 21 ~ 22 の 確認テスト

点

解答 → 別冊 p.34～35

わからなければ 21 へ

**1** ジョーカーを除いた52枚のトランプに，スペードは4点，ハートは2点，ダイヤは0点，クラブは2点と得点をつける。この52枚のカードを母集団とし，そこから1枚取り出したときのカードの得点を $X$ とするとき，母集団分布，母平均 $m$，母標準偏差 $\sigma$ をそれぞれ求めよ。　(各7点　計21点)

わからなければ 21 へ

**2** [1] のカードが4枚，[2] のカードが3枚，[3] のカードが2枚，[4] のカードが1枚，合計10枚のカードを母集団とし，そこから1枚のカードを取り出し，カードに書かれた数を確率変数 $X$ とする。　(各7点　計35点)

(1) 母集団分布，母平均 $E(X)$，母分散 $V(X)$ を求めよ。

(2) 1回取り出すごとにカードをもとにもどして，10回カードを取り出す。カードに書かれた数の合計を $Y$ とするとき，平均 $E(Y)$，分散 $V(Y)$ を求めよ。

わからなければ 22 へ

**3** 正規分布 $N(10,\ 2^2)$ に従う母集団から大きさ 25 の標本を抽出するとき，標本平均 $\overline{X}$ の分布を求めよ。また，$9.6 \leqq \overline{X} \leqq 10.4$ となる確率を求めよ。（各 7 点　計 14 点）

わからなければ 22 へ

**4** ある工場で一定の期間に製造された部品 A を母集団とする。部品 A の稼動寿命は平均 2000 時間で，標準偏差 200 時間の正規分布に従っている。この母集団から無作為（むさくい）に 25 個を抽出するとき，それらの稼動寿命の標本平均を $\overline{X}$ とする。
$\overline{X} \geqq 1950$ となる確率を求めよ。（10 点）

わからなければ 22 へ

**5** 全国規模の数学の試験が行われ，予備調査により，標準偏差 $\sigma=15$ と予想されている。この予想が正しいとして，次の問いに答えよ。（各 10 点　計 20 点）

(1) 100 人の受験者を無作為に抽出するとき，その標本平均 $\overline{X}$ の標準偏差を求めよ。

(2) 標本平均 $\overline{X}$ の標準偏差が 0.5 以下になる最小の標本数 $n$ を求めよ。

# 23 > 母平均の推定

## まとめ

### ☑ 統計的推定

母集団の大きさが大きい場合，その分布を調べることは容易ではない。そのようなとき，(i)母集団からその一部を選び出し，(ii)それを分析し，(iii)母集団についての推測をすることを，統計的推定という。

### ☑ 母平均の推定　（母平均 $m$ がわからないとき，$\overline{X}$ から $m$ を推定）

母平均 $m$，母標準偏差 $\sigma$ である母集団から復元抽出した十分大きい大きさ $n$ の標本の標本平均 $\overline{X}$ の分布は，近似的に正規分布 $\left(m,\ \dfrac{\sigma^2}{n}\right)$ に従う。$Z=\dfrac{\overline{X}-m}{\dfrac{\sigma}{\sqrt{n}}}$ とおくと，$p(1.96)=0.4750$ より，$P(-1.96\leqq Z\leqq 1.96)=2p(1.96)=2\times 0.4750=0.95$ となる。$-1.96\leqq Z\leqq 1.96$ を変形すると，$\overline{X}-1.96\cdot\dfrac{\sigma}{\sqrt{n}}\leqq m\leqq\overline{X}+1.96\cdot\dfrac{\sigma}{\sqrt{n}}$ が得られ，この区間に $m$ が含まれる確率は 95 %である。この区間を

$\left[\overline{X}-1.96\cdot\dfrac{\sigma}{\sqrt{n}},\ \overline{X}+1.96\cdot\dfrac{\sigma}{\sqrt{n}}\right]$ と表し，母平均 $m$ に対する信頼度 95%の信頼区間という。

### ☑ 標本標準偏差 $S$ の利用　（母標準偏差 $\sigma$ がわからないとき）

標本の大きさ $n$ が十分大きいときは，値のわからない母標準偏差 $\sigma$ の代わりに，標本標準偏差 $S=\sqrt{\dfrac{1}{n}\sum_{k=1}^{n}(X_k-\overline{X})^2}$ を用いて母平均 $m$ を推定してもよい。

## > チェック問題

A 工場で大量生産している緑茶の内容量(mL)を母集団とする。そこから無作為(むさくい)に大きさ 100 の標本を抽出したとき，標本平均 $\overline{X}$ が 503.4 mL，標本標準偏差 $S$ が 9 mL であったという。

$$1.96\cdot\frac{S}{\sqrt{n}}=1.96\cdot\frac{\boxed{❶}}{\sqrt{\boxed{❷}}}\fallingdotseq\boxed{❸}$$

← 小数第 2 位を四捨五入

より，母平均 $m$ の信頼度 95 %の信頼区間は

[ ❹ , ❺ ]

**答え >**

❶ 9　❷ 100

❸ (1.764≒)1.8

❹ 501.6　❺ 505.2

**例題** 正規分布に従う母集団がある。次の場合について，母平均の信頼度 95 %の信頼区間を求めよ。

(1) 母分散が $\sigma^2=4^2$，標本の大きさが 49，標本平均が 55.3

(2) 標本の大きさが 81，標本平均が 55.3，標本分散 $S^2=4.5^2$

**解説**

(1) $n=49$，$\sigma=4$ であるから

$$1.96\cdot\frac{\sigma}{\sqrt{n}}=1.96\cdot\frac{4}{\sqrt{49}}=1.96\cdot\frac{4}{7}=1.12\fallingdotseq1.1$$

よって，

(信頼区間の左端)$=55.3-1.1=54.2$

(信頼区間の右端)$=55.3+1.1=56.4$

となるから，信頼度 95 %の信頼区間は　**[54.2，56.4]** …答

(2) $n=81$，$S=4.5$ であるから

$$1.96\cdot\frac{S}{\sqrt{n}}=1.96\cdot\frac{4.5}{\sqrt{81}}=1.96\cdot\frac{4.5}{9}=1.96\cdot0.5=0.98\fallingdotseq1.0$$

よって，

(信頼区間の左端)$=55.3-1.0=54.3$

(信頼区間の右端)$=55.3+1.0=56.3$

となるから，信頼度 95 %の信頼区間は　**[54.3，56.3]** …答

**類題** ある工場で大量に鉛筆を作っている。ある日，完成品の中から大きさ 25 の標本を抽出し，長さを測定したところ，平均値が 184 mm であった。母分散が $\sigma^2=2^2$ とわかっているとき，母平均の信頼度 95 %の信頼区間を求めよ。

解答 → 別冊 p.36

# 24 > 母比率の推定

## まとめ

### ☑ 母比率と標本比率

母集団の中で，ある性質 $A$ をもつものの割合を**母比率**といい $p$ で表す。また，母集団の中から大きさ $n$ の標本を抽出し，その中で性質 $A$ をもつものの個数を $X$ とするとき，その割合 $R=\dfrac{X}{n}$ を**標本比率**という。$n$ が大きいときは，大数の法則により，$R$ は $p$ に近いとみなせる。確率変数 $X$ の分布は二項分布 $B(n,\ p)$ で($p.46$ 参照)，$n$ が大きいとき近似的に正規分布 $N(np,\ np(1-p))$ に従う($p.54$ 参照)。このとき，

$$E(R)=E\left(\frac{X}{n}\right)=\frac{1}{n}E(X)=\frac{np}{n}=p$$

$$V(R)=V\left(\frac{X}{n}\right)=\frac{1}{n^2}V(X)=\frac{np(1-p)}{n^2}=\frac{p(1-p)}{n}$$

であるから，確率変数 $R$ は近似的に正規分布 $N\left(p,\ \dfrac{p(1-p)}{n}\right)$ に従う。

### ☑ 母比率の推定

標本の大きさ $n$ が大きいときは，標本比率 $R$ は近似的に正規分布 $N\left(p,\ \dfrac{p(1-p)}{n}\right)$ に従い，$R \fallingdotseq p$ であるから，$p.64$ の母平均の推定と同様にして，母比率 $p$ に対する信頼度 95 %の信頼区間は，次のようになる。

$$\left[R-1.96\cdot\sqrt{\frac{R(1-R)}{n}},\ R+1.96\cdot\sqrt{\frac{R(1-R)}{n}}\right]$$

← $m$ を $p$，$\overline{X}$ を $R$，$\sigma$ を $\sqrt{p(1-p)} \fallingdotseq \sqrt{R(1-R)}$ と考える

## > チェック問題

ある町の高校 2 年生の中から無作為(むさくい)に 100 人を選び，数学が好きかを聞いたところ，20 人が好きと答えた。この町全体の高校 2 年生の数学が好きという割合 $p$ を，信頼度 95 %で推定する。

標本比率は $R=$ ❶ ，標本の大きさは $n=$ ❷ であるから

$$1.96\cdot\sqrt{\frac{R(1-R)}{n}} \fallingdotseq \text{❸}$$

← 小数第 4 位を四捨五入

よって，$p$ の信頼度 95 %の信頼区間は [ ❹ ， ❺ ] となる。

**答え >**

❶ 0.2　❷ 100

❸ (0.0784≒)0.078

❹ 0.122　❺ 0.278

**例題** ある地区の選挙区で，900 人を無作為に選んで調査をした。

(1) この調査で A 党支持者が 324 人であった。この選挙区における A 党の支持者の母比率 $p$ に対する信頼度 95 %の信頼区間を求めよ。

(2) 同様に，この調査で B 党支持者は 90 人であった。この選挙区における B 党の支持者の母比率 $q$ に対する信頼度 95 %の信頼区間を求めよ。



**! 解説**

(1) 標本比率を $R_1$ とする。$R_1=\dfrac{324}{900}=0.36$，標本の大きさは $n=900$ であるから

$$1.96\cdot\sqrt{\frac{R_1(1-R_1)}{n}}=1.96\cdot\sqrt{\frac{0.36\times0.64}{900}}=1.96\cdot\frac{0.6\times0.8}{30}=1.96\cdot0.016\fallingdotseq0.031$$

よって，

(信頼区間の左端)$=0.36-0.031=0.329$

(信頼区間の右端)$=0.36+0.031=0.391$

となるから，母比率 $p$ の信頼度 95 %の信頼区間は　**[0.329, 0.391]** …答

(2) 標本比率を $R_2$ とする。$R_2=\dfrac{90}{900}=0.1$，標本の大きさは $n=900$ であるから

$$1.96\cdot\sqrt{\frac{R_2(1-R_2)}{n}}=1.96\cdot\sqrt{\frac{0.1\times0.9}{900}}=1.96\cdot\frac{0.3}{30}=1.96\cdot0.01\fallingdotseq0.020$$

よって，

(信頼区間の左端)$=0.1-0.020=0.080$

(信頼区間の右端)$=0.1+0.020=0.120$

となるから，母比率 $q$ の信頼度 95 %の信頼区間は　**[0.080, 0.120]** …答

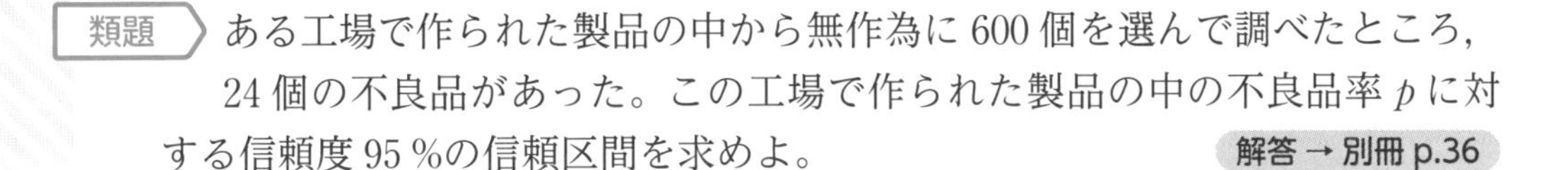

**類題** ある工場で作られた製品の中から無作為に 600 個を選んで調べたところ，24 個の不良品があった。この工場で作られた製品の中の不良品率 $p$ に対する信頼度 95 %の信頼区間を求めよ。

解答 → 別冊 p.36

# 25 > 仮説検定の考え方

## まとめ

### ☑ 仮説検定

ある母集団に対して，正しいか正しくないかを判断したい仮説を**対立仮説**，それに反する仮説を**帰無仮説**（きむ）という。取り出した標本から得られた結果によって，正しいか正しくないか判断することを**仮説検定**といい，仮説が正しくないと判断することを**棄却する**（ききゃく）という。仮説を棄却する際に基準とする確率を**有意水準**といい，5％や1％が用いられることが多い。本書では5％を用いる。

### ☑ 仮説検定の手順

［1］対立仮説と帰無仮説を考える。

［2］帰無仮説が真であると仮定し，標本の結果よりも極端なことが起こる確率を求める。

［3］仮説の確率変数の値と有意水準を比べて仮説が正しいか正しくないかを判断する。

## > チェック問題　　答え >

あるコインを100回投げたら59回表が出たという。「このコインは表が出やすい」という主張を仮説検定で判断しよう。

［1］対立仮説は

「コインの表が出る確率は裏が出る確率より大きい」

帰無仮説は

「［ ❶ ］」

［2］表が出る回数 $X$ は二項分布 $B\left(100,\ \frac{1}{2}\right)$ に従うから，平均

$m=$ ［ ❷ ］，標準偏差 $\sigma=$ ［ ❸ ］である。$Z=\dfrac{X-[❷]}{[❸]}$

とすれば，$Z$ は近似的に標準正規分布 $N(0,\ 1)$ に従う。

$X=59$ のとき，$Z=$ ［ ❹ ］であるから，

$P(Z\geqq [❹])=0.5-p([❹])=$ ［ ❺ ］

［3］これは有意水準5％より［ ❻ ］ので，帰無仮説は正しくないと判断［ ❼ ］。よって，対立仮説は正しいと判断［ ❼ ］。

❶ コインの表が出る確率と裏が出る確率は等しい

❷ 50　❸ 5

❹ 1.8

❺ 0.03593

❻ 小さい

❼ される

例題　あるコインを100回投げたら59回表が出たという。「このコインは表裏の出やすさに差がある」という主張は正しいといえるか。

**解説**

[1]　対立仮説は「コインの表が出る確率と裏が出る確率は異なる」
帰無仮説は「コインの表が出る確率と裏が出る確率は等しい」

[2]　表が出る回数 $X$ は二項分布 $B\left(100,\ \frac{1}{2}\right)$ に従うから，

平均は $m=100\times\frac{1}{2}=50$，標準偏差は $\sigma=\sqrt{100\times\frac{1}{2}\times\frac{1}{2}}=\sqrt{25}=5$

$Z=\frac{X-50}{5}$ とおくと，$Z$ は近似的に標準正規分布 $N(0,\ 1)$ に従う。

$X=59$ のとき，$Z=\frac{59-50}{5}=1.8$ であるから

$$P(|Z|\geqq 1.8)=P(Z\geqq 1.8)+P(Z\leqq -1.8)=2\times P(Z\geqq 1.8)$$
$$=2\{0.5-P(0\leqq Z\leqq 1.8)\}=1-2p(1.8)=0.07186$$

[3]　これは有意水準5%より大きいので，帰無仮説は正しくないと判断されない。
ゆえに，対立仮説は正しいと判断されない。
よって，**コインの表裏の出やすさに差があるとはいえない。** …答

**[参考]**　コインの表が出る確率を $p$ とすると，「チェック問題」の対立仮説は，$p>1-p$ より $p>0.5$ なので，確率が極端に大きい場合のみを考えて $Z\geqq 1.8$ としている。このような検定を片側検定という。
それに対して，「例題」の対立仮説は $p\neq 1-p$ より $p\neq 0.5$ なので，確率が極端に大きい場合と極端に小さい場合を考えて $Z\leqq -1.8$ または $Z\geqq 1.8$，すなわち $|Z|\geqq 1.8$ としている。このような検定を両側検定という。

類題　ある種子の発芽率は従来75%であった。今回新しく品種改良した種子から無作為(むさくい)に200個の種子で発芽実験をしたところ，168個が発芽した。この品種改良によって，発芽率は上昇したといえるか。ただし，$\sqrt{6}=2.4$ とする。

解答 → 別冊 p.37

## 23～25の確認テスト

0　20　40　60　80　100

もう一度最初から　合格

合格点：60点

点

解答 → 別冊 p.38～39

わからなければ 23 へ

**1** ある工場で大量生産された製品の中から100個を無作為（むさくい）抽出して重量を測ったところ，平均102.4(g)，標準偏差2.5(g)であった。この製品の重量の母平均 $m$(g) に対して，信頼度95%の信頼区間を求めよ。（25点）

わからなければ 24 へ

**2** 自作のさいころを400回投げたところ，6の目が80回出た。このさいころで6の目が出る割合（母比率）について，信頼度95%の信頼区間を求めよ。（25点）

わからなければ 25 へ

**3** ある高校入試の得点が近似的に正規分布に従っており，平均点が 275 点，標準偏差が 22.5 点であった。この高校入試で特定の A 中学から 9 名の受験者があり，9 名の平均点が 289 点であった。このとき，次の問いに答えよ。ただし，必要があれば，$p(1.96)=0.475$，$p(1.65)=0.45$ を用いてもよい。　　（各 25 点　計 50 点）

(1) この A 中学の受験者の学力は，全受験者に対して高いといえるか。

(2) この A 中学の受験者の学力は，全受験者とは異なるといえるか。

# 26 ベクトルの定義

## まとめ

### ☑ 有向線分

点 A から点 B へ向かう，向きのついた線分を**有向線分**という。
有向線分 AB について，A を**始点**，B を**終点**という。

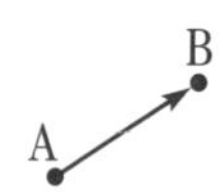


### ☑ ベクトルとその大きさ

向きと大きさをもった量を**ベクトル**という。点 A を始点，点 B を終点とする有向線分で表されるベクトルを $\overrightarrow{\mathrm{AB}}$ と書く。ベクトルの大きさは $|\overrightarrow{\mathrm{AB}}|$ と書き，線分 AB の長さのことである。また，$\overrightarrow{\mathrm{AB}}$ を $\vec{a}$ と表せば $|\vec{a}|$ とも書く。

### ☑ ベクトルの相等

2 つのベクトル $\vec{a}$，$\vec{b}$ の向きと大きさが等しいとき，
$\vec{a}$ と $\vec{b}$ は**等しい**といい，$\vec{a}=\vec{b}$ と表す。
例 平行四辺形 ABCD に対して $\overrightarrow{\mathrm{AB}}=\overrightarrow{\mathrm{DC}}$ である。

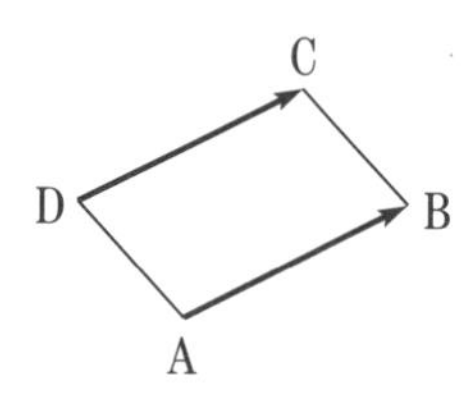


### ☑ 逆ベクトル

$\vec{a}$ と $\vec{b}$ の大きさが等しく向きが反対であるとき，$\vec{a}$ と $\vec{b}$ は互いに**逆ベクトル**であるといい，$\vec{b}=-\vec{a}$ と書く。また $\vec{a}=-\vec{b}$ とも書く。
例 上の例では $\overrightarrow{\mathrm{CD}}=-\overrightarrow{\mathrm{AB}}$ となっている。

### ☑ 零（れい）ベクトル

← 日本語では「れい」だが，「ゼロベクトル」と呼ぶことが多い

始点と終点が同じである有向線分 $\overrightarrow{\mathrm{AA}}$ の表すベクトルも，特別な 1 つのベクトルと考え，これを**零ベクトル**といい，$\vec{0}$ で表す。
このとき $|\vec{0}|=0$，つまり大きさは 0 である。ただし，$\vec{0}$ の向きは考えない。

## チェック問題

右の図は，1 目盛り 1 の方眼に 7 つのベクトルがかいてある。

$|\vec{a}|=$ ［❶］，$|\vec{b}|=$ ［❷］，
$|\vec{c}|=$ ［❸］，$\vec{a}=$ ［❹］

↑ $\vec{p}$，$\vec{q}$，$\vec{r}$，$\vec{s}$ の中から選ぶ

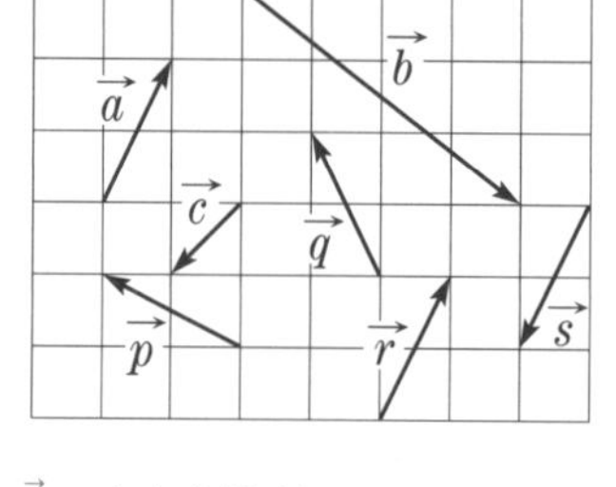


**答え**

❶ $\sqrt{5}$　❷ 5
❸ $\sqrt{2}$　❹ $\vec{r}$

**例題** 右の図にある $\vec{a}$～$\vec{j}$ について，次の問いに答えよ。ただし，方眼の1目盛りを1とする。

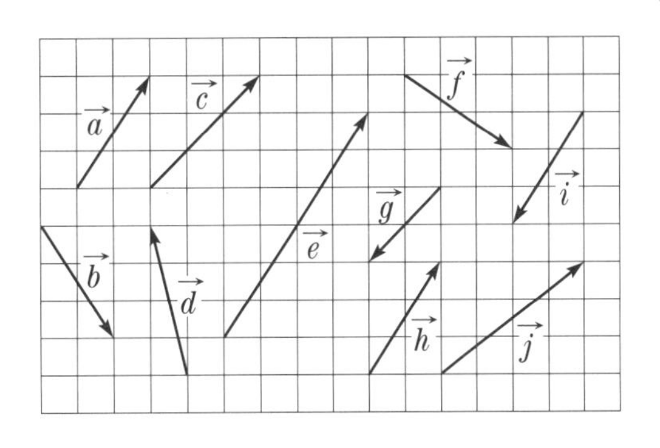


(1) $\vec{a}$ と同じ向きのベクトルをすべて選べ。

(2) $\vec{a}$ と等しいベクトルを選べ。

(3) $\vec{a}$ と大きさの等しいベクトルをすべて選べ。

(4) $\vec{j}$ の大きさを求めよ。

**! 解説**

(1) $\vec{a}$ と平行なベクトルの中から，向きが右上を向いているベクトルをさがす。まず，$\vec{a}$ と平行なベクトルは $\vec{e}$，$\vec{h}$，$\vec{i}$ であるが，$\vec{i}$ は向きが逆である。よって，$\vec{a}$ と同じ向きのベクトルは　$\boldsymbol{\vec{e}}$，$\boldsymbol{\vec{h}}$　…答

(2) (1)で求めた2つのベクトル $\vec{e}$，$\vec{h}$ の中から見つければよい。
$|\vec{e}|=2|\vec{a}|$，$|\vec{h}|=|\vec{a}|$ であるので，$\vec{a}$ と等しいベクトルは　$\boldsymbol{\vec{h}}$　…答

(3) $|\vec{a}|=\sqrt{2^2+3^2}=\sqrt{13}$ であるので，同じ大きさとなるベクトルは
$\boldsymbol{\vec{b}}$，$\boldsymbol{\vec{f}}$，$\boldsymbol{\vec{h}}$，$\boldsymbol{\vec{i}}$　…答

(4) $|\vec{j}|=\sqrt{4^2+3^2}=\sqrt{25}=\mathbf{5}$　…答

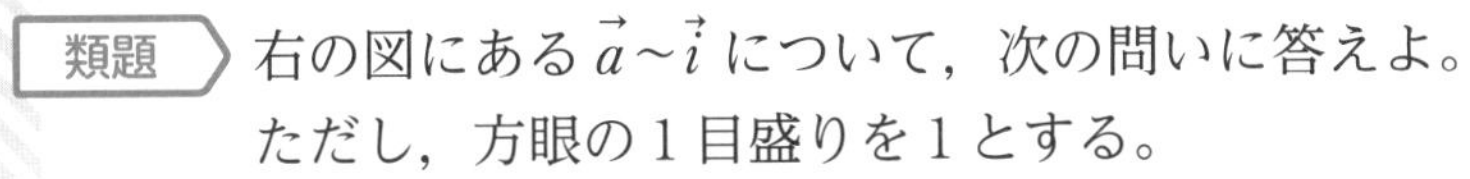

**類題** 右の図にある $\vec{a}$～$\vec{i}$ について，次の問いに答えよ。ただし，方眼の1目盛りを1とする。

解答 → 別冊 p.40

(1) $\vec{a}$ と平行なベクトルをすべて選べ。

(2) $\vec{a}$ と大きさの等しいベクトルをすべて選べ。

(3) $\vec{h}$ の大きさを求めよ。

(4) $\vec{b}$ と $\vec{f}$ では，大きさはどちらが大きいか。

# 27 > ベクトルの計算

## まとめ

### ☑ ベクトルの加法

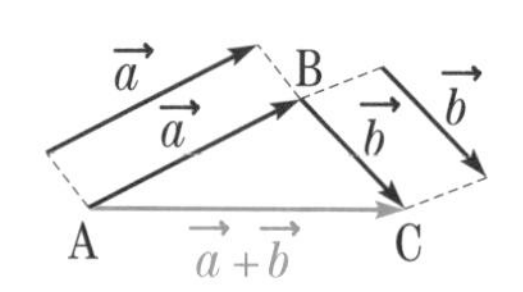


ベクトル $\vec{a}$，$\vec{b}$ に対してある点 A をとり，$\vec{a}=\overrightarrow{AB}$，$\vec{b}=\overrightarrow{BC}$ となるように点 B，C をとる。このとき，$\overrightarrow{AC}$ を $\vec{a}$ と $\vec{b}$ の和といい，$\vec{a}+\vec{b}$ と表す。

① $\vec{a}+\vec{b}=\vec{b}+\vec{a}$　② $(\vec{a}+\vec{b})+\vec{c}=\vec{a}+(\vec{b}+\vec{c})$　③ $\vec{a}+\vec{0}=\vec{a}$　④ $\vec{a}+(-\vec{a})=\vec{0}$

↑交換法則　↑結合法則

### ☑ ベクトルの減法

ベクトル $\vec{a}$，$\vec{b}$ に対して，その差 $\vec{a}-\vec{b}$ を $\vec{a}$ と $-\vec{b}$（$\vec{b}$ の逆ベクトル）の和と定める。すなわち　$\vec{a}-\vec{b}=\vec{a}+(-\vec{b})$

### ☑ ベクトルの実数倍

$k\vec{a}$ $(\vec{a}\neq\vec{0})$ の定義　（$k$ を実数とする。）

① $k>0$ のとき，$\vec{a}$ と同じ向きで，大きさは $|\vec{a}|$ の $k$ 倍

② $k<0$ のとき，$\vec{a}$ と逆向きで，大きさは $|\vec{a}|$ の $|k|$ 倍

③ $k=0$ のとき，$\vec{0}$　　つまり　$0\vec{a}=\vec{0}$

$\vec{a}=\vec{0}$ のとき，$k\vec{a}=\vec{0}$ とする。

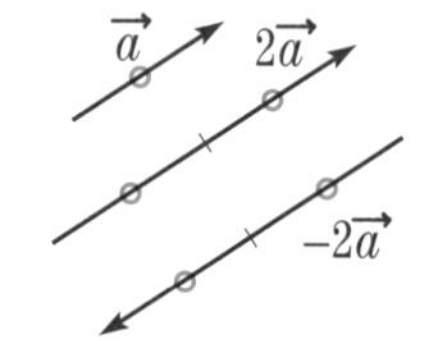


### ☑ 単位ベクトル

大きさが 1 であるベクトルのことを単位ベクトルという。

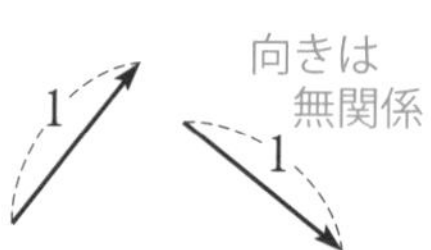


**例** $\vec{0}$ でない任意のベクトル $\vec{a}$ に対し，$\vec{e}=\dfrac{1}{|\vec{a}|}\vec{a}=\dfrac{\vec{a}}{|\vec{a}|}$ は単位ベクトル。

## > チェック問題　　答え >

(1) 右の図の平行四辺形 ABCD で，
$\vec{a}=\overrightarrow{AB}$，$\vec{b}=\overrightarrow{AD}$ とするとき

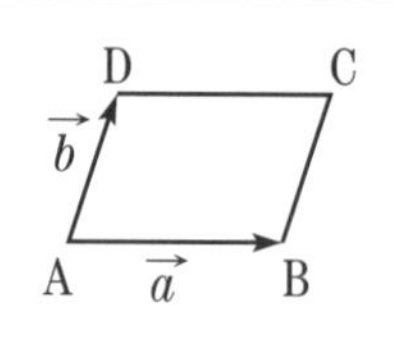


$\vec{a}+\vec{b}=$ [ ❶ ]，$\vec{a}-\vec{b}=$ [ ❷ ]

❶ $\overrightarrow{AC}$　❷ $\overrightarrow{DB}$

(2) 数直線上に原点 O と A(2) がある。

0　A
0　2　$x$

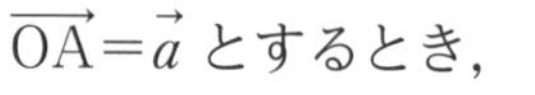

$\overrightarrow{OA}=\vec{a}$ とするとき，

$|\vec{a}|=$ [ ❸ ]，$|2\vec{a}|=$ [ ❹ ]，$|-3\vec{a}|=$ [ ❺ ]

❸ 2　❹ 4　❺ 6

**例題** $\vec{p}=2\vec{a}+3\vec{b}$，$\vec{q}=\vec{a}-2\vec{b}$ とするとき，次のベクトルを $\vec{a}$，$\vec{b}$ で表せ。

(1) $3\vec{p}+2\vec{q}$

(2) $2(\vec{x}+\vec{p})=\vec{q}+\vec{x}$ を満たす $\vec{x}$

(3) $\begin{cases}\vec{x}+\vec{y}=\vec{p}\\ \vec{x}-\vec{y}=\vec{q}\end{cases}$ を満たす $\vec{x}$ および $\vec{y}$

**解説** 一般の文字式を計算する場合と同じように計算すればよい

(1) $3\vec{p}+2\vec{q}=3(2\vec{a}+3\vec{b})+2(\vec{a}-2\vec{b})=6\vec{a}+9\vec{b}+2\vec{a}-4\vec{b}$

$=(6+2)\vec{a}+(9-4)\vec{b}=\boldsymbol{8\vec{a}+5\vec{b}}$ …答

(2) $2(\vec{x}+\vec{p})=\vec{q}+\vec{x}$ より，$2\vec{x}+2\vec{p}=\vec{q}+\vec{x}$ である。

$\vec{x}=-2\vec{p}+\vec{q}=-2(2\vec{a}+3\vec{b})+(\vec{a}-2\vec{b})$

$=-4\vec{a}-6\vec{b}+\vec{a}-2\vec{b}=\boldsymbol{-3\vec{a}-8\vec{b}}$ …答

(3) $\begin{cases}\vec{x}+\vec{y}=\vec{p} & \cdots\cdots①\\ \vec{x}-\vec{y}=\vec{q} & \cdots\cdots②\end{cases}$

(①＋②)÷2 を計算し

$\boldsymbol{\vec{x}}=\frac{1}{2}(\vec{p}+\vec{q})=\frac{1}{2}(2\vec{a}+3\vec{b}+\vec{a}-2\vec{b})=\boldsymbol{\frac{3}{2}\vec{a}+\frac{1}{2}\vec{b}}$ …答

(①－②)÷2 を計算し

$\boldsymbol{\vec{y}}=\frac{1}{2}(\vec{p}-\vec{q})=\frac{1}{2}(2\vec{a}+3\vec{b}-\vec{a}+2\vec{b})=\boldsymbol{\frac{1}{2}\vec{a}+\frac{5}{2}\vec{b}}$ …答

**類題** 次の式を満たす $\vec{x}$，$\vec{y}$ を $\vec{a}$，$\vec{b}$，$\vec{c}$ で表せ。 解答 → 別冊 p.40

(1) $3(\vec{x}-\vec{a})+\vec{c}=2(\vec{b}+2\vec{x}-\vec{c})$

(2) $\begin{cases}4\vec{x}+2\vec{y}=5\vec{a}\\ 2\vec{x}-2\vec{y}=\vec{a}+3\vec{b}\end{cases}$

# 28 > ベクトルの平行と分解

## まとめ

### ☑ ベクトルの平行

$\vec{0}$ でない 2 つのベクトル $\vec{a}$，$\vec{b}$ の向きが同じか逆のとき，$\vec{a}$ と $\vec{b}$ は平行であるといい，$\vec{a} /\!/ \vec{b}$ とかく。

$\vec{a} /\!/ \vec{b}$ のとき，ある実数 $k$ が存在して

$$\vec{b} = k\vec{a}$$

と表せる。

### ☑ ベクトルの分解

平面上で，$\vec{0}$ でない 2 つのベクトル $\vec{a}$，$\vec{b}$ が平行でないとき，任意のベクトル $\vec{p}$ は $\vec{a}$，$\vec{b}$ を用いて次のように表される。

$$\vec{p} = m\vec{a} + n\vec{b}$$

右の図では，$m = \dfrac{\text{OA}'}{\text{OA}}$，$n = \dfrac{\text{OB}'}{\text{OB}}$ となっている。

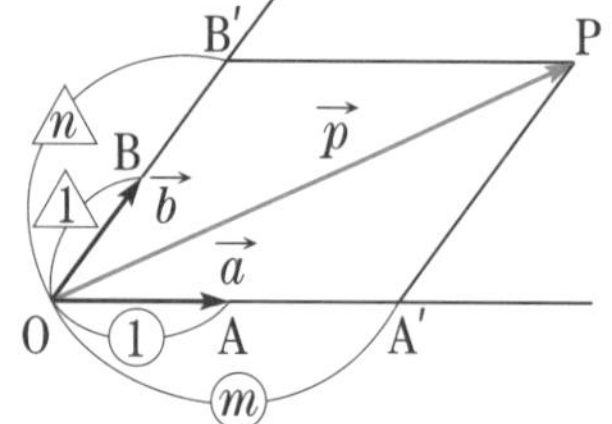


### ☑ $\vec{p} = m\vec{a} + n\vec{b}$ の表現の一意性（いちいせい）

平面上で，$\vec{0}$ でない 2 つのベクトル $\vec{a}$，$\vec{b}$ が平行でないとき，

$\vec{p} = m\vec{a} + n\vec{b} = M\vec{a} + N\vec{b}$ と表せたとすると，

必ず，$m = M$，$n = N$ となる。 ← このような性質を「一意性」と呼ぶ

## > チェック問題　　答え >

$\vec{0}$ でない 2 つのベクトル $\vec{a}$，$\vec{b}$ が平行でないとする。

このとき，$\vec{p} = 2\vec{a} + \vec{b}$，$\vec{q} = 6\vec{a} + 3\vec{b}$ とすると，

$\vec{q} =$ [ ❶ ] $\vec{p}$ であるので，$\vec{p}$ [ ❷ ] $\vec{q}$ となる。　　❶ 3　❷ // (平行)

また，$x\vec{a} + 3\vec{b} = 4\vec{a} + y\vec{b}$ であるなら，

$x =$ [ ❸ ]，$y =$ [ ❹ ]　　❸ 4　❹ 3

である。

例題　右の図は，合同な正三角形 12 個からなる平行四辺形である。
$\overrightarrow{AB}=\vec{a}$，$\overrightarrow{AE}=\vec{b}$ とするとき，次のベクトルを $\vec{a}$，$\vec{b}$ を用いて表せ。

(1) $\overrightarrow{AH}$　　(2) $\overrightarrow{DF}$

(3) $\overrightarrow{EK}$　　(4) $\overrightarrow{CJ}$

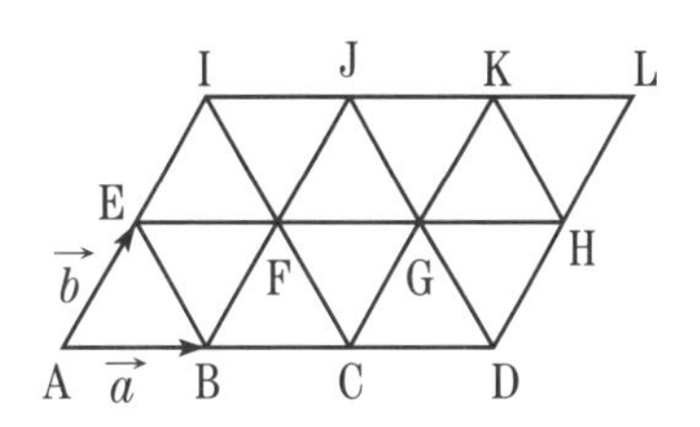

**解説**　表したいベクトルを $\overrightarrow{AB}$，$\overrightarrow{AE}$ と平行なベクトルで表しておき，それを $\vec{a}$，$\vec{b}$ で表す

(1) $\overrightarrow{AH}=\overrightarrow{AD}+\overrightarrow{DH}=\overrightarrow{AD}+\overrightarrow{AE}=3\overrightarrow{AB}+\overrightarrow{AE}=\boldsymbol{3\vec{a}+\vec{b}}$ …答

(2) $\overrightarrow{DF}=\overrightarrow{DB}+\overrightarrow{BF}=2\overrightarrow{BA}+\overrightarrow{AE}=-2\overrightarrow{AB}+\overrightarrow{AE}=\boldsymbol{-2\vec{a}+\vec{b}}$ …答

(3) $\overrightarrow{EK}=\overrightarrow{EG}+\overrightarrow{GK}=2\overrightarrow{AB}+\overrightarrow{AE}=\boldsymbol{2\vec{a}+\vec{b}}$ …答

(4) $\overrightarrow{CJ}=\overrightarrow{CB}+\overrightarrow{BJ}=-\overrightarrow{AB}+2\overrightarrow{AE}=\boldsymbol{-\vec{a}+2\vec{b}}$ …答

類題　正六角形 ABCDEF において，$\overrightarrow{AB}=\vec{a}$，$\overrightarrow{AF}=\vec{b}$ とする。

解答 → 別冊 p.41

(1) $\overrightarrow{AC}$，$\overrightarrow{CE}$，$\overrightarrow{EA}$ をそれぞれ $\vec{a}$，$\vec{b}$ を用いて表せ。

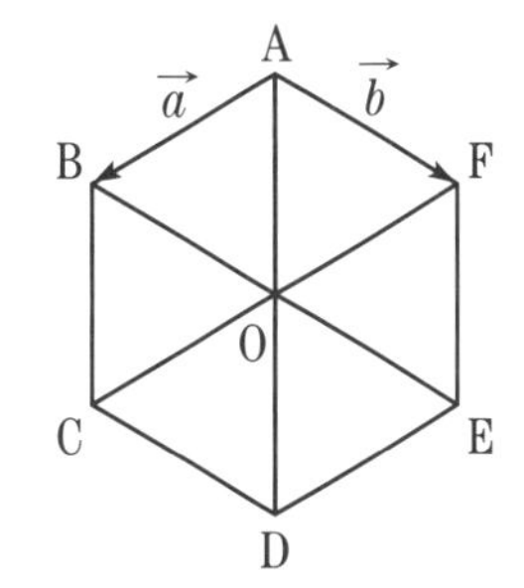


(2) $\vec{a}$ を，$\overrightarrow{AC}$ と $\overrightarrow{CE}$ を用いて表せ。

# 29 ベクトルの成分表示

## まとめ

### ☑ 基本ベクトル

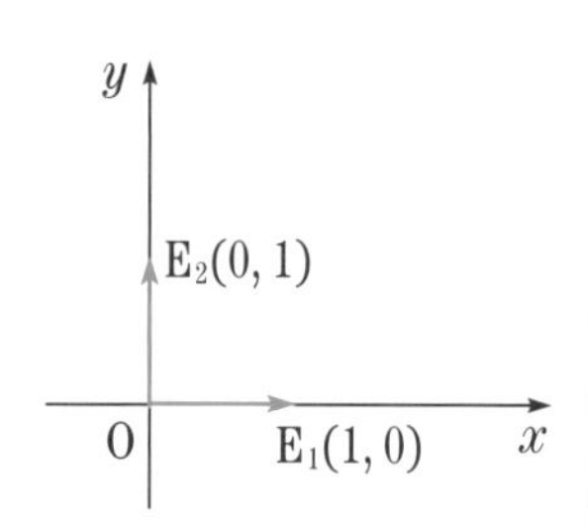


座標平面上で 2 点 $E_1(1,\ 0)$, $E_2(0,\ 1)$ を考え,
$\vec{e_1}=\overrightarrow{OE_1}$, $\vec{e_2}=\overrightarrow{OE_2}$ を $x$ 軸, $y$ 軸の基本ベクトルという。

### ☑ ベクトルの成分

座標平面上の任意のベクトル $\vec{a}$ に対し, $\overrightarrow{OP}=\vec{a}$ となる点
$P(a_1,\ a_2)$ を考える。
このとき, $\vec{a}=\overrightarrow{OP}=a_1\vec{e_1}+a_2\vec{e_2}$ と表せる。これを $\vec{a}$ の基本ベクトル表示という。
そして $a_1$, $a_2$ をそれぞれ $\boldsymbol{x}$ 成分, $\boldsymbol{y}$ 成分という。また, $\vec{a}$ を

$\vec{a}=(a_1,\ a_2)$ ←見た目には点の座標の書き方とまったく同じとなっている！

と書き, これを $\vec{a}$ の成分表示という。

### ☑ 成分表示の性質のまとめ

$\vec{a}=(a_1,\ a_2)$, $\vec{b}=(b_1,\ b_2)$ のとき

① $|\vec{a}|=\sqrt{a_1^2+a_2^2}$　② $\vec{a}=\vec{b} \Longleftrightarrow a_1=b_1$ かつ $a_2=b_2$

③ $\vec{a}+\vec{b}=(a_1+b_1,\ a_2+b_2)$　$\vec{a}-\vec{b}=(a_1-b_1,\ a_2-b_2)$

④ $k\vec{a}=k(a_1,\ a_2)=(ka_1,\ ka_2)$

### ☑ 座標と成分表示

2 点 $A(a_1,\ a_2)$, $B(b_1,\ b_2)$ について

$\overrightarrow{AB}=(b_1-a_1,\ b_2-a_2)$, $|\overrightarrow{AB}|=\sqrt{(b_1-a_1)^2+(b_2-a_2)^2}$

## チェック問題

$\vec{a}=(3,\ 4)$, $\vec{b}=(2,\ -2)$ のとき

(1) $|\vec{a}|=$ ❶ , $|\vec{b}|=$ ❷

(2) $\vec{a}+\vec{b}=$ ❸ , $2\vec{a}-\vec{b}=$ ❹

(3) $\vec{c}=(4,\ 3)$ を $\vec{a}$, $\vec{b}$ で表し,

$\vec{c}=m\vec{a}+n\vec{b}$ ← $m$, $n$ の連立方程式を作ろう

となったとすると　$m=$ ❺ , $n=$ ❻

## 答え

❶ 5　❷ $2\sqrt{2}$

❸ (5, 2)　❹ (4, 10)

❺ 1　❻ $\frac{1}{2}$

**例題** $\vec{a}=(3,\ 4)$，$\vec{b}=(1,\ -2)$，$\vec{c}=(3,\ -1)$ のとき，$\vec{x}=\vec{a}+t\vec{b}$（$t$ は実数）について，次の問いに答えよ。

(1) $\vec{x}$ と $\vec{c}$ が平行となるような $t$ の値を求めよ。

(2) $\vec{x}$ の大きさが 5 となるような $t$ の値を求めよ。

(3) $\vec{x}$ の大きさが最小となるときの $t$ の値と，その最小値を求めよ。

**解説**

(1) $\vec{x}=\vec{a}+t\vec{b}=(3,\ 4)+t(1,\ -2)=(t+3,\ -2t+4)$

$\vec{x}\parallel\vec{c}$ であるから，$\vec{x}=k\vec{c}$ とすると

$(t+3,\ -2t+4)=k(3,\ -1)$

← $\vec{x}\parallel\vec{c}$ より $(t+3):(-2t+4)=3:(-1)$ としてもよい

つまり，$t+3=3k$ かつ $-2t+4=-k$

これを解いて　$t=3$，$k=2$　　よって　$\boldsymbol{t=3}$ …答

(2) $|\vec{x}|^2=(t+3)^2+(-2t+4)^2=5t^2-10t+25$

$|\vec{x}|=5$ より　$5t^2-10t+25=25$　← $|\vec{x}|=5$ より　$|\vec{x}|^2=25$

整理して　$t(t-2)=0$　　よって　$\boldsymbol{t=0,\ 2}$ …答

(3) $|\vec{x}|^2=5t^2-10t+25=5(t-1)^2+20$　← $|\vec{x}|$ が最小 $\Longleftrightarrow$ $|\vec{x}|^2$ が最小なので $|\vec{x}|^2$ を調べればよい

ゆえに，$\boldsymbol{t=1}$ のとき最小値 $|\vec{x}|=\sqrt{20}=\boldsymbol{2\sqrt{5}}$ をとる。…答

**類題** $\vec{a}=(5,\ -1)$，$\vec{b}=(1,\ 1)$ のとき，$\vec{x}=\vec{a}+t\vec{b}$（$t$ は実数）について，次の条件に合う $t$ の値を求めよ。

解答 → 別冊 p.41

(1) $|\vec{x}|=6$ となる $t$ の値

(2) $|\vec{x}|$ が最小となる $t$ の値

# 26～29の確認テスト

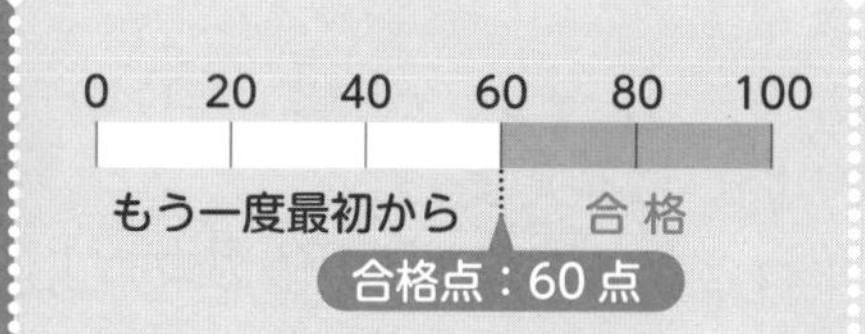


点

解答 → 別冊 p.42～43

わからなければ 26 へ

**1** 右の図は，合同な三角形からなる平行四辺形である。このとき，次のベクトルを，点 A を始点とするベクトルで表せ。 (各 4 点　計 24 点)

(1) $\overrightarrow{\mathrm{EF}}$　　(2) $\overrightarrow{\mathrm{GK}}$

(3) $\overrightarrow{\mathrm{EJ}}$　　(4) $\overrightarrow{\mathrm{BH}}$

(5) $\overrightarrow{\mathrm{CL}}$　　(6) $\overrightarrow{\mathrm{EL}}$

【ヒント】 すべて $\overline{\mathrm{A}\square}$ の形で答える。

わからなければ 27 へ

**2** $\vec{p}=2\vec{a}-\vec{b}$，$\vec{q}=\vec{a}+2\vec{b}$ とするとき，次のベクトルを $\vec{a}$，$\vec{b}$ で表せ。 (各 6 点　計 12 点)

(1) $3(\vec{p}+\vec{q})-2(\vec{p}-\vec{q})$

(2) $3(\vec{x}+3\vec{p})=2(\vec{x}-\vec{q})$ を満たす $\vec{x}$

わからなければ 28 へ

**3** 右の図の正六角形 ABCDEF において，$\overrightarrow{\mathrm{AB}}=\vec{a}$，$\overrightarrow{\mathrm{AO}}=\vec{b}$ とする。 ((1) 各 5 点，(2) 8 点　計 18 点)

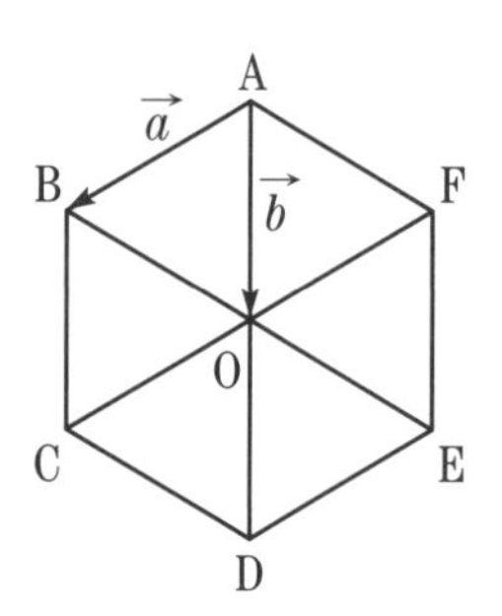


(1) $\overrightarrow{\mathrm{AE}}$，$\overrightarrow{\mathrm{CE}}$ をそれぞれ $\vec{a}$，$\vec{b}$ を用いて表せ。

(2) $\overrightarrow{\mathrm{DF}}$ を $\overrightarrow{\mathrm{AE}}$，$\overrightarrow{\mathrm{CE}}$ を用いて表せ。

わからなければ 28 へ

**4** 右の図は，1辺が1の正方格子である。次の問いに答えよ。 ((1)，(2)，(4)各6点，(3)各3点　計24点)

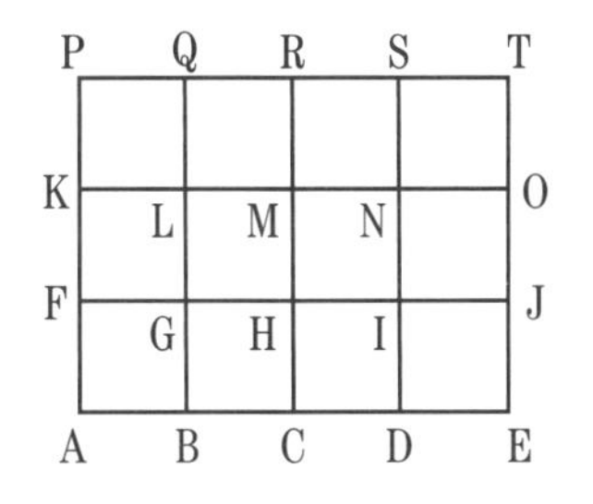


(1) $\overrightarrow{AG}$ の大きさを求めよ。

(2) $\overrightarrow{AT}$ の大きさを求めよ。

(3) $\overrightarrow{CN}$ と等しいベクトルで，始点がAのベクトルを求めよ。また，終点がRであるベクトルを求めよ。

(4) $\overrightarrow{FQ}+\overrightarrow{BI}$ と等しいベクトルで，始点がAのベクトルを求めよ。

わからなければ 29 へ

**5** $\vec{a}=(3,\ -2)$，$\vec{b}=(-1,\ 3)$，$\vec{c}=(11,\ -12)$ に対して，$\vec{c}=k\vec{a}+l\vec{b}$ を満たす実数 $k$，$l$ を求めよ。 (8点)

わからなければ 29 へ

**6** $\vec{a}=(1,\ 3)$，$\vec{b}=(2,\ 1)$ のとき，$\vec{x}=\vec{a}+t\vec{b}$（$t$ は実数）とする。
$\vec{x}$ の大きさが最小となるときの $t$ の値を求めよ。また，そのときの $|\vec{x}|$ の最小値も求めよ。 (各7点　計14点)

# 30 ベクトルの内積

## まとめ

### ☑ ベクトルのなす角

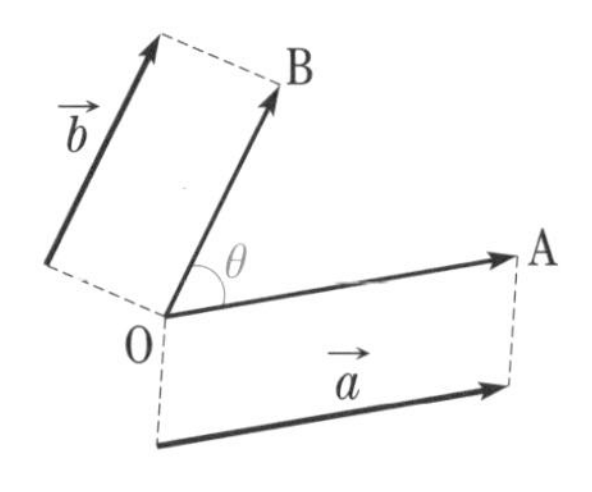


$\vec{0}$ でない 2 つのベクトル $\vec{a}$，$\vec{b}$ に対し，平面上の 1 点 O をとり $\vec{a}=\overrightarrow{\mathrm{OA}}$，$\vec{b}=\overrightarrow{\mathrm{OB}}$ となる 2 点 A，B を定める。このとき，$\angle\mathrm{AOB}=\theta$ を $\vec{a}$ と $\vec{b}$ の**なす角**という。ただし，$0^\circ \leqq \theta \leqq 180^\circ$ とする。

### ☑ ベクトルの内積　（$\vec{a}\neq\vec{0}$，$\vec{b}\neq\vec{0}$，$\theta$ は $\vec{a}$ と $\vec{b}$ のなす角とする。）

$|\vec{a}||\vec{b}|\cos\theta$ を $\vec{a}$ と $\vec{b}$ の**内積**といい，$\vec{a}\cdot\vec{b}$ と表す。

内積 $\vec{a}\cdot\vec{b}$ の内積の記号 “·” は通常の積の記号のように省略できないのではっきりと書くこと。

### ☑ 内積の符号となす角の関係　（$\vec{a}$ と $\vec{b}$ のなす角を $\theta$ とする。）

$0^\circ \leqq \theta < 90^\circ \iff \cos\theta > 0 \iff \vec{a}\cdot\vec{b} > 0$

$\theta = 90^\circ \iff \cos\theta = 0 \iff \vec{a}\cdot\vec{b} = 0$

$90^\circ < \theta \leqq 180^\circ \iff \cos\theta < 0 \iff \vec{a}\cdot\vec{b} < 0$

### ☑ 内積の基本性質

① $\vec{a}\cdot\vec{b}=\vec{b}\cdot\vec{a}$　② $-|\vec{a}||\vec{b}| \leqq \vec{a}\cdot\vec{b} \leqq |\vec{a}||\vec{b}|$　③ $\vec{a}\cdot\vec{a}=|\vec{a}|^2$

[説明]

① $\vec{a}$ と $\vec{b}$ のなす角と $\vec{b}$ と $\vec{a}$ のなす角は同じなので，内積の定義より明白。

② $0^\circ \leqq \theta \leqq 180^\circ$ のとき，$-1 \leqq \cos\theta \leqq 1$ であるので，これも明白。

③ $\vec{a}$ と $\vec{a}$ 自身のなす角は $\theta=0^\circ$ であり，$\cos 0^\circ = 1$ なので

$$\vec{a}\cdot\vec{a}=|\vec{a}||\vec{a}|\cdot 1=|\vec{a}|^2$$

## チェック問題

右の図の直角三角形 ABC について，次の内積を計算せよ。

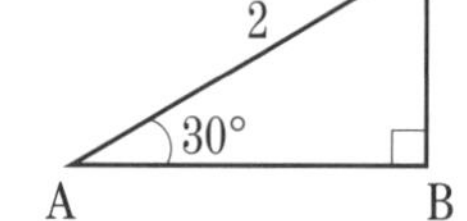


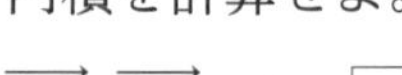

$\overrightarrow{\mathrm{AC}}\cdot\overrightarrow{\mathrm{AB}}=2\times$ ❶ $\times\cos$ ❷ $^\circ=$ ❸

$\overrightarrow{\mathrm{AC}}\cdot\overrightarrow{\mathrm{CB}}=2\times$ ❹ $\times\cos$ ❺ $^\circ=$ ❻

$\overrightarrow{\mathrm{BA}}\cdot\overrightarrow{\mathrm{BC}}=$ ❼

### 答え

❶ $\sqrt{3}$　❷ 30　❸ 3

❹ 1　❺ 120　❻ $-1$

❼ 0

**例題** 右の図は，1辺が2の正三角形6個からなる図形である。このとき，次のベクトルの内積を計算せよ。

(1) $\overrightarrow{OA}\cdot\overrightarrow{OB}$　　(2) $\overrightarrow{OA}\cdot\overrightarrow{FC}$

(3) $\overrightarrow{CE}\cdot\overrightarrow{OA}$　　(4) $\overrightarrow{AC}\cdot\overrightarrow{FE}$

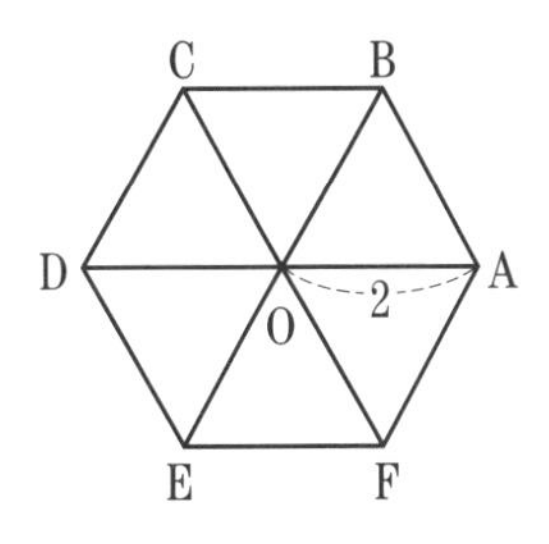


**解説**

(1) $\overrightarrow{OA}$ と $\overrightarrow{OB}$ のなす角は 60° であるので

$$\overrightarrow{OA}\cdot\overrightarrow{OB}=2\cdot2\cdot\cos60^\circ=\mathbf{2}$$ …答

**[注意]**　$\overrightarrow{OA}\cdot\overrightarrow{OB}$ の間の記号 “·” の前後はベクトルなので，内積の記号である。

また，$2\cdot2\cdot\cos60^\circ$ の間の記号 “·” は通常の積の記号であるので注意する。

(2) $\overrightarrow{OA}$ と $\overrightarrow{FC}$ のなす角は 120° であり，$|\overrightarrow{FC}|=4$ なので

$$\overrightarrow{OA}\cdot\overrightarrow{FC}=2\cdot4\cdot\cos120^\circ=\mathbf{-4}$$ …答

(3) CE⊥DO，つまり $\overrightarrow{CE}$ と $\overrightarrow{OA}$ のなす角は 90° である。

$$\overrightarrow{CE}\cdot\overrightarrow{OA}=\mathbf{0}$$ …答

(4) $\overrightarrow{AC}\parallel\overrightarrow{FD}$ より，$\overrightarrow{AC}$ と $\overrightarrow{FE}$ のなす角は 30° である。

また，$|\overrightarrow{AC}|=2\sqrt{3}$ であるので

$$\overrightarrow{AC}\cdot\overrightarrow{FE}=2\sqrt{3}\cdot2\cdot\cos30^\circ=\mathbf{6}$$ …答

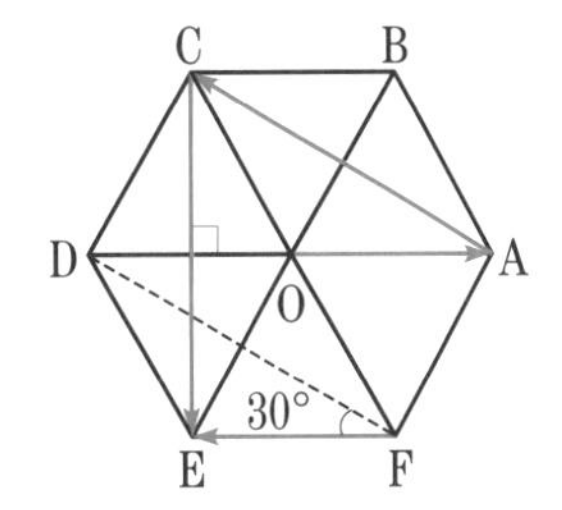


**類題** 右の図は，1辺が1の正方格子の図である。このとき，次のベクトルの内積を求めよ。

解答 → 別冊 p.44

(1) $\overrightarrow{AD}\cdot\overrightarrow{AK}$　　(2) $\overrightarrow{AF}\cdot\overrightarrow{JI}$

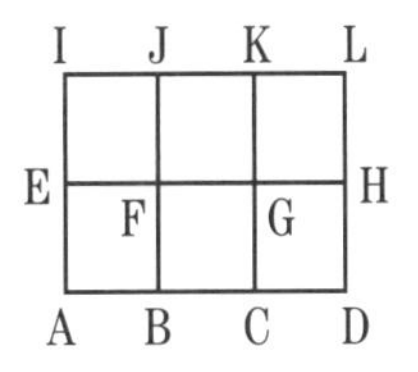


(3) $\overrightarrow{EK}\cdot\overrightarrow{HB}$　　(4) $\overrightarrow{EK}\cdot\overrightarrow{CJ}$

# 31 > 内積の成分表示

## まとめ

$\vec{a}=(a_1,\ a_2)$, $\vec{b}=(b_1,\ b_2)$ とする。

### ☑ ベクトルの内積の成分表示

$$\vec{a}\cdot\vec{b}=a_1b_1+a_2b_2$$

### ☑ ベクトルの垂直条件・平行条件 ($\vec{a}\neq\vec{0}$, $\vec{b}\neq\vec{0}$ とする。)

① 垂直条件 $\vec{a}\perp\vec{b} \iff \vec{a}\cdot\vec{b}=0 \iff a_1b_1+a_2b_2=0$

② 平行条件 $\vec{a}/\!/\vec{b} \iff \vec{a}\cdot\vec{b}=\pm|\vec{a}||\vec{b}| \iff a_1b_2-a_2b_1=0$

### ☑ ベクトルのなす角の余弦

$\vec{a}$ と $\vec{b}$ のなす角を $\theta$ ($0°\leqq\theta\leqq180°$) とすると

$$\cos\theta=\frac{\vec{a}\cdot\vec{b}}{|\vec{a}||\vec{b}|}=\frac{a_1b_1+a_2b_2}{\sqrt{a_1^2+a_2^2}\sqrt{b_1^2+b_2^2}}$$

### ☑ 内積の計算

① $\vec{a}\cdot\vec{b}=\vec{b}\cdot\vec{a}$

② $k(\vec{a}\cdot\vec{b})=(k\vec{a})\cdot\vec{b}=\vec{a}\cdot(k\vec{b})$ (ただし, $k$ は実数)

③ $\vec{a}\cdot(\vec{b}+\vec{c})=\vec{a}\cdot\vec{b}+\vec{a}\cdot\vec{c}$, $(\vec{a}+\vec{b})\cdot\vec{c}=\vec{a}\cdot\vec{c}+\vec{b}\cdot\vec{c}$

④ $|\vec{a}+\vec{b}|^2=|\vec{a}|^2+2\vec{a}\cdot\vec{b}+|\vec{b}|^2$, $|\vec{a}-\vec{b}|^2=|\vec{a}|^2-2\vec{a}\cdot\vec{b}+|\vec{b}|^2$

⑤ $(\vec{a}+\vec{b})\cdot(\vec{a}-\vec{b})=|\vec{a}|^2-|\vec{b}|^2$

## > チェック問題

(1) $\vec{a}=(3,\ 4)$ と $\vec{b}=(8,$ [❶] $)$ は垂直である。

(2) $\vec{a}=(2,\ 3)$ と $\vec{b}=($ [❷] $,\ 6)$ は平行である。

(3) $\vec{a}=(3,\ 1)$ と $\vec{b}=(1,\ 2)$ のなす角を $\theta$ とすると

$\cos\theta=$ [❸] であるので　$\theta=$ [❹] °

(4) $(\vec{a}+2\vec{b})\cdot(3\vec{a}+\vec{b})=$ [❺] $|\vec{a}|^2+$ [❻] $\vec{a}\cdot\vec{b}+$ [❼] $|\vec{b}|^2$

(5) $|2\vec{a}-3\vec{b}|^2=$ [❽] $|\vec{a}|^2-$ [❾] $\vec{a}\cdot\vec{b}+$ [❿] $|\vec{b}|^2$

**答え >**

❶ $-6$

❷ $4$

❸ $\frac{1}{\sqrt{2}}$　❹ $45$

❺ $3$　❻ $7$　❼ $2$

❽ $4$　❾ $12$　❿ $9$

例題 次の問いに答えよ。

(1) $|\vec{a}|=1$, $|\vec{b}|=2$, $|2\vec{a}-\vec{b}|=2$ のとき，$\vec{a}$ と $\vec{b}$ のなす角 $\theta$ を求めよ。
(2) $\vec{a}=(1,\ 3)$ と $45^\circ$ の角をなし，大きさが $\sqrt{5}$ であるベクトル $\vec{b}$ を求めよ。

**! 解説**

(1) $|2\vec{a}-\vec{b}|=2$ の両辺を2乗して　$|2\vec{a}-\vec{b}|^2=4$

$$4|\vec{a}|^2-4\vec{a}\cdot\vec{b}+|\vec{b}|^2=4$$

ゆえに　$4\cdot1^2-4\vec{a}\cdot\vec{b}+2^2=4$　　$\vec{a}\cdot\vec{b}=1$

$$\cos\theta=\frac{\vec{a}\cdot\vec{b}}{|\vec{a}||\vec{b}|}=\frac{1}{1\cdot2}=\frac{1}{2}$$　　$0^\circ\leqq\theta\leqq180^\circ$ だから　$\boldsymbol{\theta=60^\circ}$ …答

(2) 求めるベクトル $\vec{b}$ を，$\vec{b}=(x,\ y)$ とおく。

$|\vec{b}|=\sqrt{5}$ より　$|\vec{b}|^2=5$　　つまり　$x^2+y^2=5$　……①

次に，$\vec{a}$ と $\vec{b}$ のなす角は $45^\circ$ なので

$$\vec{a}\cdot\vec{b}=|\vec{a}||\vec{b}|\cos45^\circ=\sqrt{1^2+3^2}\cdot\sqrt{5}\cdot\frac{1}{\sqrt{2}}=5$$

また　$\vec{a}\cdot\vec{b}=(1,\ 3)\cdot(x,\ y)=x+3y$

したがって　$x+3y=5$　……②

①，②を解くと　$(x,\ y)=(2,\ 1),\ (-1,\ 2)$

よって　$\boldsymbol{\vec{b}=(2,\ 1),\ (-1,\ 2)}$ …答

類題 次の問いに答えよ。　解答 → 別冊 p.44

(1) $|\vec{a}|=5$, $|\vec{b}|=3$, $|\vec{a}-\vec{b}|=7$ のとき，$\vec{a}$ と $\vec{b}$ のなす角 $\theta$ を求めよ。

(2) $\vec{a}=(2,\ 1)$ と $45^\circ$ の角をなし，大きさが $\sqrt{10}$ であるベクトル $\vec{b}$ を求めよ。

# 32 > 位置ベクトル

## まとめ

**☑ 位置ベクトル** 平面上で基準とする点 O を固定する。平面上の任意の点 P の位置は，ベクトル $\overrightarrow{\mathrm{OP}}=\vec{p}$ によって定まる。

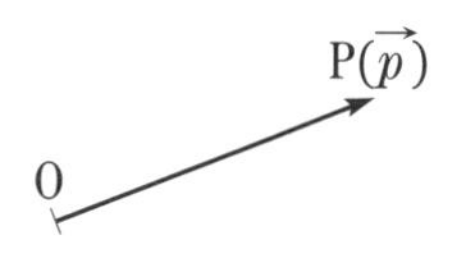


この $\vec{p}$ を点 O を基準とする点 P の位置ベクトルという。

また，位置ベクトルが $\vec{p}$ である点を $\mathrm{P}(\vec{p})$ で表す。

**☑ 位置ベクトルと座標** 座標平面上の原点 O を基準とする点 P の位置ベクトル $\vec{p}$ の成分は，点 P の座標と一致する。

**☑ 位置ベクトルの性質**

↲ ①～④の表現は，基準となる点 O をどこにとっても同じで，このことが位置ベクトルの面白いところである

3 点 $\mathrm{A}(\vec{a})$，$\mathrm{B}(\vec{b})$，$\mathrm{C}(\vec{c})$ に対して

① $\overrightarrow{\mathrm{AB}}=\vec{b}-\vec{a}$

② 線分 AB を $m:n$ に内分する点を $\mathrm{P}(\vec{p})$ とすると

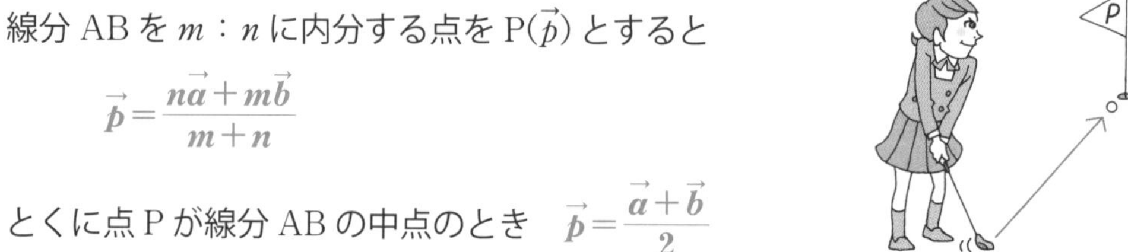


$$\vec{p}=\frac{n\vec{a}+m\vec{b}}{m+n}$$

とくに点 P が線分 AB の中点のとき $\vec{p}=\dfrac{\vec{a}+\vec{b}}{2}$

③ 線分 AB を $m:n$ に外分する点を $\mathrm{Q}(\vec{q})$ とすると $\vec{q}=\dfrac{-n\vec{a}+m\vec{b}}{m-n}$ $(m\neq n)$

④ △ABC の重心を $\mathrm{G}(\vec{g})$ とすると $\vec{g}=\dfrac{\vec{a}+\vec{b}+\vec{c}}{3}$

## > チェック問題

座標平面上の 3 点を A(−1，2)，B(5，5)，C(2，−4) とする。このとき，次の各点 P，Q，M，G の位置ベクトル $\vec{p}$，$\vec{q}$，$\vec{m}$，$\vec{g}$ をそれぞれ求めよ。

(1) 線分 AB を 2：1 に内分する点 P $\vec{p}=$ [ ❶ ]

(2) 線分 AB を 2：1 に外分する点 Q $\vec{q}=$ [ ❷ ]

(3) 線分 AB の中点 M $\vec{m}=$ [ ❸ ]

(4) △ABC の重心 G $\vec{g}=$ [ ❹ ]

**答え >**

❶ (3，4)

❷ (11，8)

❸ $\left(2,\ \dfrac{7}{2}\right)$

❹ (2，1)

**例題** 四角形ABCDについて，辺ABの中点をL，辺CDの中点をMとし，線分LMの中点をNとする。そして，対角線ACの中点をP，対角線BDの中点をQとし，線分PQの中点をRとする。このとき2点N，Rは一致することを示せ。(右の図では，N，Rは，異なるようにずらして描いてある。)

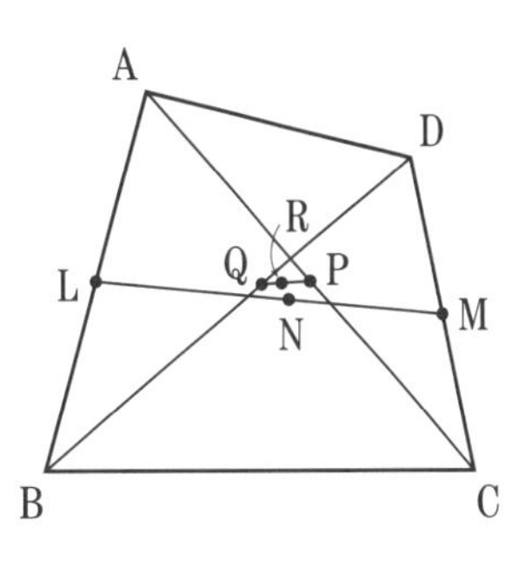


**解説**

[証明]　各点の位置ベクトルを考え，$A(\vec{a})$，$B(\vec{b})$，$C(\vec{c})$，$D(\vec{d})$，$L(\vec{l})$，$M(\vec{m})$，$N(\vec{n})$，$P(\vec{p})$，$Q(\vec{q})$，$R(\vec{r})$とする。

$$\vec{l}=\frac{1}{2}(\vec{a}+\vec{b}),\ \vec{m}=\frac{1}{2}(\vec{c}+\vec{d})$$

よって　$\vec{n}=\frac{1}{2}(\vec{l}+\vec{m})=\frac{1}{2}\left\{\frac{1}{2}(\vec{a}+\vec{b})+\frac{1}{2}(\vec{c}+\vec{d})\right\}=\frac{1}{4}(\vec{a}+\vec{b}+\vec{c}+\vec{d})$

次に　$\vec{p}=\frac{1}{2}(\vec{a}+\vec{c})$，$\vec{q}=\frac{1}{2}(\vec{b}+\vec{d})$

よって　$\vec{r}=\frac{1}{2}(\vec{p}+\vec{q})=\frac{1}{2}\left\{\frac{1}{2}(\vec{a}+\vec{c})+\frac{1}{2}(\vec{b}+\vec{d})\right\}=\frac{1}{4}(\vec{a}+\vec{b}+\vec{c}+\vec{d})$

したがって　$\vec{n}=\vec{r}$　　つまり，2点N，Rは一致する。　[証明終わり]

**類題** 三角形ABCについて，辺ABを1：2に内分する点をLとし，線分CLの中点をMとする。辺ACを3：2に内分する点をPとし，線分BPを5：1に内分する点をQとする。このとき，2点M，Qは一致することを示せ。(図では，M，Qはずらしてある。)

解答 → 別冊 p.45

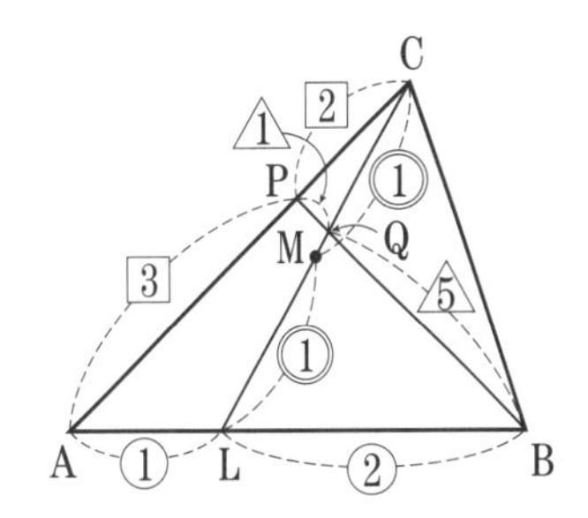

# 30～32の 確認テスト

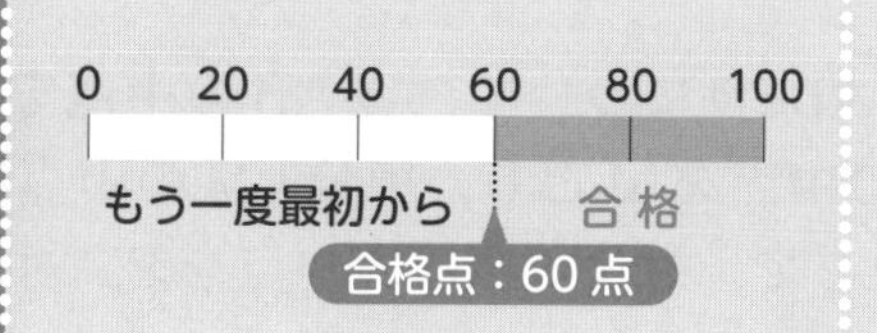


点

解答 → 別冊 p.46～47

わからなければ 31 へ

**1** $|\vec{a}|=6$, $|\vec{b}|=5$, $|\vec{a}-\vec{b}|=\sqrt{91}$ のとき，$\vec{a}$ と $\vec{b}$ のなす角 $\theta$ を求めよ。 (13点)

わからなければ 31 へ

**2** $|\vec{a}|=5$, $|\vec{b}|=7$, $|\vec{a}-\vec{b}|=8$ のとき，$\vec{a}$ と $\vec{a}-\vec{b}$ のなす角 $\theta$ を求めよ。 (13点)

わからなければ 31 へ

**3** $|\vec{a}|=2$, $|\vec{b}|=4$ であり，$\vec{a}+2\vec{b}$ と $3\vec{a}-\vec{b}$ が垂直であるという。このとき，$\vec{a}$ と $\vec{b}$ のなす角 $\theta$ を求めよ。 (15点)

わからなければ 31 へ

**4** $\vec{a}=(1,\ -1)$, $\vec{b}=(1,\ k)$ のとき，$\vec{a}$ と $\vec{b}$ のなす角が $60°$ となるように，実数 $k$ の値を定めよ。 (15点)

わからなければ 31 へ

**5** $\vec{a}=(4,\ 3)$ と同じ向きの単位ベクトル $\vec{u}$ を求めよ。また，$\vec{a}$ と垂直な単位ベクトル $\vec{v}$ を求めよ。

（各 10 点　計 20 点）

わからなければ 32 へ

**6** 3 点 $A(\vec{a})$，$B(\vec{b})$，$C(\vec{c})$ を頂点とする △ABC について，辺 AB の中点を D，辺 BC を 1：2 に内分する点を E，辺 CA を 1：3 に内分する点を F とする。また，△ABC，△DEF の重心をそれぞれ G，H とする。このとき，$G(\vec{g})$，$H(\vec{h})$ の位置ベクトルを $\vec{a}$，$\vec{b}$，$\vec{c}$ で表せ。

（各 12 点　計 24 点）

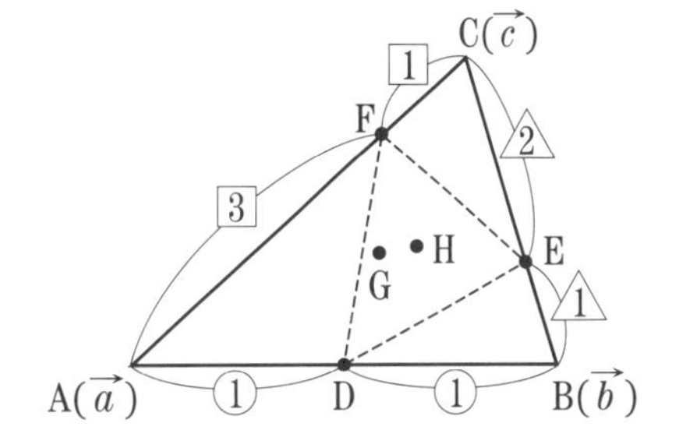

# 33 > 位置ベクトルと共線条件

## まとめ

### ☑ 一直線上にある3点

異なる2点 $A(\vec{a})$, $B(\vec{b})$ がある。このとき，
点 $C(\vec{c})$ が直線 AB 上にある条件（共線条件）には，
次のようなものがある。

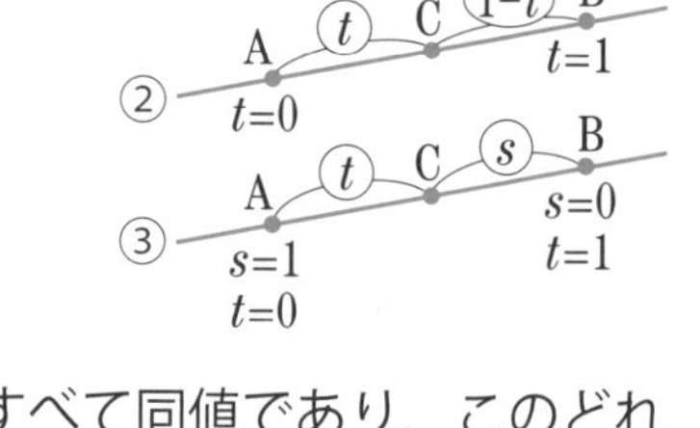


① $\overrightarrow{AC}=k\overrightarrow{AB}$ （$k$ は実数）

② $\vec{c}=(1-t)\vec{a}+t\vec{b}$ （$t$ は実数）

③ $\vec{c}=s\vec{a}+t\vec{b}$ （$s+t=1$）

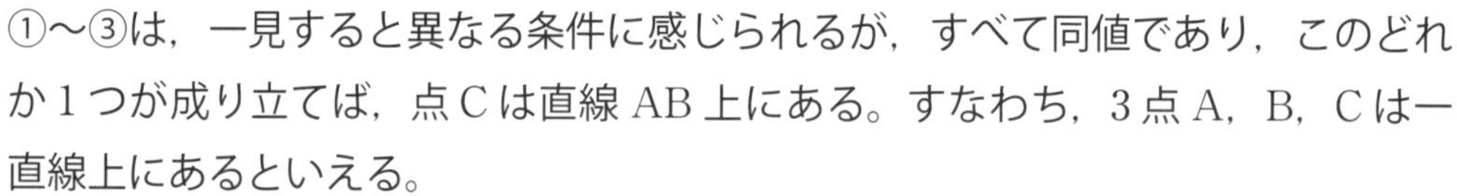

①〜③は，一見すると異なる条件に感じられるが，すべて同値であり，このどれか1つが成り立てば，点Cは直線 AB 上にある。すなわち，3点A，B，Cは一直線上にあるといえる。

### ☑ 点Cが線分 AB 上にある条件

上の①〜③の $k$，$t$，$(s,\ t)$ に，次のように条件を加えればよい。

① $\overrightarrow{AC}=k\overrightarrow{AB}$ $0\leqq k\leqq 1$

② $\vec{c}=(1-t)\vec{a}+t\vec{b}$ $0\leqq t\leqq 1$

③ $\vec{c}=s\vec{a}+t\vec{b}$ $s+t=1$ かつ $0\leqq s\leqq 1$ かつ $0\leqq t\leqq 1$

## > チェック問題 答え >

平面上に，一直線上にない3点O，A，Bがある。線分 OA の中点をC，線分 OB を2：1に外分する点をDとし，AB，CD の交点をPとする。
$\overrightarrow{OA}=\vec{a}$，$\overrightarrow{OB}=\vec{b}$ とするとき，$\overrightarrow{OP}$ を $\vec{a}$，$\vec{b}$ で表そう。点Pは直線 AB 上にあるので

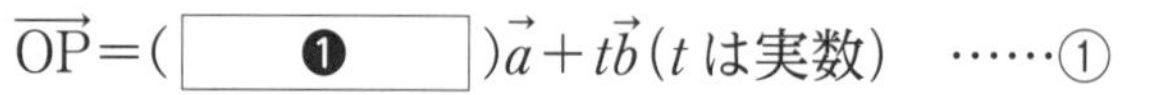

$\overrightarrow{OP}=($ ❶ $)\vec{a}+t\vec{b}$（$t$ は実数） ……①

また，点Pは直線 CD 上にあるので，$\overrightarrow{OP}=(1-s)\overrightarrow{OC}+s\overrightarrow{OD}$（$s$ は実数）と表せ，$\overrightarrow{OC}=$ ❷ $\vec{a}$，$\overrightarrow{OD}=$ ❸ $\vec{b}$ なので

$\overrightarrow{OP}=$ ❹ $\vec{a}+$ ❺ $\vec{b}$ ……②

①，②から $s$，$t$ を求めて $\overrightarrow{OP}=$ ❻ $\vec{a}+$ ❼ $\vec{b}$

答え：
❶ $1-t$
❷ $\frac{1}{2}$ ❸ $2$
❹ $\frac{1}{2}(1-s)$ ❺ $2s$
❻ $\frac{1}{3}$ ❼ $\frac{2}{3}$

例題　平行四辺形OACBにおいて，辺OAの中点をP，対角線OCを1：2に内分する点をQとする。このとき，3点P，Q，Bは一直線上にあることを証明し，PQ：QBを求めよ。

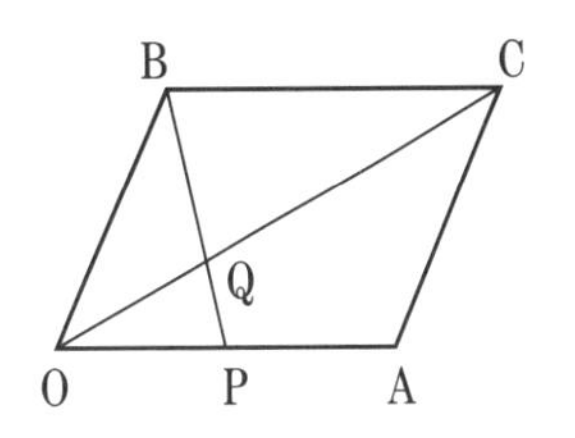


**解説**

［証明］ $\overrightarrow{OA}=\vec{a}$，$\overrightarrow{OB}=\vec{b}$，$\overrightarrow{OP}=\vec{p}$，$\overrightarrow{OQ}=\vec{q}$ とする。

$\vec{p}=\dfrac{1}{2}\vec{a}$ であるから　$\overrightarrow{BP}=\overrightarrow{OP}-\overrightarrow{OB}=\vec{p}-\vec{b}=\dfrac{1}{2}\vec{a}-\vec{b}$

また　$\overrightarrow{OC}=\overrightarrow{OA}+\overrightarrow{OB}=\vec{a}+\vec{b}$，$\vec{q}=\dfrac{1}{3}\overrightarrow{OC}=\dfrac{1}{3}\vec{a}+\dfrac{1}{3}\vec{b}$ であるから

$$\overrightarrow{BQ}=\overrightarrow{OQ}-\overrightarrow{OB}=\vec{q}-\vec{b}=\frac{1}{3}\vec{a}+\frac{1}{3}\vec{b}-\vec{b}=\frac{1}{3}\vec{a}-\frac{2}{3}\vec{b}$$

よって，$2\overrightarrow{BP}=\vec{a}-2\vec{b}=3\overrightarrow{BQ}$ である。したがって　$\overrightarrow{BP}=\dfrac{3}{2}\overrightarrow{BQ}$

よって，3点P，Q，Bは一直線上にある。　［証明終わり］

また，$|\overrightarrow{BP}|:|\overrightarrow{BQ}|=\dfrac{3}{2}:1=3:2$ より　**PQ：QB＝1：2**　…答

類題　△OABにおいて，辺OAを2：1に内分する点をC，辺OBを1：2に内分する点をDとし，2直線AD，BCの交点をEとするとき，AE：EDを求めよ。

解答 → 別冊 p.48

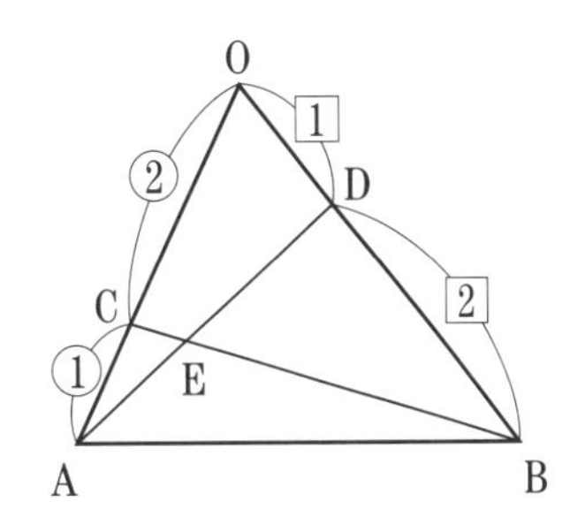

# 34 > 内積の図形への応用

## まとめ

### ☑ 三角形の面積

① $S=\dfrac{1}{2}|\vec{a}||\vec{b}|\sin\theta$ （$\theta$：$\vec{a}$ と $\vec{b}$ のなす角）

② $S=\dfrac{1}{2}\sqrt{|\vec{a}|^2|\vec{b}|^2-(\vec{a}\cdot\vec{b})^2}$

③ $S=\dfrac{1}{2}|x_1y_2-x_2y_1|$

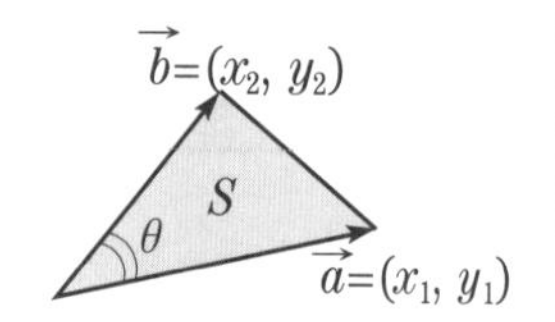


### ☑ 中線定理

△ABC の辺 BC の中点を M とするとき

$\mathrm{AB}^2+\mathrm{AC}^2=2(\mathrm{AM}^2+\mathrm{BM}^2)$

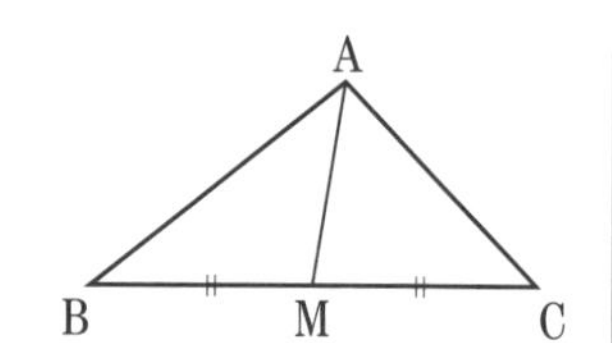


### ☑ 三角形の外心 O，重心 G，垂心 H の位置関係

△ABC の外心を O，重心を G，垂心を H とすると

$3\overrightarrow{\mathrm{OG}}=\overrightarrow{\mathrm{OH}}$

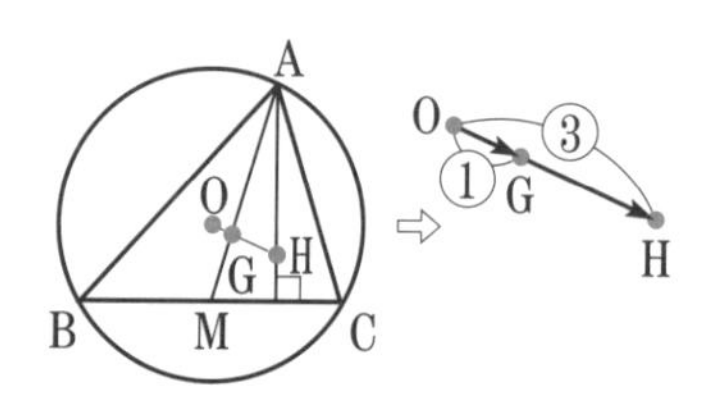


## > チェック問題　　答え >

(1) 右の図の三角形の面積は

$S=$ [ ❶ ]

$T=$ [ ❷ ]

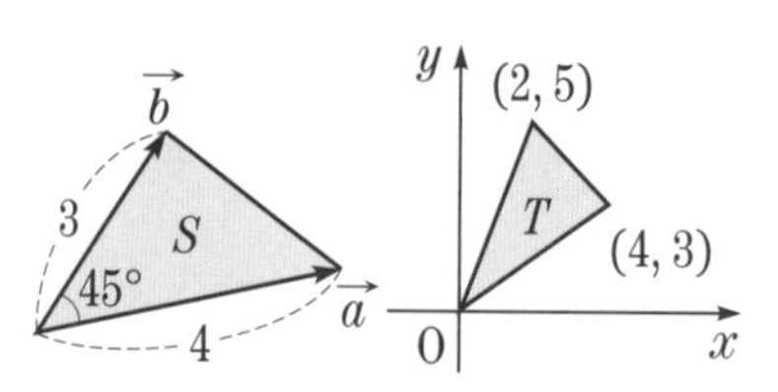


❶ $3\sqrt{2}$

❷ 7

(2) 右の図で，$|\vec{a}|=4$，$|\vec{b}|=8$，$|\vec{a}-\vec{b}|=6$ のとき

$\vec{a}\cdot\vec{b}=$ [ ❸ ]

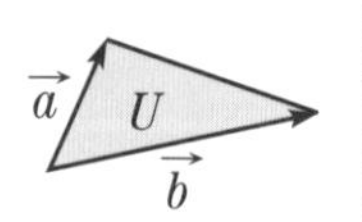


よって，三角形の面積は　$U=$ [ ❹ ]

❸ 22

❹ $3\sqrt{15}$

(3) △ABC において，AB＝5，BC＝6，CA＝3 のとき，BC の中点を M とすると　AM＝ [ ❺ ]

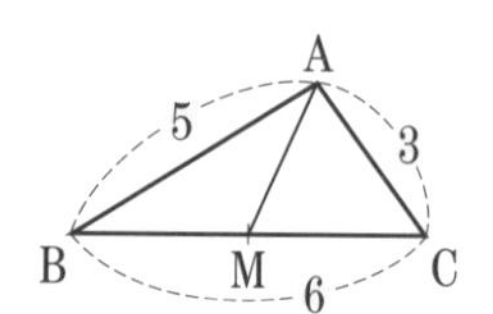


❺ $2\sqrt{2}$

**例題** 次の問いに答えよ。

(1) 3点 A(2, 3), B(8, 6), C(6, 10) を頂点とする △ABC の面積を求めよ。

(2) △OAB において，$\overrightarrow{OA}=\vec{a}$，$\overrightarrow{OB}=\vec{b}$ とする。
$|\vec{a}|=3$，$|\vec{b}|=4$，$|2\vec{a}+\vec{b}|=2\sqrt{15}$ のとき，△OAB の面積を求めよ。

**! 解説**

(1) $\overrightarrow{AB}=(8,\ 6)-(2,\ 3)=(6,\ 3)$

$\overrightarrow{AC}=(6,\ 10)-(2,\ 3)=(4,\ 7)$

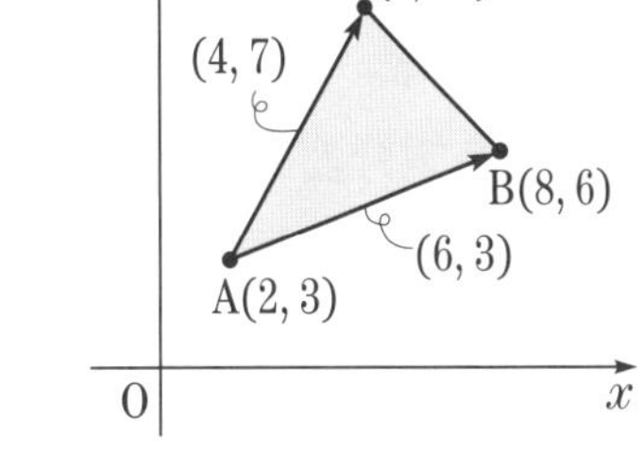


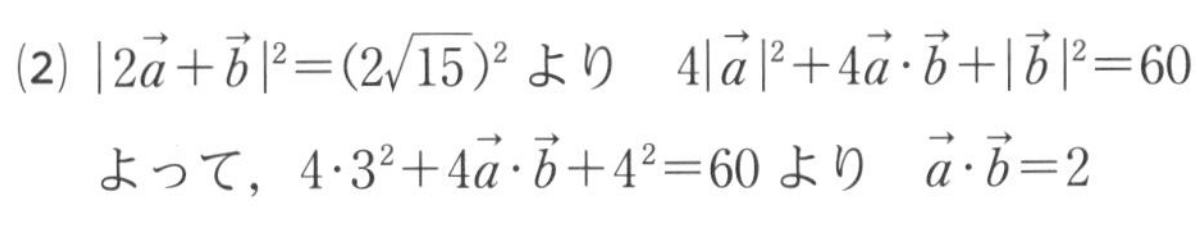

ゆえに　$\triangle ABC=\dfrac{1}{2}|6\times7-4\times3|=\mathbf{15}$ …答

(2) $|2\vec{a}+\vec{b}|^2=(2\sqrt{15})^2$ より　$4|\vec{a}|^2+4\vec{a}\cdot\vec{b}+|\vec{b}|^2=60$

よって，$4\cdot3^2+4\vec{a}\cdot\vec{b}+4^2=60$ より　$\vec{a}\cdot\vec{b}=2$

したがって　$\triangle OAB=\dfrac{1}{2}\sqrt{|\vec{a}|^2|\vec{b}|^2-(\vec{a}\cdot\vec{b})^2}=\dfrac{1}{2}\sqrt{3^2\cdot4^2-2^2}=\sqrt{\mathbf{35}}$ …答

**類題** 次の問いに答えよ。 解答 → 別冊 p.48

(1) 3点 O，A$(\sqrt{3}+1,\ 3)$，B$(-1,\ \sqrt{3}-1)$ を頂点とする △OAB の面積を求めよ。

(2) $|\overrightarrow{AB}|=4$，$|\overrightarrow{AC}|=5$，$|\overrightarrow{BC}|=7$ のとき，△ABC の面積を求めよ。

# 35 > 直線のベクトル方程式

## まとめ

### ☑ ベクトル $\vec{u}$ に平行な直線

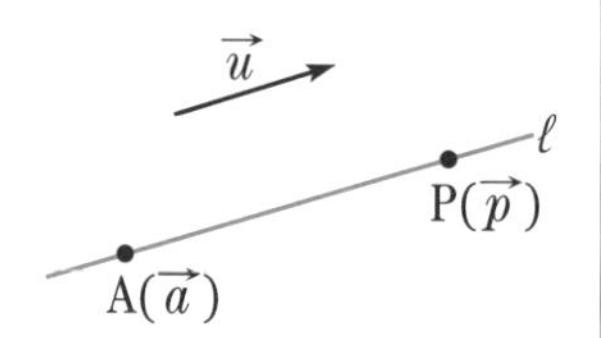


平面上の定点 A($\vec{a}$) を通り，ベクトル $\vec{u}$ に平行な直線 $\ell$ 上の点 P($\vec{p}$) は

$\vec{p}=\vec{a}+t\vec{u}$ （$t$ は実数） ……①

と表される。これを直線 $\ell$ のベクトル方程式といい，$\vec{u}$ を直線 $\ell$ の方向ベクトル，実数 $t$ を媒介変数（パラメータ）という。

例 A(1, 2) を通り $\vec{u}=(3,\ 4)$ に平行な直線 $\ell$ 上の点 P($x$, $y$) は $\overrightarrow{\mathrm{OP}}=\vec{a}+t\vec{u}$ と表されるので $(x,\ y)=(1,\ 2)+t(3,\ 4)$

つまり，直線 $\ell$ は，$x=1+3t$，$y=2+4t$ （$t$ は媒介変数）と表される。

これを直線 $\ell$ の媒介変数表示という。

### ☑ 2点 A($\vec{a}$)，B($\vec{b}$) を通る直線

①より $\vec{p}=\vec{a}+t\overrightarrow{\mathrm{AB}}=\vec{a}+t(\vec{b}-\vec{a})=(1-t)\vec{a}+t\vec{b}$

また，$s=1-t$ とおくと，$\vec{p}=s\vec{a}+t\vec{b}$ （$s+t=1$）とも表せる。

### ☑ ベクトル $\vec{n}$ に垂直な直線

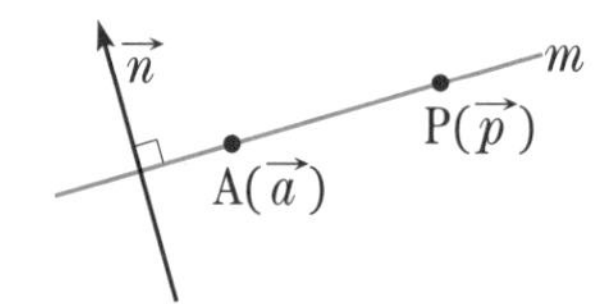


平面上の定点 A($\vec{a}$) を通り，ベクトル $\vec{n}$ に垂直な直線 $m$ のベクトル方程式は

$(\vec{p}-\vec{a})\cdot\vec{n}=0$

$\vec{n}$ を直線 $m$ の法線ベクトルという。

## > チェック問題　　答え >

(1) 点 A($\vec{a}$) を通り，ベクトル $\vec{u}=(2,\ -1)$ に平行な直線 $\ell$ 上の点を P($\vec{p}$) とする。$\vec{a}=(3,\ 4)$，$\vec{p}=(x,\ y)$ とし，$t$ を媒介変数とすると $x=$ [ ❶ ]，$y=$ [ ❷ ]

❶ $3+2t$ ❷ $4-t$

(2) 2点 A($\vec{a}$)，B($\vec{b}$) を通る直線 $\ell$ 上の点を P($\vec{p}$) とする。$\vec{a}=(2,\ 3)$，$\vec{b}=(-1,\ 2)$，$\vec{p}=(x,\ y)$ とし，$t$ を媒介変数とすると $x=$ [ ❸ ]，$y=$ [ ❹ ]

❸ $2-3t$ ❹ $3-t$

（❸ $3t-1$ ❹ $t+2$ などでもよい）

**例題** 3点 A(3, 1), B(−2, 2), C(1, −4) があるとき，次の問いに答えよ。

(1) 2点 A，B を通る直線を，媒介変数表示せよ。
(2) 点 A を通り，$\overrightarrow{BC}$ に垂直な直線の方程式を求めよ。

**! 解説**

(1) 直線上の任意の点を $P(x,\ y)$ とする。

$\overrightarrow{OP}=(1-t)\overrightarrow{OA}+t\overrightarrow{OB}$ より

$$(x,\ y)=(1-t)(3,\ 1)+t(-2,\ 2)=(3-5t,\ 1+t)$$

よって，媒介変数表示は $\begin{cases} \boldsymbol{x=3-5t} \\ \boldsymbol{y=1+t} \end{cases}$ … ← $\begin{cases} x=-2+5t \\ y=2-t \end{cases}$ 等も可

(2) 直線上の任意の点を $P(x,\ y)$ とする。

$\overrightarrow{AP}\cdot\overrightarrow{BC}=0$ より　$\{(x,\ y)-(3,\ 1)\}\cdot\{(1,\ -4)-(-2,\ 2)\}=0$

$$(x-3,\ y-1)\cdot(3,\ -6)=0$$

$3(x-3)-6(y-1)=0$ より　$\boldsymbol{x-2y-1=0}$ …答

**類題** 3点 A(1, 3), B(1, −4), C(3, −2) があるとき，次の問いに答えよ。

解答 → 別冊 p.49

(1) 線分 BC の中点と点 A を通る直線を，媒介変数表示せよ。

(2) 点 A を通り，$\overrightarrow{BC}$ に垂直な直線の方程式を求めよ。

# 36 円のベクトル方程式

## まとめ

### ☑ 円のベクトル方程式

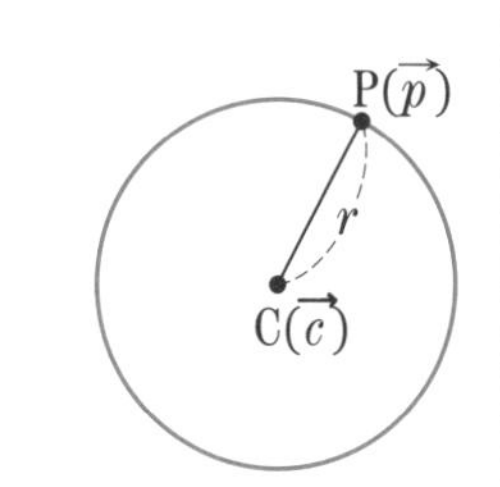


定点 $\mathrm{C}(\vec{c})$ を中心とし，半径が $r$ の円上の点を $\mathrm{P}(\vec{p})$ とする。

① $|\overrightarrow{\mathrm{CP}}|=r \iff |\vec{p}-\vec{c}|=r$

② $(\vec{p}-\vec{c})\cdot(\vec{p}-\vec{c})=r^2$

注 ① $\iff |\vec{p}-\vec{c}|^2=r^2 \iff$ ②　となっている。

### ☑ 2 定点を直径の両端とする円のベクトル方程式

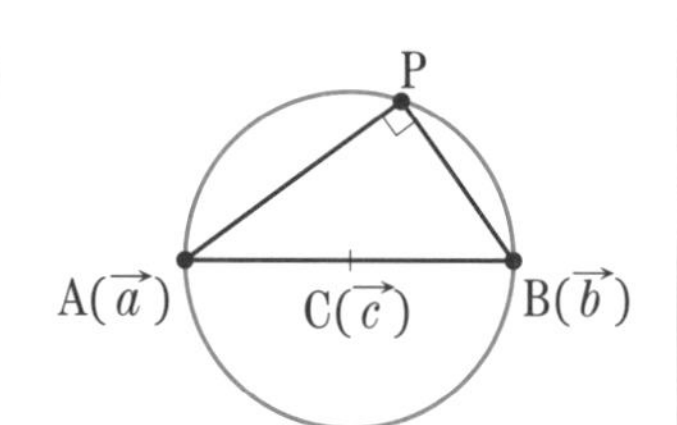


2 定点 $\mathrm{A}(\vec{a})$，$\mathrm{B}(\vec{b})$ を直径の両端とする円上の点を $\mathrm{P}(\vec{p})$ とする。

$$\overrightarrow{\mathrm{AP}}\perp\overrightarrow{\mathrm{BP}} \iff \overrightarrow{\mathrm{AP}}\cdot\overrightarrow{\mathrm{BP}}=0$$
$$\iff (\vec{p}-\vec{a})\cdot(\vec{p}-\vec{b})=0$$

### ☑ 円の接線のベクトル方程式

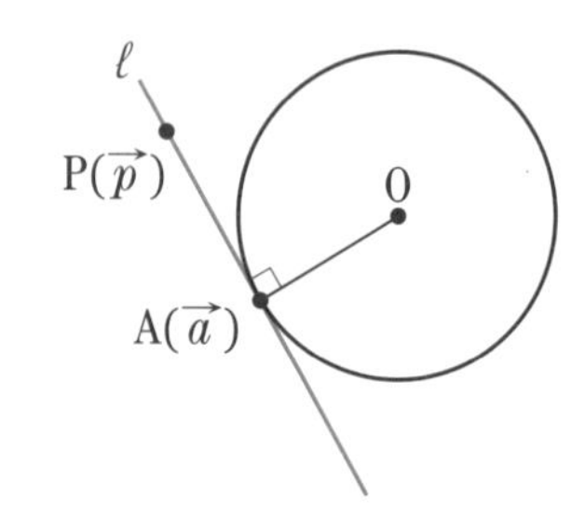


点 O を中心とする半径 $r$ の円周上の点 $\mathrm{A}(\vec{a})$ における接線上の点を $\mathrm{P}(\vec{p})$ とする。

$$\overrightarrow{\mathrm{OA}}\perp\overrightarrow{\mathrm{AP}} \iff \overrightarrow{\mathrm{OA}}\cdot\overrightarrow{\mathrm{AP}}=0$$
$$\iff \vec{a}\cdot(\vec{p}-\vec{a})=0$$
$$\iff \vec{a}\cdot\vec{p}=\vec{a}\cdot\vec{a}=|\vec{a}|^2=r^2$$

つまり，接線 $\ell$：$\vec{a}\cdot\vec{p}=r^2$

## チェック問題

答え

平面上に，原点とは別の異なる 2 点 $\mathrm{A}(\vec{a})$，$\mathrm{B}(\vec{b})$ と動点 $\mathrm{P}(\vec{p})$ がある。

(1) $|\vec{p}-\vec{a}|=1$ を満たす点 P の表す図形は，中心が点 [ ❶ ]，半径 [ ❷ ] の円。

(2) $(\vec{p}-\vec{b})\cdot(\vec{p}-\vec{b})=9$ を満たす点 P の表す図形は，中心が点 [ ❸ ]，半径 [ ❹ ] の [ ❺ ]。

(3) $\vec{a}\cdot\vec{p}=\vec{a}\cdot\vec{a}$ を満たす点 P の表す図形は，点 O を中心とする半径 [ ❻ ] の円周上の点 [ ❼ ] における [ ❽ ]。

❶ A
❷ 1
❸ B
❹ 3　❺ 円
❻ $|\vec{a}|$
❼ A　❽ 接線

**例題** 平面上に異なる2点 $A(\vec{a})$，$B(\vec{b})$ と動点 $P(\vec{p})$ がある。次のベクトル方程式で表される点Pは，どのような図形上にあるか。

(1) $|2\vec{p}-2\vec{a}|=4$　　　(2) $|\vec{a}+\vec{b}-2\vec{p}|=|\vec{a}-\vec{b}|$

**解説**

(1) $|2\vec{p}-2\vec{a}|=4$ より　$|\vec{p}-\vec{a}|=2$

よって，$|\overrightarrow{AP}|=2$ となる。

したがって，**点 A を中心とする半径 2 の円。** …答

(2) $|\vec{a}+\vec{b}-2\vec{p}|=|\vec{a}-\vec{b}|$ より　$\left|\frac{1}{2}(\vec{a}+\vec{b})-\vec{p}\right|=\frac{1}{2}|\vec{a}-\vec{b}|$

線分 AB の中点を $M(\vec{m})$ とすると　$|\vec{m}-\vec{p}|=\frac{1}{2}|\vec{a}-\vec{b}|$

よって，$|\overrightarrow{PM}|=\frac{1}{2}|\overrightarrow{AB}|$ となる。

つまり，点 M を中心とする半径 $\frac{1}{2}$AB，すなわち，直径 AB の円。

したがって，**2 点 A，B を直径の両端とする円。** …答

[別解]　両辺を2乗すると

$$|\vec{a}|^2+|\vec{b}|^2+4|\vec{p}|^2+2\vec{a}\cdot\vec{b}-4\vec{a}\cdot\vec{p}-4\vec{b}\cdot\vec{p}=|\vec{a}|^2-2\vec{a}\cdot\vec{b}+|\vec{b}|^2$$

よって　$|\vec{p}|^2-(\vec{a}+\vec{b})\cdot\vec{p}+\vec{a}\cdot\vec{b}=0$　　$(\vec{p}-\vec{a})\cdot(\vec{p}-\vec{b})=0$

$\overrightarrow{AP}\perp\overrightarrow{BP}$ となるので，**2 点 A，B を直径の両端とする円。** …答

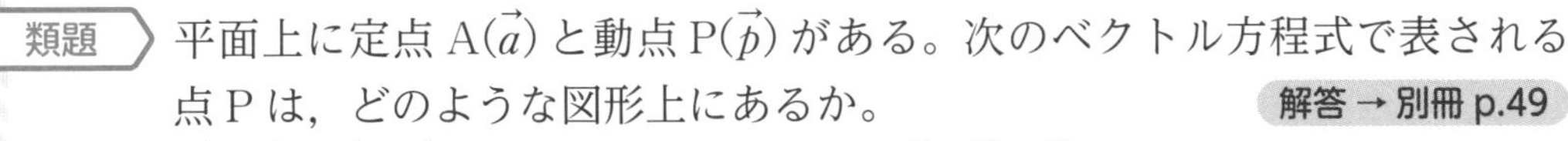

**類題** 平面上に定点 $A(\vec{a})$ と動点 $P(\vec{p})$ がある。次のベクトル方程式で表される点Pは，どのような図形上にあるか。

解答 → 別冊 p.49

(1) $(\vec{p}+\vec{a})\cdot(\vec{p}-\vec{a})=0$　　　(2) $\vec{p}\cdot(\vec{p}-\vec{a})=0$

# 33 〜 36 の 確認テスト

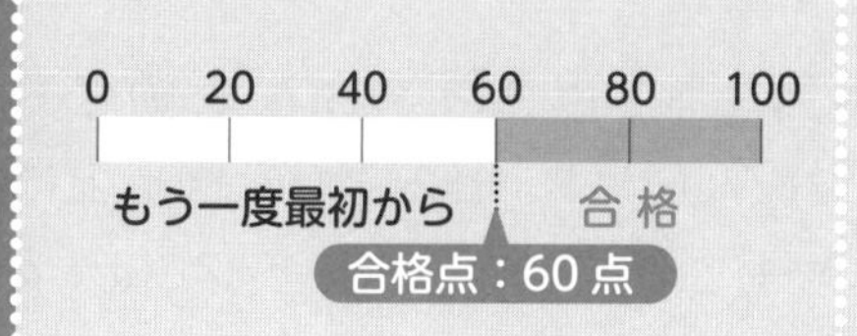


点

解答 → 別冊 p.50〜51

わからなければ 33 へ

**1** 平行四辺形 OACB がある。辺 OA，CB を $2:1$ に内分する点をそれぞれ D，E，線分 DE を $1:2$ に内分する点を F とし，辺 AC を $3:2$ に内分する点を G とするとき，3 点 O，F，G は一直線上にあることを示せ。 （13 点）

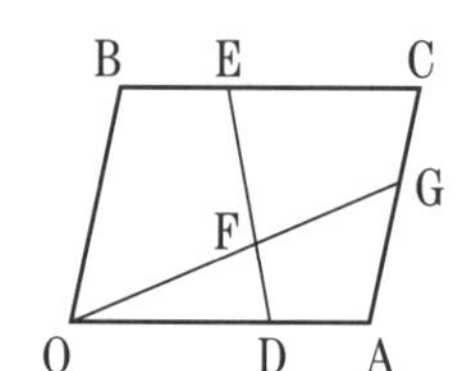


わからなければ 34 へ

**2** 平面上の 3 点 A$(-2,\ 0)$，B$(8,\ 0)$，C$(0,\ 6)$ がある。このとき，△ABC の重心を G，垂心を H とし，外心を S とする。3 点 G，H，S の座標を求めよ。

（G は 7 点，H，S は各 14 点　計 35 点）

わからなければ 34 へ

**3** 次の問いに答えよ。 （各 8 点　計 16 点）

(1) 3 点 $A(-2,\ -1)$，$B(2,\ 4)$，$C(0,\ 3)$ を頂点とする三角形の面積を求めよ。

(2) △OAB において，$\overrightarrow{OA}=\vec{a}$，$\overrightarrow{OB}=\vec{b}$ とする。$|\vec{a}|=\sqrt{13}$，$|\vec{b}|=\sqrt{10}$，$|\vec{a}-\vec{b}|=\sqrt{5}$ のとき，△OAB の面積を求めよ。

わからなければ 34 へ

**4** 四角形 OABC において，$OA^2+BC^2=OC^2+AB^2$ が成り立つならば，対角線 OB と AC は直交することを，ベクトルを用いて示せ。 （10 点）

わからなければ 35 へ

**5** 3 点 $A(-2,\ -6)$，$B(8,\ 4)$，$C(3,\ 14)$ がある。 （各 8 点　計 16 点）

(1) 直線 BC を媒介変数表示せよ。

(2) △ABC の重心 G から辺 BC に垂線 $\ell$ をひいたとき，辺 BC と $\ell$ との交点 D の座標を求めよ。

わからなければ 36 へ

**6** 平面上に同一直線上にない 3 点 $A(\vec{a})$，$B(\vec{b})$，$C(\vec{c})$ があるとき，$|\overrightarrow{AP}+\overrightarrow{BP}+\overrightarrow{CP}|=3$ で表される点 $P(\vec{p})$ は，どのような図形上にあるか。 （10 点）

# 37 > 空間座標

## まとめ

### ☑ 座標空間

右の図のようなとき，点Pの位置を

$\mathrm{P}(a,\ b,\ c)$

と表し，これを点Pの座標という。←$a$ を $x$ 座標，$b$ を $y$ 座標，$c$ を $z$ 座標という

・点Oをこの空間の原点という。

・直線 $\mathrm{O}x$，$\mathrm{O}y$，$\mathrm{O}z$ を座標軸といい，それぞれ，$x$ 軸，$y$ 軸，$z$ 軸という。

・$x$ 軸，$y$ 軸を含む平面を $xy$ 平面という。同様に，$yz$ 平面，$zx$ 平面も考えられる。この3つの平面を座標平面と呼ぶ。

・座標が定められた空間を座標空間という。

### ☑ 座標平面に平行な平面

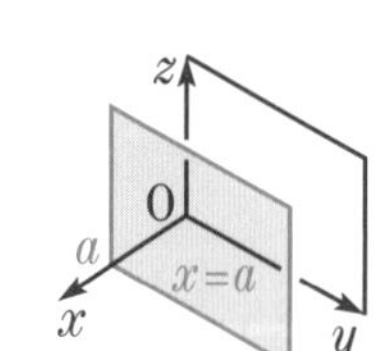


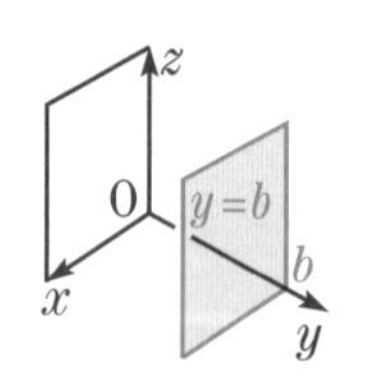


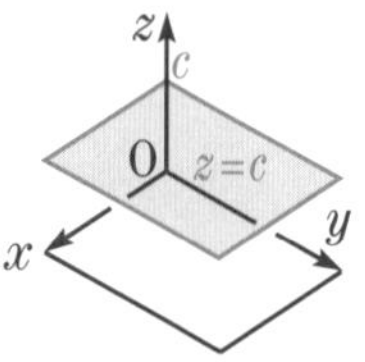


$x$ 座標が $a$ であり，$y$ 座標，$z$ 座標が任意の点の集合は，$yz$ 平面に平行な平面となる。この平面は $x=a$ で表される。同様に，$y=b$，$z=c$ も上の図のようになる。

### ☑ 2点間の距離

2点 $\mathrm{P}(x_1,\ y_1,\ z_1)$，$\mathrm{Q}(x_2,\ y_2,\ z_2)$ に対して

$$\mathrm{PQ}=\sqrt{(x_2-x_1)^2+(y_2-y_1)^2+(z_2-z_1)^2}$$

とくに　$\mathrm{OP}=\sqrt{x_1{}^2+y_1{}^2+z_1{}^2}$

## > チェック問題

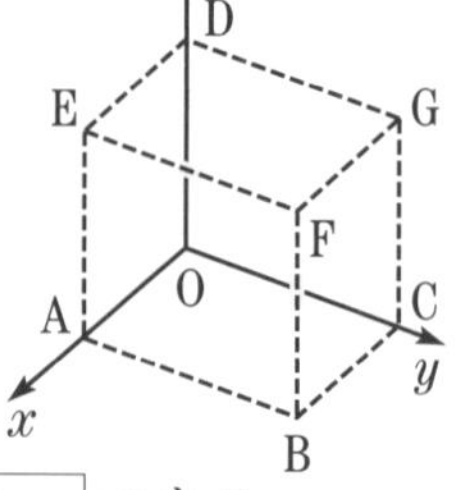


右の図のような直方体 OABC-DEFG があり，F(4，6，5) とする。このとき，点A～E，Gの座標は

A ❶，B ❷，

C ❸，D ❹，

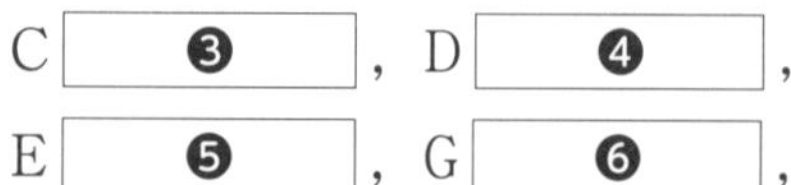

E ❺，G ❻，OF＝ ❼ である。

また，点Fの $yz$ 平面に関する対称点の座標は ❽，

点Fの $x$ 軸に関する対称点の座標は ❾

### 答え >

❶ (4，0，0)　❷ (4，6，0)

❸ (0，6，0)　❹ (0，0，5)

❺ (4，0，5)　❻ (0，6，5)

❼ $\sqrt{77}$　❽ (−4，6，5)

❾ (4，−6，−5)

例題 次の問いに答えよ。

(1) 2点P(3, −1, 3), Q(5, −1, 1)から等距離にある$x$軸上の点Rの座標を求めよ。

(2) $xy$平面上に点Aがあり，2点B(1, 0, 2), C(0, −2, 1)とで△ABCは正三角形をなすという。点Aの座標を求めよ。

解説

(1) R($x$, 0, 0)とおく。PR=QRより，$PR^2=QR^2$であるので

$$(x-3)^2+1^2+(-3)^2=(x-5)^2+1^2+(-1)^2$$

$$x^2-6x+9+1+9=x^2-10x+25+1+1$$

$4x=8$より　$x=2$　　したがって　**R(2, 0, 0)** …答

(2) A($x$, $y$, 0)とおく。△ABCが正三角形なので，AB=BC=ACであるから

$AB^2=BC^2=AC^2$となる。

$$(x-1)^2+y^2+(-2)^2=(-1)^2+(-2)^2+(-1)^2=x^2+(y+2)^2+(-1)^2$$

$$\begin{cases} x^2-2x+1+y^2+4=6 \\ x^2+y^2+4y+4+1=6 \end{cases} \text{より} \begin{cases} x^2+y^2-2x=1 & \cdots\cdots① \\ x^2+y^2+4y=1 & \cdots\cdots② \end{cases}$$

①−②より，$x=-2y$を得て，これを①に代入すると

$$(-2y)^2+y^2-2(-2y)=1 \qquad 5y^2+4y-1=0$$

$$(y+1)(5y-1)=0 \qquad y=-1,\ \frac{1}{5}$$

$y=-1$のとき$x=2$，$y=\frac{1}{5}$のとき$x=-\frac{2}{5}$

ゆえに，**A(2, −1, 0)**または$\mathbf{A\left(-\frac{2}{5},\ \frac{1}{5},\ 0\right)}$ …答

類題 3点A(3, 1, 3), B(4, 0, 1), C(5, 2, 2)から等距離にある$xy$平面上の点Dの座標を求めよ。

解答→別冊 p.52

# 38 > 空間ベクトル

## まとめ

### ☑ 空間ベクトル

平面で考えたベクトルを，そのまま空間内の 2 点 A，B に対して定義する。つまり，点 A を始点，点 B を終点とする有向線分で表されるベクトルを $\overrightarrow{\mathrm{AB}}$ と書く。その他，ベクトルの相等，逆ベクトル，零ベクトル，ベクトルの和・差・実数倍，単位ベクトル，ベクトルの平行，ベクトルの分解なども平面ベクトルと同様である。

### ☑ 空間ベクトルの基本ベクトル

空間座標内で 3 点 $\mathrm{E}_1(1,\ 0,\ 0)$，$\mathrm{E}_2(0,\ 1,\ 0)$，$\mathrm{E}_3(0,\ 0,\ 1)$ を考える。$\vec{e_1}=\overrightarrow{\mathrm{OE}_1}$，$\vec{e_2}=\overrightarrow{\mathrm{OE}_2}$，$\vec{e_3}=\overrightarrow{\mathrm{OE}_3}$ を $x$ 軸，$y$ 軸，$z$ 軸の**基本ベクトル**という。

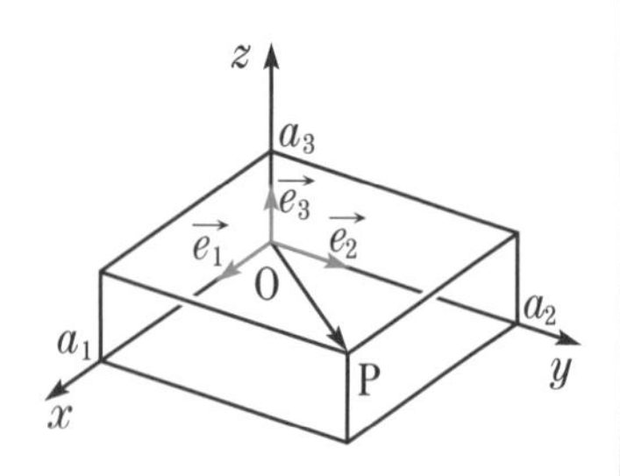


### ☑ 空間ベクトルの成分

空間内の任意のベクトル $\vec{a}$ に対し，$\overrightarrow{\mathrm{OP}}=\vec{a}$ となる点 $\mathrm{P}(a_1,\ a_2,\ a_3)$ を考える。
このとき，$\vec{a}=\overrightarrow{\mathrm{OP}}=a_1\vec{e_1}+a_2\vec{e_2}+a_3\vec{e_3}$ と表せる。これを $\vec{a}$ の基本ベクトル表示という。そして，$a_1$，$a_2$，$a_3$ をそれぞれ **$x$ 成分**，**$y$ 成分**，**$z$ 成分**という。
また，$\vec{a}$ を

$$\vec{a}=(a_1,\ a_2,\ a_3)$$ ← 見た目には，点の空間座標の書き方とまったく同じとなっているのも平面のときと同じ

と書き，これを $\vec{a}$ の**成分表示**という。

## > チェック問題

$\vec{a}=(2,\ -1,\ 3)$，$\vec{b}=(1,\ 2,\ -1)$ のとき

$|\vec{a}|=\sqrt{\boxed{❶}^2+(\boxed{❷})^2+\boxed{❸}^2}$

$=\boxed{❹}$

$2\vec{a}+\vec{b}=\boxed{❺}$ ← 成分で表す

さらに，$3(\vec{a}+\vec{x})=2(\vec{x}+\vec{b})$ を満たす $\vec{x}$ は

$\vec{x}=\boxed{❻}\vec{a}+\boxed{❼}\vec{b}$

$=\boxed{❽}$ ← 成分で表す

**答え >**

❶ 2　❷ $-1$　❸ 3

❹ $\sqrt{14}$

❺ $(5,\ 0,\ 5)$

❻ $-3$　❼ 2

❽ $(-4,\ 7,\ -11)$

**例題** 3点 A(2, 5, −8), B(5, 1, 4), C(1, 5, 2) がある。

(1) $\overrightarrow{\mathrm{AB}}$ を成分で表し，その大きさを求めよ。

(2) 四角形 ABCD が平行四辺形となるように，点 D の座標を定めよ。

**解説**

(1) $\overrightarrow{\mathbf{AB}}=\overrightarrow{\mathrm{OB}}-\overrightarrow{\mathrm{OA}}=(5,\ 1,\ 4)-(2,\ 5,\ -8)$

$=(\mathbf{3},\ \mathbf{-4},\ \mathbf{12})$ …答

よって　$|\overrightarrow{\mathbf{AB}}|=\sqrt{3^2+(-4)^2+12^2}=\sqrt{9+16+144}$

$=\sqrt{169}=\mathbf{13}$ …答

(2) 四角形 ABCD が平行四辺形なので

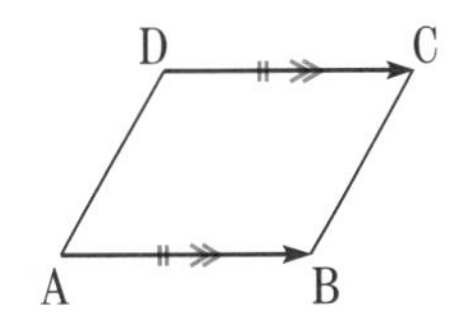


$\overrightarrow{\mathrm{AB}}=\overrightarrow{\mathrm{DC}}$

ここで，D$(x,\ y,\ z)$ とおくと

$\overrightarrow{\mathrm{DC}}=\overrightarrow{\mathrm{OC}}-\overrightarrow{\mathrm{OD}}=(1,\ 5,\ 2)-(x,\ y,\ z)$

$=(1-x,\ 5-y,\ 2-z)$

よって　$3=1-x$, $-4=5-y$, $12=2-z$

ゆえに　$x=-2$, $y=9$, $z=-10$　　**D(−2, 9, −10)** …答

**類題** 3点 A(2, −1, 3), B(3, 2, 5), C(1, 2, 2) について，次の問いに答えよ。

解答 → 別冊 p.52

(1) 四角形 ABCD が平行四辺形になるように，点 D の座標を定めよ。

(2) 四角形 ABEC が平行四辺形になるように，点 E の座標を定めよ。

# 39 空間ベクトルの内積

## まとめ

### ☑ 空間ベクトルの内積　($\vec{a}\neq\vec{0}$, $\vec{b}\neq\vec{0}$ とする。)

$\vec{a}$ と $\vec{b}$ の内積は　$\vec{a}\cdot\vec{b}=|\vec{a}||\vec{b}|\cos\theta$（ただし，$\theta$ は $\vec{a}$ と $\vec{b}$ のなす角）

### ☑ 内積の基本性質と計算法則

空間ベクトルの内積は平面の場合と同様である。したがって，内積の基本性質や計算法則なども，次のように同様に成り立つ。

① $\vec{a}\cdot\vec{b}=\vec{b}\cdot\vec{a}$　② $-|\vec{a}||\vec{b}|\leqq\vec{a}\cdot\vec{b}\leqq|\vec{a}||\vec{b}|$　③ $\vec{a}\cdot\vec{a}=|\vec{a}|^2$

④ $\vec{a}\cdot(\vec{b}+\vec{c})=\vec{a}\cdot\vec{b}+\vec{a}\cdot\vec{c}$，$(\vec{a}+\vec{b})\cdot\vec{c}=\vec{a}\cdot\vec{c}+\vec{b}\cdot\vec{c}$

⑤ $k(\vec{a}\cdot\vec{b})=(k\vec{a})\cdot\vec{b}=\vec{a}\cdot(k\vec{b})$（$k$ は実数）

⑥ $|\vec{a}+\vec{b}|^2=|\vec{a}|^2+2\vec{a}\cdot\vec{b}+|\vec{b}|^2$，$|\vec{a}-\vec{b}|^2=|\vec{a}|^2-2\vec{a}\cdot\vec{b}+|\vec{b}|^2$

⑦ $(\vec{a}+\vec{b})\cdot(\vec{a}-\vec{b})=|\vec{a}|^2-|\vec{b}|^2$

### ☑ 空間ベクトルの内積と成分表示

$\vec{a}=(a_1,\ a_2,\ a_3)$，$\vec{b}=(b_1,\ b_2,\ b_3)$ のとき

① $\vec{a}\cdot\vec{b}=a_1b_1+a_2b_2+a_3b_3$

② $\vec{a}\perp\vec{b}\iff\vec{a}\cdot\vec{b}=a_1b_1+a_2b_2+a_3b_3=0$

③ $\cos\theta=\dfrac{\vec{a}\cdot\vec{b}}{|\vec{a}||\vec{b}|}=\dfrac{a_1b_1+a_2b_2+a_3b_3}{\sqrt{a_1^2+a_2^2+a_3^2}\sqrt{b_1^2+b_2^2+b_3^2}}$

## > チェック問題　　答え >

(1) 1辺の長さが1の立方体 ABCD-EFGH において

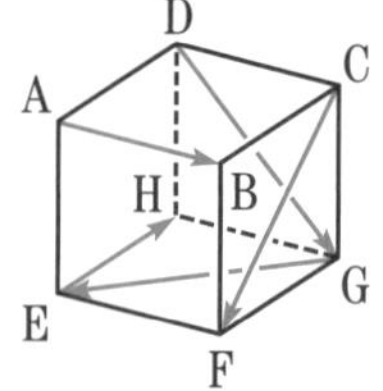


$\overrightarrow{AB}\cdot\overrightarrow{DG}=$ **❶**，$\overrightarrow{AB}\cdot\overrightarrow{EH}=$ **❷**，

$\overrightarrow{AB}\cdot\overrightarrow{CF}=$ **❸**，$\overrightarrow{AB}\cdot\overrightarrow{GE}=$ **❹**

(2) $\vec{a}=(2,\ -1,\ 2)$，$\vec{b}=(0,\ -1,\ 1)$ とそのなす角 $\theta$ について

$\vec{a}\cdot\vec{b}=$ **❺**，

$|\vec{a}|=$ **❻**，$|\vec{b}|=$ **❼**

$\cos\theta=$ **❽**，$\theta=$ **❾**°

答え

❶ 1　❷ 0

❸ 0　❹ −1

❺ 3

❻ 3　❼ $\sqrt{2}$

❽ $\dfrac{1}{\sqrt{2}}$　❾ 45

**例題** 次の問いに答えよ。

(1) 3 点 A(2, 1, −2), B(3, 3, −2), C(2, 3, 1) を頂点とする △ABC の面積を求めよ。

(2) 2 つのベクトル $\vec{a}=(2,\ 3,\ -1)$, $\vec{b}=(3,\ 2,\ -2)$ について，$\vec{a}$ と $\vec{a}+t\vec{b}$ が垂直になるように，実数 $t$ の値を定めよ。

**! 解説**

↓ △ABC の面積のこの公式は，平面でも空間でも同じである

(1) $\triangle ABC=\dfrac{1}{2}\sqrt{|\overrightarrow{AB}|^2|\overrightarrow{AC}|^2-(\overrightarrow{AB}\cdot\overrightarrow{AC})^2}$ である。

まず　$\overrightarrow{AB}=(1,\ 2,\ 0)$　　$\overrightarrow{AC}=(0,\ 2,\ 3)$

したがって　$|\overrightarrow{AB}|^2=5$　　$|\overrightarrow{AC}|^2=13$　← $|\overrightarrow{AB}|^2$, $|\overrightarrow{AC}|^2$ を使うのだから，$|\overrightarrow{AB}|$, $|\overrightarrow{AC}|$ を求める必要はない

$\overrightarrow{AB}\cdot\overrightarrow{AC}=1\cdot0+2\cdot2+0\cdot3=4$

よって　$\triangle ABC=\dfrac{1}{2}\sqrt{5\cdot13-4^2}=\dfrac{1}{2}\sqrt{65-16}=\dfrac{1}{2}\sqrt{49}=\boldsymbol{\dfrac{7}{2}}$ …答

(2) $\vec{a}+t\vec{b}=(2,\ 3,\ -1)+t(3,\ 2,\ -2)=(3t+2,\ 2t+3,\ -2t-1)$

$\vec{a}$ と $\vec{a}+t\vec{b}$ が垂直なので，$\vec{a}\cdot(\vec{a}+t\vec{b})=0$ である。

$(2,\ 3,\ -1)\cdot(3t+2,\ 2t+3,\ -2t-1)=0$

$2(3t+2)+3(2t+3)-1\cdot(-2t-1)=0$ より　$\boldsymbol{t=-1}$ …答

**類題** 次の問いに答えよ。　解答 → 別冊 p.53

(1) 3 点 A(1, 2, 3), B(4, 4, 3), C(1, 4, 5) を頂点とする △ABC の面積を求めよ。

(2) 2 つのベクトル $\vec{a}=(3,\ 5,\ -7)$, $\vec{b}=(-2,\ -6,\ 5)$ について，$\vec{a}+\vec{b}$ と $\vec{a}+t\vec{b}$ が垂直になるように，実数 $t$ の値を定めよ。

## 37 ～ 39 の
# 確認テスト

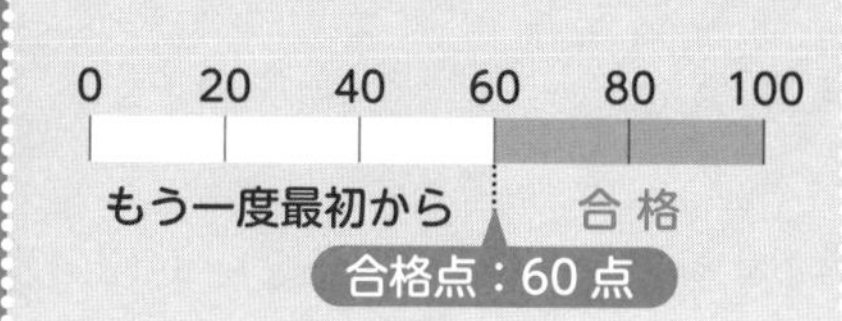


点

解答 → 別冊 p.54～55

わからなければ 37 へ

**1** 点 A(2, 3, 1) について，次の点の座標を求めよ。

（各 6 点　計 24 点）

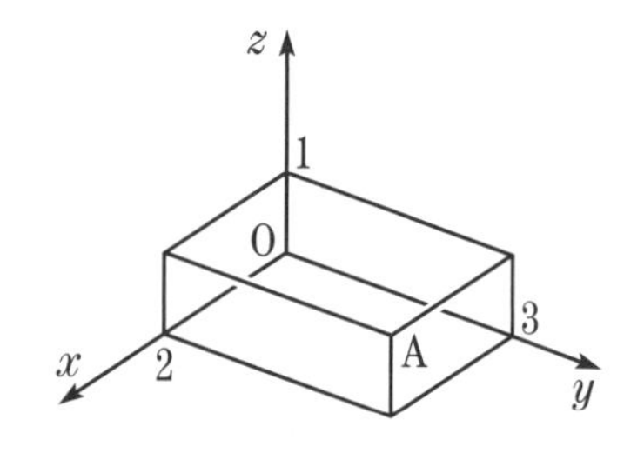


点 A の原点 O に関する対称点 B ( , , )

点 A の $y$ 軸に関する対称点 C ( , , )

点 A の $yz$ 平面に関する対称点 D ( , , )

線分 CD の中点 M ( , , )

わからなければ 37 へ

**2** 2 点 A(2, −2, 1)，B(5, 4, 2) から等距離にある $y$ 軸上の点 C の座標を求めよ。

（8 点）

わからなければ 37 へ

**3** 平行四辺形 ABCD の対角線の交点を M とする。
A(2, 3, 1)，B(3, −2, 1)，M(5, 2, 3) とするとき，
点 C，D の座標を求めよ。　（各 9 点　計 18 点）

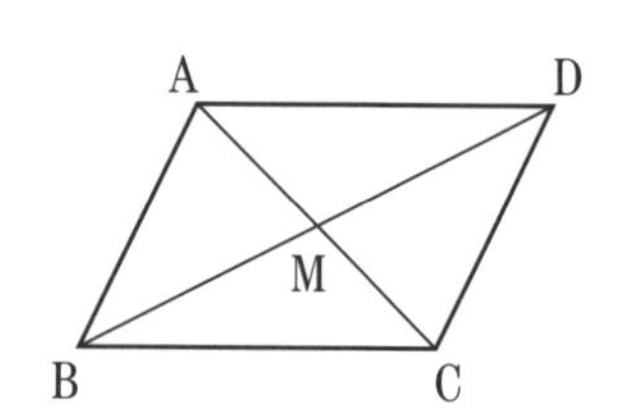

わからなければ 38 へ

**4**
$x$，$y$，$z$ 座標がすべて同じ値の点 T$(t,\ t,\ t)$ と点 S$(3,\ 4,\ 5)$ について，$\overrightarrow{\mathrm{ST}}$ の大きさが最小となるような実数 $t$ の値とその最小値を求めよ。　（各 5 点　計 10 点）

わからなければ 39 へ

**5**
3 点 A$(3,\ -2,\ 5)$，B$(-2,\ -1,\ 9)$，C$(1,\ 2,\ 3)$ を頂点とする △ABC の面積を求めよ。　（10 点）

わからなければ 39 へ

**6**
3 点 A$(3,\ 1,\ 2)$，B$(-2,\ 1,\ 2)$，C$(8,\ 5,\ 5)$ について，∠BAC を求めよ。（12 点）

わからなければ 39 へ

**7**
1 辺の長さが 4 の正四面体 OABC について，次の値を求めよ。　（各 9 点　計 18 点）

(1) $\overrightarrow{\mathrm{OA}}\cdot\overrightarrow{\mathrm{OB}}$　　(2) $\overrightarrow{\mathrm{OA}}\cdot\overrightarrow{\mathrm{BC}}$

# 40 空間の位置ベクトル

## まとめ

### ☑ 位置ベクトルとその性質

空間においても平面と同様に位置ベクトルを定義することができ，$\mathrm{P}(\vec{p})$ のように表すことにすると，次のような性質をもつ。$\mathrm{A}(\vec{a})$，$\mathrm{B}(\vec{b})$，$\mathrm{C}(\vec{c})$ に対して

① $\overrightarrow{\mathrm{AB}}=\vec{b}-\vec{a}$

② 線分 AB を $m:n$ に内分する点を $\mathrm{P}(\vec{p})$，外分する点を $\mathrm{Q}(\vec{q})$ とすると

$$\vec{p}=\frac{n\vec{a}+m\vec{b}}{m+n} \qquad \vec{q}=\frac{-n\vec{a}+m\vec{b}}{m-n} \quad (\text{ただし，} m\neq n)$$

A　B / $m:n$　　A　B / $m:(-n)$

とくに，点 P が線分 AB の中点のとき　$\vec{p}=\dfrac{\vec{a}+\vec{b}}{2}$

③ $\triangle\mathrm{ABC}$ の重心を $\mathrm{G}(\vec{g})$ とすると　$\vec{g}=\dfrac{\vec{a}+\vec{b}+\vec{c}}{3}$

④ 異なる 3 点 A，B，C が一直線上にあるとき，$\overrightarrow{\mathrm{AC}}=k\overrightarrow{\mathrm{AB}}$ となる実数 $k$ が存在する。

### ☑ $\vec{p}=s\vec{a}+t\vec{b}+u\vec{c}$ の表現の一意性

同一平面上にない 4 点 O，A，B，C に対して，$\overrightarrow{\mathrm{OA}}=\vec{a}$，$\overrightarrow{\mathrm{OB}}=\vec{b}$，$\overrightarrow{\mathrm{OC}}=\vec{c}$ とする。

① $s\vec{a}+t\vec{b}+u\vec{c}=s'\vec{a}+t'\vec{b}+u'\vec{c} \Longleftrightarrow s=s'，t=t'，u=u'$

とくに　$s\vec{a}+t\vec{b}+u\vec{c}=\vec{0} \Longleftrightarrow s=t=u=0$

② 任意のベクトル $\vec{p}$ は

$\vec{p}=s\vec{a}+t\vec{b}+u\vec{c}$　($s$，$t$，$u$：実数)

とただ 1 通りに表される。

## チェック問題

3 点 $\mathrm{A}(\vec{a})$，$\mathrm{B}(\vec{b})$，$\mathrm{C}(\vec{c})$ について，$\vec{a}=(-2,\ 1,\ -5)$，$\vec{b}=(8,\ -9,\ 5)$，$\vec{c}=(3,\ -1,\ 0)$ のとき

(1) 線分 AB の中点 $\mathrm{M}(\vec{m})$ は　$\vec{m}=$ [ ❶ ]

(2) 線分 AB を 3：2 に内分する点 $\mathrm{P}(\vec{p})$ は　$\vec{p}=$ [ ❷ ]

外分する点 $\mathrm{Q}(\vec{q})$ は　$\vec{q}=$ [ ❸ ]

(3) $\triangle\mathrm{ABC}$ の重心 $\mathrm{G}(\vec{g})$ は　$\vec{g}=$ [ ❹ ]

**答え**

❶ $(3,\ -4,\ 0)$

❷ $(4,\ -5,\ 1)$

❸ $(28,\ -29,\ 25)$

❹ $(3,\ -3,\ 0)$

例題　原点Oと3点A(2, −2, 5), B(1, 8, −2), C(3, 3, 6)がある。

(1) △OABの重心Gと△ABCの重心Hの座標を求めよ。
(2) $\overrightarrow{GH}$の成分と，大きさを求めよ。

**解説**

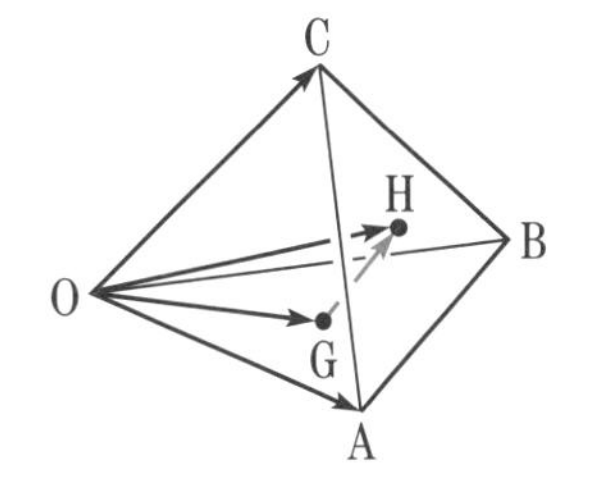


(1) $\overrightarrow{OG}=\frac{1}{3}(\overrightarrow{OA}+\overrightarrow{OB})$　← $\frac{1}{3}(\overrightarrow{OO}+\overrightarrow{OA}+\overrightarrow{OB})$で$\overrightarrow{OO}=\vec{0}$

$=\frac{1}{3}\{(2, -2, 5)+(1, 8, -2)\}$

$=(1, 2, 1)$

よって　**G(1, 2, 1)**　…答

$\overrightarrow{OH}=\frac{1}{3}(\overrightarrow{OA}+\overrightarrow{OB}+\overrightarrow{OC})$

$=\frac{1}{3}\{(2, -2, 5)+(1, 8, -2)+(3, 3, 6)\}$

$=(2, 3, 3)$

よって　**H(2, 3, 3)**　…答

(2) $\overrightarrow{\mathbf{GH}}=\overrightarrow{OH}-\overrightarrow{OG}=(2, 3, 3)-(1, 2, 1)=\mathbf{(1, 1, 2)}$　…答

$|\overrightarrow{\mathbf{GH}}|=\sqrt{1^2+1^2+2^2}=\boldsymbol{\sqrt{6}}$　…答

類題　原点Oと3点A, B, Cがある。△OAB, △OBC, △OCAの重心をそれぞれD, E, Fとし，△DEFの重心をGとする。また，△ABCの重心をHとする。3点O, G, Hは一直線上にあることを示せ。

解答 → 別冊 p.56

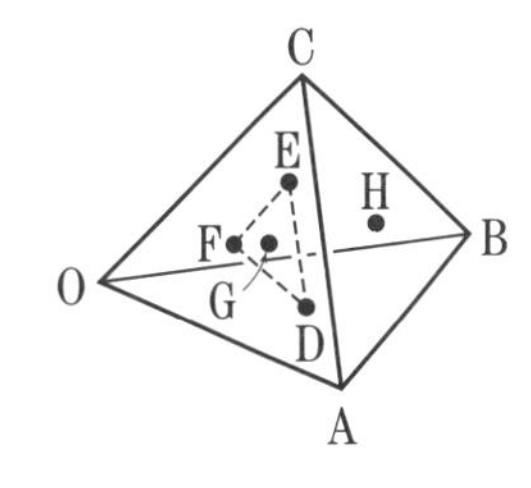


第3章 ベクトル

# 41 > 空間ベクトルと図形

## まとめ

### ☑ 空間ベクトルと直線

・異なる 2 点 $A(\vec{a})$, $B(\vec{b})$ について，直線 AB を表すベクトル方程式

直線 AB 上の動点を $P(\vec{p})$ とすると　$\overrightarrow{AP}=t\overrightarrow{AB}$ （p.108 にも記述）

これは，$\vec{p}-\vec{a}=t(\vec{b}-\vec{a})$ より，$\vec{p}=(1-t)\vec{a}+t\vec{b}$ とも書ける。

さらに，$s=1-t$ とおくと　$\vec{p}=s\vec{a}+t\vec{b}$　$(s+t=1)$

### ☑ 空間ベクトルと平面

・一直線上にない異なる 3 点 $A(\vec{a})$, $B(\vec{b})$, $C(\vec{c})$ について，平面 ABC を表すベクトル方程式

平面 ABC 上の動点を $P(\vec{p})$ とすると　$\overrightarrow{AP}=t\overrightarrow{AB}+u\overrightarrow{AC}$

これは，$\vec{p}-\vec{a}=t(\vec{b}-\vec{a})+u(\vec{c}-\vec{a})$ より，$\vec{p}=(1-t-u)\vec{a}+t\vec{b}+u\vec{c}$ とも書ける。

さらに，$s=1-t-u$ とおくと　$\vec{p}=s\vec{a}+t\vec{b}+u\vec{c}$　$(s+t+u=1)$

## > チェック問題

3 点 $A(1,\ 0,\ -1)$, $B(4,\ 1,\ -2)$, $C(0,\ 2,\ 1)$ について

(1) 点 $P(x,\ y,\ 0)$ が直線 AB 上にあるとき，

❶，❷は成分で表す

$\overrightarrow{AP}=t\overrightarrow{AB}$ と表せるので　［❶］$=t$［❷］

このことから　$t=$［❸］，$x=$［❹］，$y=$［❺］

(2) 点 $Q(z+1,\ z-1,\ z)$ が平面 ABC 上にあるとき，

$\overrightarrow{AQ}=s\overrightarrow{AB}+t\overrightarrow{AC}$ と表せるので

❻～❽は成分で表す

［❻］$=s$［❼］$+t$［❽］

このことから　$s=$［❾］，$t=$［❿］，$z=$［⓫］

## 答え >

❶ $(x-1,\ y,\ 1)$

❷ $(3,\ 1,\ -1)$

❸ $-1$　❹ $-2$　❺ $-1$

❻ $(z,\ z-1,\ z+1)$

❼ $(3,\ 1,\ -1)$

❽ $(-1,\ 2,\ 2)$

❾ $-1$　❿ $-1$　⓫ $-2$

例題　四面体OABCの辺OA，OB，OCをそれぞれ1：2，1：1，2：1に内分する点をD，E，Fとする。△DEFの重心をGとし，直線OGと平面ABCの交点をHとする。また，$\overrightarrow{OA}=\vec{a}$，$\overrightarrow{OB}=\vec{b}$，$\overrightarrow{OC}=\vec{c}$とする。このとき，$\overrightarrow{OG}$，$\overrightarrow{OH}$を$\vec{a}$，$\vec{b}$，$\vec{c}$を用いて表せ。

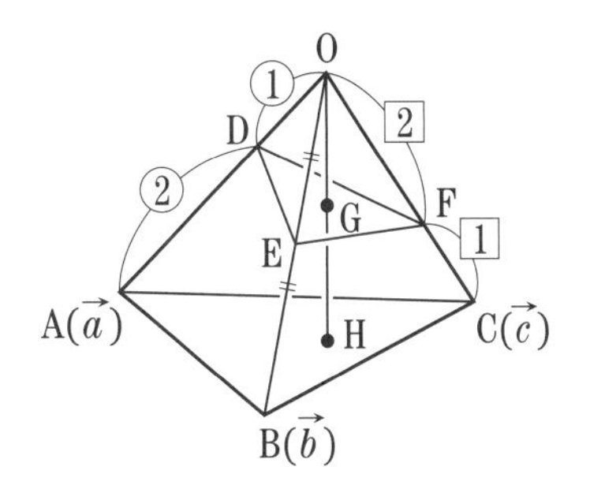


## 解説

$\overrightarrow{OD}=\frac{1}{3}\vec{a}$，$\overrightarrow{OE}=\frac{1}{2}\vec{b}$，$\overrightarrow{OF}=\frac{2}{3}\vec{c}$であり，点Gは△DEFの重心であるので

$$\overrightarrow{OG}=\frac{1}{3}(\overrightarrow{OD}+\overrightarrow{OE}+\overrightarrow{OF})=\boldsymbol{\frac{1}{9}\vec{a}+\frac{1}{6}\vec{b}+\frac{2}{9}\vec{c}}$$ …答

3点O，G，Hは一直線上にあるので，実数$t$を用いて次のように表される。

$$\overrightarrow{OH}=t\overrightarrow{OG}=\frac{1}{9}t\vec{a}+\frac{1}{6}t\vec{b}+\frac{2}{9}t\vec{c}$$

また，点Hは平面ABC上にあるので　$\frac{1}{9}t+\frac{1}{6}t+\frac{2}{9}t=1$　　よって　$t=2$

したがって　$\boldsymbol{\overrightarrow{OH}=\frac{2}{9}\vec{a}+\frac{1}{3}\vec{b}+\frac{4}{9}\vec{c}}$ …答

類題　図のような立体OAB-CDE（側面はすべて平行四辺形）がある。辺DEの中点をMとする。直線OMと平面ABCとの交点をPとする。また，$\overrightarrow{OA}=\vec{a}$，$\overrightarrow{OB}=\vec{b}$，$\overrightarrow{OC}=\vec{c}$とする。このとき，$\overrightarrow{OM}$，$\overrightarrow{OP}$を$\vec{a}$，$\vec{b}$，$\vec{c}$を用いて表せ。

解答 → 別冊 p.56

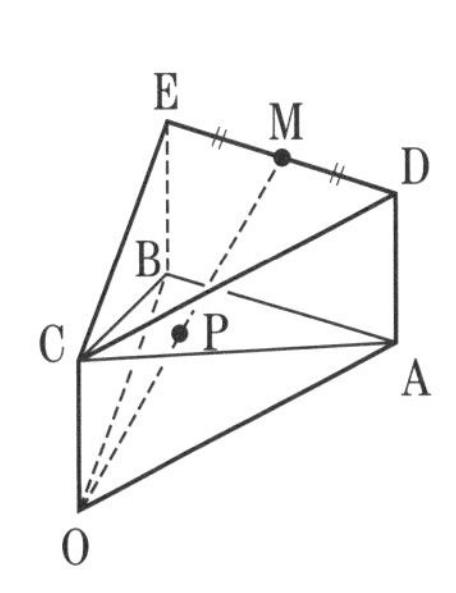

# 42 空間ベクトルの応用

## まとめ

### ☑ 点 $\mathrm{P}_0(\vec{p_0})$ を通り，$\vec{u}$ に平行な直線　($\vec{u} \neq \vec{0}$ とする。)

この直線上の動点を $\mathrm{P}(\vec{p})$，$\vec{p}=(x,\ y,\ z)$ とする。いま，$\vec{p_0}=(x_0,\ y_0,\ z_0)$，$\vec{u}=(a,\ b,\ c)$ とすると

$$\overrightarrow{\mathrm{P_0P}} /\!/ \vec{u} \iff \overrightarrow{\mathrm{P_0P}}=t\vec{u} \iff \vec{p}-\vec{p_0}=t\vec{u} \iff \vec{p}=\vec{p_0}+t\vec{u}$$

つまり $\begin{cases} x=x_0+at \\ y=y_0+bt \\ z=z_0+ct \end{cases}$　($t$：媒介変数あるいはパラメータ)

### ☑ 点 $\mathrm{C}(\vec{c})$ を中心とする半径 $r$ ($>0$) の球

この球面上の点を $\mathrm{P}(\vec{p})$，$\vec{p}=(x,\ y,\ z)$ とする。いま，$\vec{c}=(x_0,\ y_0,\ z_0)$ とすると，

$$|\overrightarrow{\mathrm{CP}}|=r \iff |\overrightarrow{\mathrm{CP}}|^2=r^2 \iff \overrightarrow{\mathrm{CP}}\cdot\overrightarrow{\mathrm{CP}}=r^2$$

となる。$\overrightarrow{\mathrm{CP}}=(x-x_0,\ y-y_0,\ z-z_0)$ であるので

$$(x-x_0)^2+(y-y_0)^2+(z-z_0)^2=r^2$$

### ☑ 点 $\mathrm{P}_0(\vec{p_0})$ を通り $\vec{n}$ に垂直な平面　($\vec{n} \neq \vec{0}$ とする。)

この平面上の点を $\mathrm{P}(\vec{p})$，$\vec{p}=(x,\ y,\ z)$ とする。いま，$\vec{p_0}=(x_0,\ y_0,\ z_0)$，$\vec{n}=(a,\ b,\ c)$ とすると

$$\overrightarrow{\mathrm{P_0P}} \perp \vec{n} \iff \overrightarrow{\mathrm{P_0P}}\cdot\vec{n}=0 \iff (\vec{p}-\vec{p_0})\cdot\vec{n}=0$$

つまり　$a(x-x_0)+b(y-y_0)+c(z-z_0)=0$

## ＞チェック問題

点 $\mathrm{A}(1,\ 2,\ 3)$ とベクトル $\vec{u}=(2,\ 3,\ 4)$ がある。

(1) 点 A を通り，$\vec{u}$ に平行な直線 $\ell$ を媒介変数表示すると

$x=$ [ ❶ ]，$y=$ [ ❷ ]，$z=$ [ ❸ ]

(2) 点 A を中心とする半径 2 の球の方程式は

[ ❹ ]

(3) 点 A を通り $\vec{u}$ に垂直な平面の方程式は

[ ❺ ]

### 答え＞

❶ $1+2t$　❷ $2+3t$

❸ $3+4t$

❹ $(x-1)^2+(y-2)^2+(z-3)^2=4$

❺ $2x+3y+4z-20=0$

**例題** 3点 A(2, 0, 0), B(0, 1, 0), C(0, 0, 1) に対して，次の問いに答えよ。

(1) 平面 ABC の方程式を求めよ。

(2) 点 D(4, 4, 4) から平面 ABC に垂線 DH を下ろしたとき，点 H の座標を求めよ。

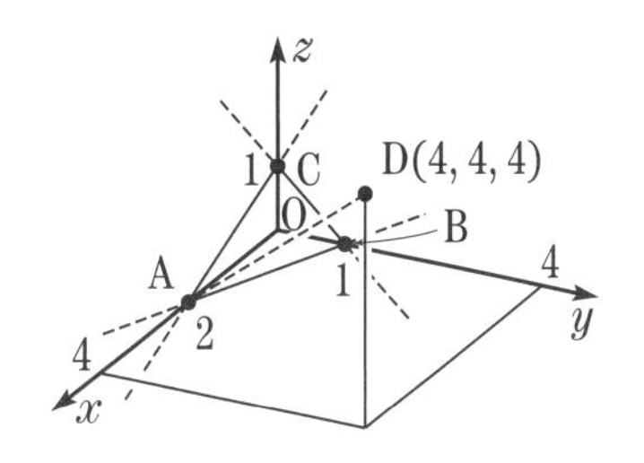


**! 解説**

(1) 平面 ABC 上の点を P($x$, $y$, $z$) とおく。

$\overrightarrow{AP}=s\overrightarrow{AB}+t\overrightarrow{AC}$ とおくと　$(x-2,\ y,\ z)=s(-2,\ 1,\ 0)+t(-2,\ 0,\ 1)$

よって　$x-2=-2s-2t$, $y=s$, $z=t$

これらの等式から $s$, $t$ を消去して　$x-2=-2y-2z$

よって，平面 ABC の方程式は　$\boldsymbol{x+2y+2z-2=0}$ …答

(2) (1)の結果より，平面 ABC に垂直なベクトルの1つは (1, 2, 2) である。よって，直線 DH は $x=4+t$, $y=4+2t$, $z=4+2t$ と表される。

点 H は平面 ABC 上の点であるから，これを(1)の結果に代入して

$$(4+t)+2(4+2t)+2(4+2t)-2=0$$

これより　$9t+18=0$　　よって　$t=-2$

したがって　**H(2, 0, 0)** …答

**類題** 3点 A(1, 0, 0), B(0, 2, 0), C(0, 0, 2) に対して，次の問いに答えよ。

解答 → 別冊 p.57

(1) 平面 ABC の方程式を求めよ。

(2) 点 D(−1, −1, −1) から平面 ABC に垂線 DH を下ろしたとき，点 H の座標を求めよ。

## 40～42の 確認テスト

点

解答 → 別冊 p.58～59

わからなければ 40 へ

**1** 平行六面体 ABCD-EFGH において，$\overrightarrow{AB}=\vec{b}$，$\overrightarrow{AD}=\vec{d}$，$\overrightarrow{AE}=\vec{e}$ とする。対角線 CE を 1：2 に内分する点を P とするとき，$\overrightarrow{HP}$ を $\vec{b}$，$\vec{d}$，$\vec{e}$ で表せ。 （15点）

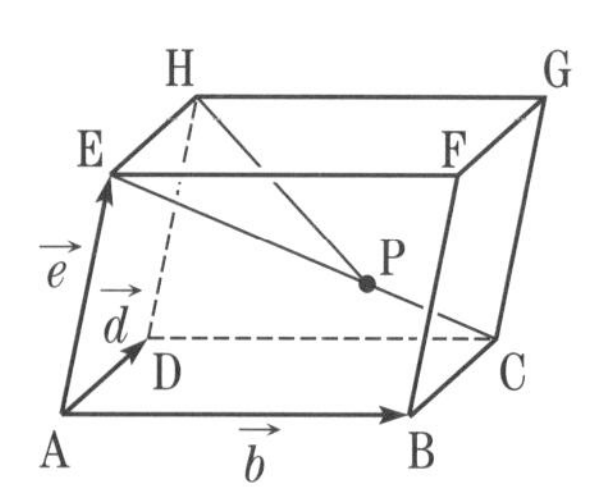


わからなければ 40 へ

**2** 四面体 OABC において，$4\overrightarrow{OP}+\overrightarrow{AP}+\overrightarrow{BP}+2\overrightarrow{CP}=\vec{0}$ を満たす点 P は，どのような位置にあるか。 （15点）

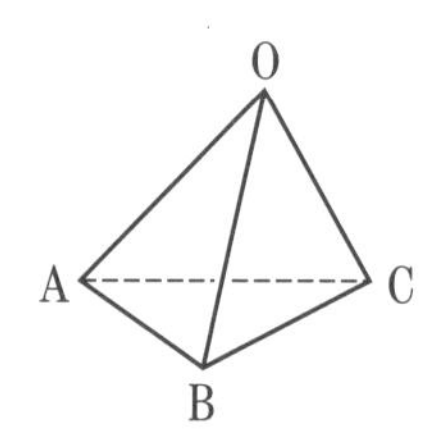

わからなければ 41 へ

**3** 四面体OABCにおいて，辺OAを3：2に内分する点をD，線分BDを2：1に内分する点をE，直線OEと辺ABの交点をFとする。また，$\overrightarrow{OA}=\vec{a}$，$\overrightarrow{OB}=\vec{b}$，$\overrightarrow{OC}=\vec{c}$ とする。次の問いに答えよ。 (各20点　計40点)

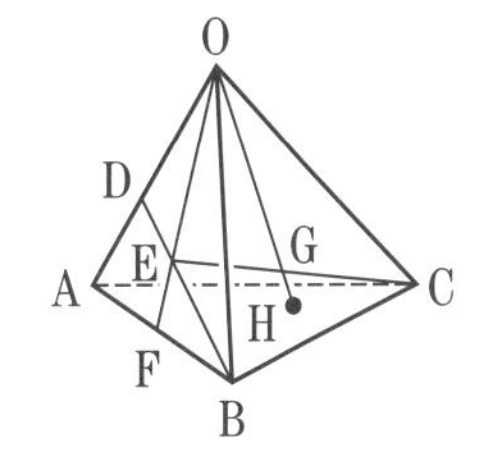


(1) $\overrightarrow{OF}$ を $\vec{a}$，$\vec{b}$ で表せ。

(2) 線分CEを3：2に内分する点をG，直線OGと面ABCの交点をHとするとき，$\overrightarrow{OH}$ を $\vec{a}$，$\vec{b}$，$\vec{c}$ で表せ。

わからなければ 42 へ

**4** 点A$(-3,\ 3,\ 0)$を通り，$\vec{u}=(2,\ -1,\ 1)$に平行な直線を $\ell$ とする。次の問いに答えよ。 (各10点　計30点)

(1) 直線 $\ell$ を，媒介変数を $t$ とする方程式で表せ。

(2) 直線 $\ell$ と $zx$ 平面との交点の座標を求めよ。

(3) 直線 $\ell$ と球 $x^2+y^2+z^2=6$ との交点の座標を求めよ。

## さくいん

## ま



## や



## ら



## わ

# 平方・平方根・逆数の表

| $n$ | $n^2$ | $\sqrt{n}$ | $\sqrt{10n}$ | $\frac{1}{n}$ | $n$ | $n^2$ | $\sqrt{n}$ | $\sqrt{10n}$ | $\frac{1}{n}$ |
|---|---|---|---|---|---|---|---|---|---|
| 1 | 1 | 1.0000 | 3.1623 | 1.0000 | 51 | 2601 | 7.1414 | 22.5832 | 0.0196 |
| 2 | 4 | 1.4142 | 4.4721 | 0.5000 | 52 | 2704 | 7.2111 | 22.8035 | 0.0192 |
| 3 | 9 | 1.7321 | 5.4772 | 0.3333 | 53 | 2809 | 7.2801 | 23.0217 | 0.0189 |
| 4 | 16 | 2.0000 | 6.3246 | 0.2500 | 54 | 2916 | 7.3485 | 23.2379 | 0.0185 |
| 5 | 25 | 2.2361 | 7.0711 | 0.2000 | 55 | 3025 | 7.4162 | 23.4521 | 0.0182 |
| 6 | 36 | 2.4495 | 7.7460 | 0.1667 | 56 | 3136 | 7.4833 | 23.6643 | 0.0179 |
| 7 | 49 | 2.6458 | 8.3666 | 0.1429 | 57 | 3249 | 7.5498 | 23.8747 | 0.0175 |
| 8 | 64 | 2.8284 | 8.9443 | 0.1250 | 58 | 3364 | 7.6158 | 24.0832 | 0.0172 |
| 9 | 81 | 3.0000 | 9.4868 | 0.1111 | 59 | 3481 | 7.6811 | 24.2899 | 0.0169 |
| 10 | 100 | 3.1623 | 10.0000 | 0.1000 | 60 | 3600 | 7.7460 | 24.4949 | 0.0167 |
| 11 | 121 | 3.3166 | 10.4881 | 0.0909 | 61 | 3721 | 7.8102 | 24.6982 | 0.0164 |
| 12 | 144 | 3.4641 | 10.9545 | 0.0833 | 62 | 3844 | 7.8740 | 24.8998 | 0.0161 |
| 13 | 169 | 3.6056 | 11.4018 | 0.0769 | 63 | 3969 | 7.9373 | 25.0998 | 0.0159 |
| 14 | 196 | 3.7417 | 11.8322 | 0.0714 | 64 | 4096 | 8.0000 | 25.2982 | 0.0156 |
| 15 | 225 | 3.8730 | 12.2474 | 0.0667 | 65 | 4225 | 8.0623 | 25.4951 | 0.0154 |
| 16 | 256 | 4.0000 | 12.6491 | 0.0625 | 66 | 4356 | 8.1240 | 25.6905 | 0.0152 |
| 17 | 289 | 4.1231 | 13.0384 | 0.0588 | 67 | 4489 | 8.1854 | 25.8844 | 0.0149 |
| 18 | 324 | 4.2426 | 13.4164 | 0.0556 | 68 | 4624 | 8.2462 | 26.0768 | 0.0147 |
| 19 | 361 | 4.3589 | 13.7840 | 0.0526 | 69 | 4761 | 8.3066 | 26.2679 | 0.0145 |
| 20 | 400 | 4.4721 | 14.1421 | 0.0500 | 70 | 4900 | 8.3666 | 26.4575 | 0.0143 |
| 21 | 441 | 4.5826 | 14.4914 | 0.0476 | 71 | 5041 | 8.4261 | 26.6458 | 0.0141 |
| 22 | 484 | 4.6904 | 14.8324 | 0.0455 | 72 | 5184 | 8.4853 | 26.8328 | 0.0139 |
| 23 | 529 | 4.7958 | 15.1658 | 0.0435 | 73 | 5329 | 8.5440 | 27.0185 | 0.0137 |
| 24 | 576 | 4.8990 | 15.4919 | 0.0417 | 74 | 5476 | 8.6023 | 27.2029 | 0.0135 |
| 25 | 625 | 5.0000 | 15.8114 | 0.0400 | 75 | 5625 | 8.6603 | 27.3861 | 0.0133 |
| 26 | 676 | 5.0990 | 16.1245 | 0.0385 | 76 | 5776 | 8.7178 | 27.5681 | 0.0132 |
| 27 | 729 | 5.1962 | 16.4317 | 0.0370 | 77 | 5929 | 8.7750 | 27.7489 | 0.0130 |
| 28 | 784 | 5.2915 | 16.7332 | 0.0357 | 78 | 6084 | 8.8318 | 27.9285 | 0.0128 |
| 29 | 841 | 5.3852 | 17.0294 | 0.0345 | 79 | 6241 | 8.8882 | 28.1069 | 0.0127 |
| 30 | 900 | 5.4772 | 17.3205 | 0.0333 | 80 | 6400 | 8.9443 | 28.2843 | 0.0125 |
| 31 | 961 | 5.5678 | 17.6068 | 0.0323 | 81 | 6561 | 9.0000 | 28.4605 | 0.0123 |
| 32 | 1024 | 5.6569 | 17.8885 | 0.0313 | 82 | 6724 | 9.0554 | 28.6356 | 0.0122 |
| 33 | 1089 | 5.7446 | 18.1659 | 0.0303 | 83 | 6889 | 9.1104 | 28.8097 | 0.0120 |
| 34 | 1156 | 5.8310 | 18.4391 | 0.0294 | 84 | 7056 | 9.1652 | 28.9828 | 0.0119 |
| 35 | 1225 | 5.9161 | 18.7083 | 0.0286 | 85 | 7225 | 9.2195 | 29.1548 | 0.0118 |
| 36 | 1296 | 6.0000 | 18.9737 | 0.0278 | 86 | 7396 | 9.2736 | 29.3258 | 0.0116 |
| 37 | 1369 | 6.0828 | 19.2354 | 0.0270 | 87 | 7569 | 9.3274 | 29.4958 | 0.0115 |
| 38 | 1444 | 6.1644 | 19.4936 | 0.0263 | 88 | 7744 | 9.3808 | 29.6648 | 0.0114 |
| 39 | 1521 | 6.2450 | 19.7484 | 0.0256 | 89 | 7921 | 9.4340 | 29.8329 | 0.0112 |
| 40 | 1600 | 6.3246 | 20.0000 | 0.0250 | 90 | 8100 | 9.4868 | 30.0000 | 0.0111 |
| 41 | 1681 | 6.4031 | 20.2485 | 0.0244 | 91 | 8281 | 9.5394 | 30.1662 | 0.0110 |
| 42 | 1764 | 6.4807 | 20.4939 | 0.0238 | 92 | 8464 | 9.5917 | 30.3315 | 0.0109 |
| 43 | 1849 | 6.5574 | 20.7364 | 0.0233 | 93 | 8649 | 9.6437 | 30.4959 | 0.0108 |
| 44 | 1936 | 6.6332 | 20.9762 | 0.0227 | 94 | 8836 | 9.6954 | 30.6594 | 0.0106 |
| 45 | 2025 | 6.7082 | 21.2132 | 0.0222 | 95 | 9025 | 9.7468 | 30.8221 | 0.0105 |
| 46 | 2116 | 6.7823 | 21.4476 | 0.0217 | 96 | 9216 | 9.7980 | 30.9839 | 0.0104 |
| 47 | 2209 | 6.8557 | 21.6795 | 0.0213 | 97 | 9409 | 9.8489 | 31.1448 | 0.0103 |
| 48 | 2304 | 6.9282 | 21.9089 | 0.0208 | 98 | 9604 | 9.8995 | 31.3050 | 0.0102 |
| 49 | 2401 | 7.0000 | 22.1359 | 0.0204 | 99 | 9801 | 9.9499 | 31.4643 | 0.0101 |
| 50 | 2500 | 7.0711 | 22.3607 | 0.0200 | 100 | 10000 | 10.0000 | 31.6228 | 0.0100 |

# 正規分布表

標準正規分布 $N(0,\ 1)$ に従う確率変数 $Z$ において，$P(0 \leqq Z \leqq t)$ を $p(t)$ と表すと，$p(t)$ の値は右の図の色の部分の面積で，その値は次の表のようになる。

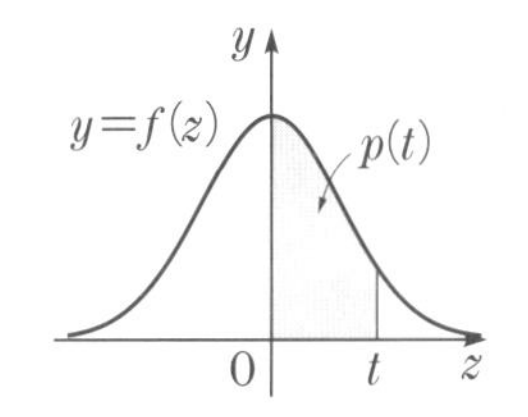


| $t$ | 0.00 | 0.01 | 0.02 | 0.03 | 0.04 | 0.05 | 0.06 | 0.07 | 0.08 | 0.09 |
|---|---|---|---|---|---|---|---|---|---|---|
| 0.0 | 0.00000 | 0.00399 | 0.00798 | 0.01197 | 0.01595 | 0.01994 | 0.02392 | 0.02790 | 0.03188 | 0.03586 |
| 0.1 | 0.03983 | 0.04380 | 0.04776 | 0.05172 | 0.05567 | 0.05962 | 0.06356 | 0.06749 | 0.07142 | 0.07535 |
| 0.2 | 0.07926 | 0.08317 | 0.08706 | 0.09095 | 0.09483 | 0.09871 | 0.10257 | 0.10642 | 0.11026 | 0.11409 |
| 0.3 | 0.11791 | 0.12172 | 0.12552 | 0.12930 | 0.13307 | 0.13683 | 0.14058 | 0.14431 | 0.14803 | 0.15173 |
| 0.4 | 0.15542 | 0.15910 | 0.16276 | 0.16640 | 0.17003 | 0.17364 | 0.17724 | 0.18082 | 0.18439 | 0.18793 |
| 0.5 | 0.19146 | 0.19497 | 0.19847 | 0.20194 | 0.20540 | 0.20884 | 0.21226 | 0.21566 | 0.21904 | 0.22240 |
| 0.6 | 0.22575 | 0.22907 | 0.23237 | 0.23565 | 0.23891 | 0.24215 | 0.24537 | 0.24857 | 0.25175 | 0.25490 |
| 0.7 | 0.25804 | 0.26115 | 0.26424 | 0.26730 | 0.27035 | 0.27337 | 0.27637 | 0.27935 | 0.28230 | 0.28524 |
| 0.8 | 0.28814 | 0.29103 | 0.29389 | 0.29673 | 0.29955 | 0.30234 | 0.30511 | 0.30785 | 0.31057 | 0.31327 |
| 0.9 | 0.31594 | 0.31859 | 0.32121 | 0.32381 | 0.32639 | 0.32894 | 0.33147 | 0.33398 | 0.33646 | 0.33891 |
| 1.0 | 0.34134 | 0.34375 | 0.34614 | 0.34849 | 0.35083 | 0.35314 | 0.35543 | 0.35769 | 0.35993 | 0.36214 |
| 1.1 | 0.36433 | 0.36650 | 0.36864 | 0.37076 | 0.37286 | 0.37493 | 0.37698 | 0.37900 | 0.38100 | 0.38298 |
| 1.2 | 0.38493 | 0.38686 | 0.38877 | 0.39065 | 0.39251 | 0.39435 | 0.39617 | 0.39796 | 0.39973 | 0.40147 |
| 1.3 | 0.40320 | 0.40490 | 0.40658 | 0.40824 | 0.40988 | 0.41149 | 0.41309 | 0.41466 | 0.41621 | 0.41774 |
| 1.4 | 0.41924 | 0.42073 | 0.42220 | 0.42364 | 0.42507 | 0.42647 | 0.42785 | 0.42922 | 0.43056 | 0.43189 |
| 1.5 | 0.43319 | 0.43448 | 0.43574 | 0.43699 | 0.43822 | 0.43943 | 0.44062 | 0.44179 | 0.44295 | 0.44408 |
| 1.6 | 0.44520 | 0.44630 | 0.44738 | 0.44845 | 0.44950 | 0.45053 | 0.45154 | 0.45254 | 0.45352 | 0.45449 |
| 1.7 | 0.45543 | 0.45637 | 0.45728 | 0.45818 | 0.45907 | 0.45994 | 0.46080 | 0.46164 | 0.46246 | 0.46327 |
| 1.8 | 0.46407 | 0.46485 | 0.46562 | 0.46638 | 0.46712 | 0.46784 | 0.46856 | 0.46926 | 0.46995 | 0.47062 |
| 1.9 | 0.47128 | 0.47193 | 0.47257 | 0.47320 | 0.47381 | 0.47441 | 0.47500 | 0.47558 | 0.47615 | 0.47670 |
| 2.0 | 0.47725 | 0.47778 | 0.47831 | 0.47882 | 0.47932 | 0.47982 | 0.48030 | 0.48077 | 0.48124 | 0.48169 |
| 2.1 | 0.48214 | 0.48257 | 0.48300 | 0.48341 | 0.48382 | 0.48422 | 0.48461 | 0.48500 | 0.48537 | 0.48574 |
| 2.2 | 0.48610 | 0.48645 | 0.48679 | 0.48713 | 0.48745 | 0.48778 | 0.48809 | 0.48840 | 0.48870 | 0.48899 |
| 2.3 | 0.48928 | 0.48956 | 0.48983 | 0.49010 | 0.49036 | 0.49061 | 0.49086 | 0.49111 | 0.49134 | 0.49158 |
| 2.4 | 0.49180 | 0.49202 | 0.49224 | 0.49245 | 0.49266 | 0.49286 | 0.49305 | 0.49324 | 0.49343 | 0.49361 |
| 2.5 | 0.49379 | 0.49396 | 0.49413 | 0.49430 | 0.49446 | 0.49461 | 0.49477 | 0.49492 | 0.49506 | 0.49520 |
| 2.6 | 0.49534 | 0.49547 | 0.49560 | 0.49573 | 0.49585 | 0.49598 | 0.49609 | 0.49621 | 0.49632 | 0.49643 |
| 2.7 | 0.49653 | 0.49664 | 0.49674 | 0.49683 | 0.49693 | 0.49702 | 0.49711 | 0.49720 | 0.49728 | 0.49736 |
| 2.8 | 0.49744 | 0.49752 | 0.49760 | 0.49767 | 0.49774 | 0.49781 | 0.49788 | 0.49795 | 0.49801 | 0.49807 |
| 2.9 | 0.49813 | 0.49819 | 0.49825 | 0.49831 | 0.49836 | 0.49841 | 0.49846 | 0.49851 | 0.49856 | 0.49861 |
| 3.0 | 0.49865 | 0.49869 | 0.49874 | 0.49878 | 0.49882 | 0.49886 | 0.49889 | 0.49893 | 0.49896 | 0.49900 |
| 3.1 | 0.49903 | 0.49906 | 0.49910 | 0.49913 | 0.49916 | 0.49918 | 0.49921 | 0.49924 | 0.49926 | 0.49929 |
| 3.2 | 0.49931 | 0.49934 | 0.49936 | 0.49938 | 0.49940 | 0.49942 | 0.49944 | 0.49946 | 0.49948 | 0.49950 |
| 3.3 | 0.49952 | 0.49953 | 0.49955 | 0.49957 | 0.49958 | 0.49960 | 0.49961 | 0.49962 | 0.49964 | 0.49965 |
| 3.4 | 0.49966 | 0.49968 | 0.49969 | 0.49970 | 0.49971 | 0.49972 | 0.49973 | 0.49974 | 0.49975 | 0.49976 |
| 3.5 | 0.49977 | 0.49978 | 0.49978 | 0.49979 | 0.49980 | 0.49981 | 0.49981 | 0.49982 | 0.49983 | 0.49983 |
| 3.6 | 0.49984 | 0.49985 | 0.49985 | 0.49986 | 0.49986 | 0.49987 | 0.49987 | 0.49988 | 0.49988 | 0.49989 |
| 3.7 | 0.49989 | 0.49990 | 0.49990 | 0.49990 | 0.49991 | 0.49991 | 0.49992 | 0.49992 | 0.49992 | 0.49992 |
| 3.8 | 0.49993 | 0.49993 | 0.49993 | 0.49994 | 0.49994 | 0.49994 | 0.49994 | 0.49995 | 0.49995 | 0.49995 |
| 3.9 | 0.49995 | 0.49995 | 0.49996 | 0.49996 | 0.49996 | 0.49996 | 0.49996 | 0.49996 | 0.49997 | 0.49997 |

## 著者紹介

**堀部和経　HORIBE Kazunori**

1955年, 岐阜県生まれ。愛知教育大学卒業, 同大学院修士課程修了(数学教育専攻, 専修領域, 数学)。教育学修士。現在, 大同大学非常勤講師, 堀部数学模型研究所代表。趣味は工作一般(数学的模型作り［下の写真参照], 紙工作, 木工, 庭いじり)。「モノ」を作っているときが幸せ。

著書

『高校やさしくわかりやすい数学』シリーズ(文英堂)

以下は, いずれも共著

『パソコンらくらく高校数学 微分・積分』(講談社, ブルーバックス)

『パソコンらくらく高校数学 図形と方程式』(講談社, ブルーバックス)

『世界の基礎数学　図形と方程式』(数学検定協会)

『数学の課題研究 第１集』(デザインエッグ社)

『数学の課題研究 第２集』(デザインエッグ社)

『数学の課題学習ノート 第１集』(デザインエッグ社)

『数学の課題学習ノート 第２集』(デザインエッグ社)

これは趣味のビーズで作った立体模型の一部です。興味のある方は
著者のサイト https://horibe.jp/
の本館２F「球体」のページをご覧下さい。(作品の写真があります。)

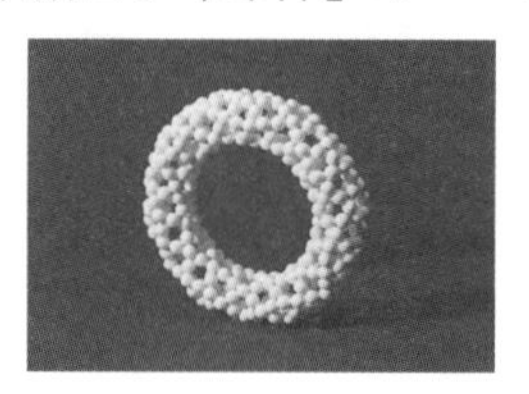

□ 編集協力　山腰政喜　田井千尋　髙濱良匡
□ 本文デザイン　土屋裕子（㈱ウエイド）
□ 図版作成　㈲デザインスタジオエキス.
□ イラスト　よしのぶもとこ

シグマベスト
**高校やさしくわかりやすい 数学Ｂ＋ベクトル**



著　者　堀部和経
発行者　益井英郎
印刷所　中村印刷株式会社
発行所　株式会社文英堂
〒601-8121　京都市南区上鳥羽大物町28
〒162-0832　東京都新宿区岩戸町17
(代表)03-3269-4231

●落丁・乱丁はおとりかえします。

ΣBEST シグマベスト

# 高校
# やさしく わかりやすい

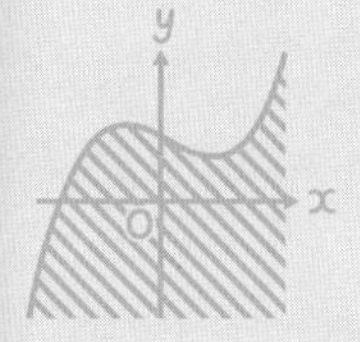


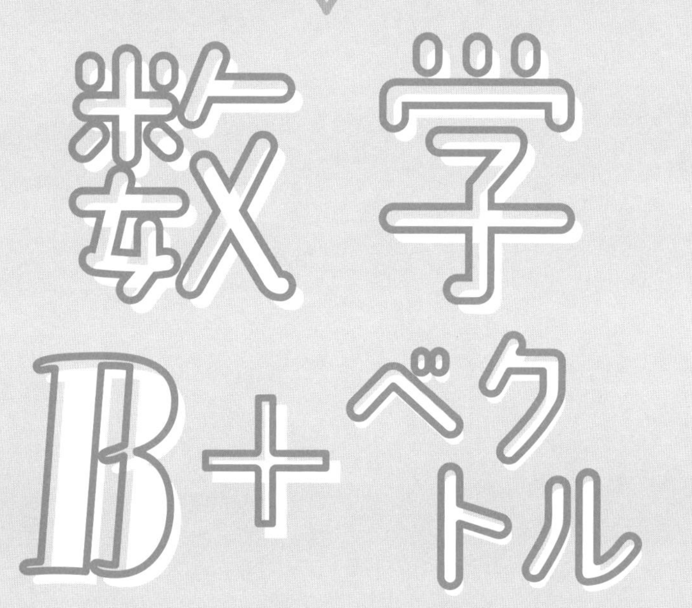

## 解答集

文英堂

# 第1章　数列

類題の解答

## 1　数列とは

本冊 p.5

次の数列 $\{a_n\}$ の規則を考え，その規則を説明し，数列の一般項を $n$ の式で表せ。
(1) 11，10，9，8，7，6，…
(2) $\frac{2}{1}$，$\frac{5}{2}$，$\frac{10}{3}$，$\frac{17}{4}$，$\frac{26}{5}$，$\frac{37}{6}$，…

**考え方**
前の項と後の項の関係性を見つけて，その関係性から $a_n$ の式を見つけ出す。または，第 $n$ 項の $n$ とその項の数との関係を見つける。

例えば，2，4，6，8，10，12，…の場合，$\frac{1}{2}$ 倍を考えれば 1，2，3，4，5，6，…となるので

$$\frac{1}{2}a_n=n \qquad \text{つまり} \quad a_n=2n$$

また，1，4，9，16，25，36，…の場合，（正の）平方根を考えると 1，2，3，4，5，6，…となり

$$\sqrt{a_n}=n \qquad \text{つまり} \quad a_n=n^2$$

この例を参考に(1)，(2)の規則を考えてみよう。

**解き方**
(1) 初項が 11 であり，項が 1 つ後ろになれば順に 1 ずつ小さくなっていくことがわかる。
$n$ と $a_n$ の表を作ると

| $n$ | 1 | 2 | 3 | 4 | 5 | 6 | … |
|---|---|---|---|---|---|---|---|
| $a_n$ | 11 | 10 | 9 | 8 | 7 | 6 | … |

となり，$a_n+n=12$ とわかる。
よって　$a_n=12-n$　…答

(2) 分母は見てわかる通り $n$ そのものである。
$n$ と分子と $n^2$ の表を作る。

| $n$ | 1 | 2 | 3 | 4 | 5 | 6 | … |
|---|---|---|---|---|---|---|---|
| 分子 | 2 | 5 | 10 | 17 | 26 | 37 | … |
| $n^2$ | 1 | 4 | 9 | 16 | 25 | 36 | … |

これから，(分子)$-n^2=1$ とわかる。

$$(\text{分子})=n^2+1$$

よって　$a_n=\frac{n^2+1}{n}$　…答

## 2　等差数列

本冊 p.7

次の問いに答えよ。
(1) 第 5 項が 2，第 9 項が 14 である等差数列 $\{a_n\}$ について，100 以上 110 以下となる項の数を求めよ。
(2) 等差数列の初項から第 3 項までの和が 15，積が 45 である。また，公差を正とするとき，この数列の第 4 項を求めよ。

**考え方**
(1) 初項 $a$，公差 $d$ のとき，一般項 $a_n$ は

$$a_n=a+(n-1)d$$

である。$a_5$ と $a_9$ の条件から $a$ と $d$ を求め，$a_n$ を求める。そして，$100 \leqq a_n \leqq 110$ を満たす $n$ の個数を調べる。
(2) 第 2 項を $b$，公差を $d$ とすると，3 数は

$$b-d,\ b,\ b+d$$

と表すことができる。

**解き方**
(1) 初項を $a$，公差を $d$ とすると，$a_5=2$，$a_9=14$ であるので

$$a+4d=2,\ a+8d=14$$

これを解いて　$d=3$，$a=-10$

$$a_n=-10+(n-1)\cdot 3=3n-13$$

よって，$100 \leqq 3n-13 \leqq 110$ のとき

$$\frac{113}{3} \leqq n \leqq \frac{123}{3}$$

この不等式を満たす整数は $n=38$，39，40，41 であるので，項の数は　4　…答

(2) 等差数列の 3 数を $b-d$，$b$，$b+d$ とおく。
$(b-d)+b+(b+d)=15$ より　$b=5$
よって　$(5-d)\cdot 5\cdot(5+d)=45$

$$25-d^2=9 \qquad d^2=16$$

公差 $d>0$ より $d=4$ となり，3 数は 1，5，9 となる。
したがって，第 4 項は　13　…答

## 3　等差数列の和

本冊 p.9

次の問いに答えよ。

(1) 初項が 8，末項が 98，和が 1643 である等差数列 $\{a_n\}$ の一般項を求めよ。

(2) 初項 45，公差 $-7$ の等差数列 $\{a_n\}$ の初項から第 $n$ 項までの和を $S_n$ とするとき，$S_n$ の最大値とそのときの $n$ の値を求めよ。

### ? 考え方

(1) 初項 $a$，公差 $d$ の等差数列の第 $n$ 項 $a_n$ は

$$a_n=a+(n-1)d$$

であり，$S_n=a_1+a_2+a_3+\cdots+a_n$ とすると

$$S_n=\frac{1}{2}n(a_1+a_n)=\frac{1}{2}n\{2a+(n-1)d\}$$

である。これらの等式から公差 $d$ と項数 $N$ を求める。

(2) 公差が負なので，$n$ の値が大きくなるにつれて $a_n$ の値は小さくなる。
$a_n$ の値が負になる直前まで加えたものが，$S_n$ の最大値になる。

### ! 解き方

(1) 公差を $d$，項数を $N$ とすると

$$98=8+(N-1)d \quad \cdots\cdots①$$

$$1643=\frac{1}{2}N(8+98) \quad \cdots\cdots②$$

①，②を解いて　$N=31$，$d=3$

したがって

$$a_n=8+(n-1)\cdot 3=\mathbf{3n+5} \quad \cdots 答$$

(2) $a_n=45+(n-1)\cdot(-7)=-7n+52$

$-7n+52>0$ とすると　$n<\dfrac{52}{7}=7.4\cdots$

よって，$S_n$ が最大となる $n$ の値は

$\mathbf{n=7}$ …答

$a_7=3$ なので，最大値は

$$S_7=\frac{1}{2}\cdot 7\cdot(45+3)=\mathbf{168} \quad \cdots 答$$

課題学習

# 調和数列

『2 等差数列』のまとめの最後に，調和数列の例を 2 つだけ示しました。ここでは，もう少しくわしくこの数列について見てみることにしましょう。

調和数列とは「各項の逆数の数列が等差数列となっている数列」のことです。まず，その 2 つの例から見てみましょう。

(1) 数列 $\{a_n\}$ : $\frac{1}{1}$, $\frac{1}{2}$, $\frac{1}{3}$, $\frac{1}{4}$, … について

各項の逆数の数列 $\{b_n\}$ : 1, 2, 3, 4, … は，初項 1，公差 1 の等差数列で，一般項は $b_n=n$

よって，数列 $\{a_n\}$ は調和数列で $a_n=\frac{1}{b_n}=\frac{1}{n}$

(2) 数列 $\{a_n\}$ : $\frac{1}{3}$, $\frac{1}{5}$, $\frac{1}{7}$, $\frac{1}{9}$, … について

各項の逆数の数列 $\{b_n\}$ : 3, 5, 7, 9, … は，初項 3，公差 $5-3=2$ の等差数列で，一般項は

$b_n=3+(n-1)\cdot 2=2n+1$

よって，数列 $\{a_n\}$ は調和数列で $a_n=\frac{1}{b_n}=\frac{1}{2n+1}$

次に，初項と第 2 項が与えられた調和数列の一般項を求めてみましょう。

数列 $\{a_n\}$ : $\frac{4}{3}$, $\frac{5}{4}$, … が調和数列であるとします。(2)と同様に考えると，各項の逆数の数列 $\{b_n\}$ : $\frac{3}{4}$, $\frac{4}{5}$, … は等差数列で，初項 $\frac{3}{4}$，公差 $\frac{4}{5}-\frac{3}{4}=\frac{16-15}{20}=\frac{1}{20}$ より

$b_n=\frac{3}{4}+(n-1)\cdot\frac{1}{20}=\frac{n+14}{20}$ 　　よって $a_n=\frac{1}{b_n}=\frac{20}{n+14}$

**[参考]** 一般に，初項が $\alpha$，第 2 項が $\beta$ である調和数列 $\{a_n\}$ の一般項を考えてみましょう。

各項の逆数の数列 $\{b_n\}$ : $\frac{1}{\alpha}$, $\frac{1}{\beta}$, … は等差数列で，初項 $\frac{1}{\alpha}$，公差 $\frac{1}{\beta}-\frac{1}{\alpha}=\frac{\alpha-\beta}{\alpha\beta}$ より

$b_n=\frac{1}{\alpha}+(n-1)\cdot\frac{\alpha-\beta}{\alpha\beta}=\frac{\beta+(n-1)(\alpha-\beta)}{\alpha\beta}=\frac{(\alpha-\beta)n-\alpha+2\beta}{\alpha\beta}$

よって $a_n=\frac{1}{b_n}=\frac{\alpha\beta}{(\alpha-\beta)n-\alpha+2\beta}$ ……①

**[問題]** 数列 $\{a_n\}$ : 3, $\frac{1}{3}$, … が調和数列であるとき，①を使って，一般項 $a_n$ を求めよ。

また，第 5 項 $a_5$ を求めよ。 （解答→ p.8）

1～3の

# 確認テストの解答

0　20　40　60　80　100

もう一度最初から　合格

合格点：60点

点

問題 → 本冊 p.10～11

わからなければ 1 へ

## 1

次の数列の規則性を考えて，□内に適当な数を入れよ。　（各8点　計32点）

(1) 2，5，8，11，□，17，…

隣り合う2項の差が3で一定である。

したがって　□ $=11+3=\mathbf{14}$　…答

[注意]　規則性を見つけて，その性質を言葉で表すことが大切である。

(2) 1，3，9，27，□，243，…

隣り合う2項の比は3で一定である。

したがって　□ $=27\times3=\mathbf{81}$　…答

(3) $\frac{1}{2}$，$\frac{3}{4}$，$\frac{5}{8}$，$\frac{7}{16}$，□，$\frac{11}{64}$，…

分母は隣り合う2項の比が2で一定。分子は差が2で一定。

したがって　□ $=\frac{7+2}{16\times2}=\mathbf{\frac{9}{32}}$　…答

(4) 2，1，$\frac{2}{3}$，$\frac{1}{2}$，□，$\frac{1}{3}$，…

分子が2となる分数で表すと　$\frac{2}{1}$，$\frac{2}{2}$，$\frac{2}{3}$，$\frac{2}{4}$，□，$\frac{2}{6}$，…

したがって　□ $=\mathbf{\frac{2}{5}}$　…答

[参考]　逆数の数列が，等差数列となることから求めてもよい。

わからなければ 2 へ

## 2

第5項が $-5$，第9項が7であるような等差数列 $\{a_n\}$ について，次の問いに答えよ。　（各10点　計20点）

(1) 58は第何項か。

初項を $a$，公差を $d$ とすると　$a_5=a+4d=-5$，$a_9=a+8d=7$

これを解いて　$d=3$，$a=-17$　　よって　$a_n=-17+(n-1)\cdot3=3n-20$

ここで，$3n-20=58$ とおくと　$n=26$

したがって，58は　**第26項**　…答

(2) 項の値が初めて100より大きくなるのは第何項か。

(1)より，$a_n=3n-20>100$ とする。

$3n>120$　　$n>40$　　したがって　**第41項**　…答

わからなければ 2 へ

**3** 等差数列になる3数の和が $-6$，積が10であるとき，この3数を求めよ。（12点）

公差を $d$ とし，第2項を $b$ とすれば，3数は $b-d$，$b$，$b+d$ となる。

よって $\begin{cases}(b-d)+b+(b+d)=-6 & \cdots\cdots① \\ (b-d)\cdot b\cdot(b+d)=10 & \cdots\cdots②\end{cases}$

①より，$b=-2$ となり，②に代入すると $(-2-d)(-2)(-2+d)=10$

$4-d^2=-5$ より $d^2=9$ $d=\pm3$

$d=\pm3$ のどちらの場合も，3数は $\mathbf{-5,\ -2,\ 1}$ …答

わからなければ 2 へ

**4** 初項3，公差2の等差数列 $\{a_n\}$ と，初項5，公差3の等差数列 $\{b_n\}$ がある。$c_n=a_n+b_n$ とおくとき，数列 $\{c_n\}$ は等差数列となることを示し，その初項と公差を求めよ。（12点）

［証明］ $a_n=3+(n-1)\cdot2=2n+1$，$b_n=5+(n-1)\cdot3=3n+2$ である。

したがって $c_n=(2n+1)+(3n+2)=5n+3$

$c_{n+1}-c_n=\{5(n+1)+3\}-(5n+3)=5$（一定）

よって，数列 $\{c_n\}$ は等差数列である。［証明終わり］

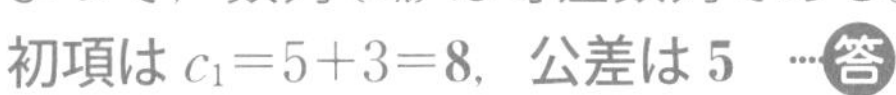

**初項は** $c_1=5+3=\mathbf{8}$，**公差は 5** …答

わからなければ 3 へ

**5** 初項から第5項までの和が95，第6項から第10項までの和が195である等差数列の一般項を求めよ。（12点）

初項を $a$，公差を $d$ とする。また，一般項を $a_n$ とする。

$a_n=a+(n-1)d$ である。

したがって $95=\frac{1}{2}\cdot5\cdot(a_1+a_5)$，$195=\frac{1}{2}\cdot5\cdot(a_6+a_{10})$

よって $38=a+(a+4d)$，$78=(a+5d)+(a+9d)$

これを解いて $d=4$，$a=11$

したがって $\boldsymbol{a_n}=11+(n-1)\cdot4=\mathbf{4n+7}$ …答

わからなければ 3 へ

**6** 1から100までの自然数で，3の倍数の和を求めよ。（12点）

1から100までの自然数で3の倍数を小さい順に並べると，初項3，公差3の等差数列となる。

その一般項は $a_n=3+(n-1)\cdot3=3n$

さらに，1から100までなので $a_n=3n\leqq99$ $n\leqq33$

よって $S_{33}=\frac{1}{2}\cdot33\cdot(3+99)=\mathbf{1683}$ …答

類題の解答

## 4 等比数列

本冊 p.13

次の問いに答えよ。
(1) 初項が 5，第 4 項が $-135$ である等比数列 $\{a_n\}$ の一般項を求めよ。
(2) 等比数列になる 3 数の和が $-3$，積が 8 であるとき，この 3 数を求めよ。

**考え方**

(1) 初項 $a$，公比 $r$ の等比数列の一般項は

$$a_n=ar^{n-1}$$

であるので，この性質を利用する。

(2) 3 数 $a$，$b$，$c$ がこの順で等比数列である
$\iff b^2=ac$
また，3 数が等比数列となる 3 数は次のように表すことができる。ただし，$r$ $(r\neq0)$ を公比とする。

- $a$，$ar$，$ar^2$
- $\dfrac{b}{r}$，$b$，$br$
- $\dfrac{c}{r^2}$，$\dfrac{c}{r}$，$c$

出題の形によって，うまくあてはまる形を利用する。

**解き方**

(1) 公比を $r$ とすると，$a_n=5r^{n-1}$ である。
よって　$a_4=5r^{4-1}=-135$
　$r^3=-27$
$r$ は実数なので　$r=-3$
したがって　$a_n=5\cdot(-3)^{n-1}$ …
$a_n=-5\cdot3^{n-1}$ ではないので注意

(2) 公比を $r$ $(r\neq0)$ として，3 数を $\dfrac{b}{r}$，$b$，$br$ とおく。
和が $-3$，積が 8 であるので

$$\frac{b}{r}+b+br=-3 \quad \cdots\cdots①$$

$$\frac{b}{r}\cdot b\cdot br=8 \quad \cdots\cdots②$$

②より　$b^3=8$
$b$ は実数なので　$b=2$
①に代入して　$\dfrac{2}{r}+2+2r=-3$
両辺に $r$ を掛けて　$2+2r+2r^2=-3r$
$2r^2+5r+2=0$ より

$$(2r+1)(r+2)=0$$

$$r=-\frac{1}{2},\ -2$$

どちらの場合も 3 数は
　$-1$，$2$，$-4$ …

課題学習「調和数列」($p.5$)

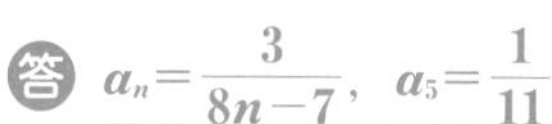
答 $a_n=\dfrac{3}{8n-7}$，$a_5=\dfrac{1}{11}$

## 5　等比数列の和

本冊 p.15

第3項が12，初項から第3項までの和が9である等比数列の初項と公比を求めよ。

**? 考え方**

初項 $a$，公比 $r$ の等比数列では

$$a_n=ar^{n-1},\ S_n=\begin{cases} na & (r=1) \\ a\cdot\dfrac{r^n-1}{r-1} & (r\neq 1)\end{cases}$$

3数 $a$，$b$，$c$ がこの順で等比数列のとき

$b^2=ac$

この考え方を用いる方法もある。

**! 解き方**

初項を $a$，公比を $r$ とおく。

第3項が12なので　$ar^2=12$　……①

初項から第3項までの和が9なので

$a+ar+ar^2=a(r^2+r+1)=9$　……②

①より　$r\neq 0$

①，②より，$a$ を消去すると

$\dfrac{12}{r^2}(r^2+r+1)=9$

$4(r^2+r+1)=3r^2$

$(r+2)^2=0$　　$r=-2$

①より　$a=3$

よって，初項は3，公比は $-2$ …答

[別解]

等比数列は $a$，$b$，12 とおくことができる。

$a+b+12=9$

また，$b^2=12a$ なので，$b$ を消去して

$(-a-3)^2=12a$

$a^2-6a+9=0$　　$(a-3)^2=0$

よって　$a=3$ …答　……(初項)

$b=-a-3=-6$

$\dfrac{b}{a}=\dfrac{-6}{3}=-2$ …答　……(公比)

## 6　和の記号Σ

本冊 p.17

次の問いに答えよ。

(1) 次のΣで書かれた和を求めよ。

① $\sum_{k=1}^{4}(2k-1)$　　② $\sum_{i=1}^{3}(n+i)i$

(2) 次の和をΣを用いて表せ。ただし，$\sum_{k=1}^{n}a_k$ の形とする。

$1+4+9+16+25+\cdots$　(第 $n$ 項まで)

**? 考え方**

$$\sum_{k=1}^{n}a_k=a_1+a_2+a_3+\cdots+a_n$$

この式の意味は，Σの下側にある $k=1$ から上側にある $k=n$ まで $k$ を1つずつ増しながら代入した $a_k$ をすべて加えるということである。

また，$\sum_{k=1}^{n}a_k$ では，$k$ には，1から $n$ までの値を代入するので，$k$ は普通の変数のようにはならないことに注意する。

**! 解き方**

(1) ① $\sum_{k=1}^{4}(2k-1)$

$=(2\cdot1-1)+(2\cdot2-1)+(2\cdot3-1)+(2\cdot4-1)$

$=1+3+5+7=16$ …答

② $\sum_{i=1}^{3}(n+i)i$

$=(n+1)\cdot1+(n+2)\cdot2+(n+3)\cdot3$

$=n+1+2n+4+3n+9$

$=6n+14$ …答

(2) $\{a_n\}$：1，4，9，16，25，…

とすると，$a_n=n^2$ となっている。

Σで表すときに使う文字は $k$ で，和の最後の項は $n^2$ なので　$\sum_{k=1}^{n}k^2$ …答

# 4～6の確認テストの解答

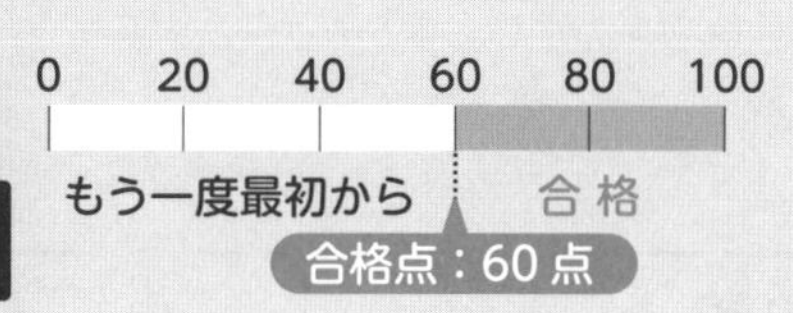


点

問題 → 本冊 p.18～19

わからなければ 4 へ

**1** 第4項が2，第7項が16である等比数列 $\{a_n\}$ について，一般項を求めよ。また，128は第何項か答えよ。（各10点　計20点）

初項を $a$，公比を $r$ とすると，$a_n=ar^{n-1}$ であり　$a_4=ar^3=2$，$a_7=ar^6=16$

よって　$r^3=8$　　$r$ は実数なので　$r=2$

したがって，$a\cdot 2^3=2$ より　$a=\dfrac{1}{4}$　　$\boldsymbol{a_n}=\dfrac{1}{4}\cdot 2^{n-1}=2^{-2}\cdot 2^{n-1}=\boldsymbol{2^{n-3}}$　…答

$a_n=128$ とすると，$2^{n-3}=2^7$ なので　$n-3=7$　　$n=10$

よって，128は　**第10項**　…答

わからなければ 4 へ

**2** 等比数列になる3数の和が9，積が $-216$ であるとき，この3数を求めよ。（10点）

公比を $r$ $(r\neq 0)$ とし，第2項を $b$ とおけば，3数は $\dfrac{b}{r}$，$b$，$br$ と表せる。

積が $-216$ なので，$\dfrac{b}{r}\times b\times br=-216$ より　$b^3=(-6)^3$

$b$ は実数なので　$b=-6$

また，和が9なので　$\dfrac{-6}{r}-6-6r=9$　　$-2-2r-2r^2=3r$

$2r^2+5r+2=0$　　$(2r+1)(r+2)=0$　　$r=-\dfrac{1}{2}$，$-2$

どちらの場合も3数は　**3，−6，12**　…答

わからなければ 5 へ

**3** 初項が2，末項が162，和が122であるような等比数列の公比と項数を求めよ。（各10点　計20点）

公比を $r$，項数を $N$ とする。$a_N=162$，$S_N=122$ である。

まず，$2\cdot r^{N-1}=162$ より　$r^{N-1}=81$　……①　　よって　$r^N=81r$

次に，①より $r\neq 1$ なので，$2\cdot\dfrac{r^N-1}{r-1}=122$ より　$r^N-1=61r-61$

$81r-1=61r-61$ より　$r=-3$

①に代入し　$(-3)^{N-1}=81=(-3)^4$

$N-1=4$ より　$N=5$

よって，**公比 −3，項数 5**　…答

わからなければ 5 へ

**4** 初項が 3，第 4 項が 24 の等比数列 $\{a_n\}$ の一般項を求めよ。さらに，$a_n$ が 2 桁の自然数となる項のすべての和を求めよ。（各 10 点　計 20 点）

公比を $r$ とすると，$a_n=3r^{n-1}$ である。

$a_4=3r^3=24$ より　$r^3=8$　　$r$ は実数なので，$r=2$ となる。

よって，一般項は　$\boldsymbol{a_n=3\cdot 2^{n-1}}$ …答

すべての自然数 $n$ に対して $a_n$ は自然数である。

$10\leqq a_n\leqq 99$ とすると　$10\leqq 3\cdot 2^{n-1}\leqq 99$　　$\dfrac{10}{3}\leqq 2^{n-1}\leqq 33$

$\dfrac{10}{3}=3.3\cdots$ なので　$2\leqq n-1\leqq 5$　　よって　$3\leqq n\leqq 6$

求める和は　$S_6-S_2=3\cdot\dfrac{2^6-1}{2-1}-3\cdot\dfrac{2^2-1}{2-1}=189-9=\boldsymbol{180}$ …答

↑ $a_3+a_4+a_5+a_6=3(2^2+2^3+2^4+2^5)=3\cdot 60=180$ でもよい

わからなければ 5 へ

**5** 第 3 項が 16，第 5 項が 64 である等比数列を $\{a_n\}$ とするとき，初項から第 8 項までの和を求めよ。（10 点）

初項を $a$，公比を $r$ とすると $a_n=ar^{n-1}$ であり　$a_3=ar^2=16$，$a_5=ar^4=64$

ゆえに　$r^2=4$　　よって　$r=\pm 2$

(ア) $r=2$ のとき　$a=4$　　$a_n=4\cdot 2^{n-1}$

$$\sum_{k=1}^{8}a_k=4\cdot\frac{2^8-1}{2-1}=4\cdot 255=1020$$

(イ) $r=-2$ のとき　$a=4$　　$a_n=4\cdot(-2)^{n-1}$

$$\sum_{k=1}^{8}a_k=4\cdot\frac{1-(-2)^8}{1-(-2)}=4\cdot\left(-\frac{255}{3}\right)=-340$$

$\begin{cases}\text{公比が 2 のとき} & \mathbf{1020}\\ \text{公比が }-2\text{ のとき} & \mathbf{-340}\end{cases}$ …答

わからなければ 6 へ

**6** $\Sigma$ を用いて表された次の和を，$a_1+a_2+a_3+\cdots+a_n$ の形に書き直せ。（各 10 点　計 20 点）

(1) $\displaystyle\sum_{k=0}^{n}2^k$

$=2^0+2^1+2^2+\cdots+2^n$

$\boldsymbol{=1+2+2^2+\cdots+2^n}$ …答

(2) $\displaystyle\sum_{i=1}^{n}ni$

$=n\cdot 1+n\cdot 2+n\cdot 3+\cdots+n\cdot n$

$\boldsymbol{=n+2n+3n+\cdots+n^2}$ …答

類題の解答

## 7 いろいろな数列の和

本冊 p.21

次の問いに答えよ。

(1) 和 $S=\sum_{k=1}^{n}k(2k-1)$ を求めよ。

(2) $\dfrac{1}{(3k-2)(3k+1)}$

$=\dfrac{1}{3}\left(\dfrac{1}{3k-2}-\dfrac{1}{3k+1}\right)$ を利用して,

和 $T=\sum_{k=1}^{n}\dfrac{1}{(3k-2)(3k+1)}$ を求めよ。

### ? 考え方

(1) 和の公式

$\sum_{k=1}^{n}1=n,\ \sum_{k=1}^{n}k=\dfrac{1}{2}n(n+1),$

$\sum_{k=1}^{n}k^2=\dfrac{1}{6}n(n+1)(2n+1),$

$\sum_{k=1}^{n}k^3=\dfrac{1}{4}n^2(n+1)^2$

を利用して，計算をうまく進める。

(2) 与えられた変形をすることで

ペアで 0

$(a_1-a_2)+(a_2-a_3)+\cdots+(a_n-a_{n+1})$

$=a_1-a_{n+1}$

のように計算できる。

### ! 解き方

(1) $S=\sum_{k=1}^{n}(2k^2-k)$

$=2\times\dfrac{1}{6}n(n+1)(2n+1)-\dfrac{1}{2}n(n+1)$

$=\dfrac{1}{6}n(n+1)\{2(2n+1)-3\}$

$=\mathbf{\dfrac{1}{6}n(n+1)(4n-1)}$ …答

(2) $T=\sum_{k=1}^{n}\dfrac{1}{(3k-2)(3k+1)}$

$=\dfrac{1}{3}\sum_{k=1}^{n}\left(\dfrac{1}{3k-2}-\dfrac{1}{3k+1}\right)$

ペアで 0

$=\dfrac{1}{3}\left\{\left(\dfrac{1}{1}-\dfrac{1}{4}\right)+\left(\dfrac{1}{4}-\dfrac{1}{7}\right)\right.$

$\left.+\left(\dfrac{1}{7}-\dfrac{1}{10}\right)+\cdots+\left(\dfrac{1}{3n-2}-\dfrac{1}{3n+1}\right)\right\}$

$=\dfrac{1}{3}\left(1-\dfrac{1}{3n+1}\right)=\mathbf{\dfrac{n}{3n+1}}$ …答

## 8 階差数列

本冊 p.23

次の問いに答えよ。

(1) 数列 $-10,\ -9,\ -6,\ -1,\ 6,\ 15,\ \cdots$ の一般項を求めよ。

(2) ある数列 $\{a_n\}$ の初項から第 $n$ 項までの和 $S_n$ が $S_n=(n+1)^2$ で表されるとき，一般項を求めよ。

### ? 考え方

(1) $b_n=a_{n+1}-a_n\ (n\geqq 1)$ であるとき，
$n\geqq 2$ ならば $a_n=a_1+\sum_{k=1}^{n-1}b_k$ である。

(2) $a_1=S_1$，$n\geqq 2$ のとき，$a_n=S_n-S_{n-1}$ という性質を用いて $a_n$ を $n$ の式で表す。

(1)，(2)とも，$n=1$ と $n\geqq 2$ のとき，$a_n$ を表す式が同じ式で書けるかどうかを確認する。

### ! 解き方

(1) この数列を $\{a_n\}$ とおき，その階差数列を $\{b_n\}$ とする。

$\{b_n\}$：1, 3, 5, 7, 9, …
↑初項 1，公差 2 の等差数列

よって　$b_n=1+(n-1)\cdot 2=2n-1$

$n\geqq 2$ のとき

$$a_n=-10+\sum_{k=1}^{n-1}(2k-1)$$
$$=-10+2\cdot\frac{1}{2}(n-1)\cdot n-(n-1)$$
$$=n^2-2n-9$$

$a_1=-10$ なので，$n\geqq 1$ のとき

$a_n=\underline{n^2-2n-9}$ …答

(2) まず　$a_1=S_1=(1+1)^2=4$

次に，$n\geqq 2$ のとき

$$a_n=S_n-S_{n-1}=(n+1)^2-(n-1+1)^2$$
$$=n^2+2n+1-n^2=2n+1$$

この式で $n=1$ のとき　$2\cdot 1+1=3$

よって　$a_n=\begin{cases}4\ (n=1)\\ 2n+1\ (n\geqq 2)\end{cases}$ …

## 9 群に分けられた数列

本冊 p.25

正の偶数を，次のように第 $n$ 群の項数が $2n$ となるように分ける。

2, 4 | 6, 8, 10, 12 | 14, 16, 18, 20, 22, 24 | …

(1) 第 $n$ 群の最初の項を求めよ。

(2) 第 $n$ 群の $2n$ 個の項の和 $S_n$ を求めよ。

### ? 考え方

○○|○○○○|…|○○○…○|◎○…○|…

第1群　第2群　第 $n-1$ 群　第 $n$ 群（↑最初の項）

第1群から第 $n-1$ 群までの全部の項の数より1つ大きい番号が，第 $n$ 群の最初の項の番号になっている。このアイデアが「群に分けられた数列」を考える基本である。

第1群から第 $n$ 群までのすべての項数を $T(n)$ とすると，第 $n$ 群の最初の項の番号は $T(n-1)+1$ である。問題によって $T(n)$ の式は変化するが，この考え方は変わらない。

### ! 解き方

(1) もとの数列 $\{a_n\}$ の一般項は　$a_n=2n$

第1群から第 $n$ 群までのすべての項数を $T(n)$ とすると

$$T(n)=2+4+6+\cdots+2n$$
$$=\frac{1}{2}n(2+2n)=n(n+1)$$

よって，第 $n$ 群の最初の項は

$$a_{T(n-1)+1}=2\{T(n-1)+1\}$$
$$=2\{(n-1)n+1\}$$
$$=\underline{2n^2-2n+2}$$ …答

(2) $S_n$ は初項 $2n^2-2n+2$，公差 2，項数 $2n$ の等差数列の和である。

$$S_n=\frac{1}{2}\cdot 2n\{2(2n^2-2n+2)+(2n-1)\cdot 2\}$$
$$=2n(2n^2+1)=\underline{4n^3+2n}$$ …答

# 7〜9の確認テストの解答

0　20　40　60　80　100
もう一度最初から　合格
合格点：60点
点

問題 → 本冊 p.26〜27

わからなければ 7 へ

**1** 次の数列の初項から第 $n$ 項までの和 $S_n$ を求めよ。　(各10点　計20点)

(1) $2\cdot1,\ 4\cdot3,\ 6\cdot5,\ 8\cdot7,\ \cdots$

この数列 $\{a_n\}$ の一般項は

$a_n=2n(2n-1)$

$$S_n=\sum_{k=1}^{n}2k(2k-1)=\sum_{k=1}^{n}(4k^2-2k)$$
$$=4\cdot\frac{1}{6}n(n+1)(2n+1)-2\cdot\frac{1}{2}n(n+1)$$
$$=\frac{1}{3}n(n+1)\{2(2n+1)-3\}$$
$$=\boldsymbol{\frac{1}{3}n(n+1)(4n-1)}$$ …答

(2) $1^2\cdot3,\ 2^2\cdot5,\ 3^2\cdot7,\ 4^2\cdot9,\ \cdots$

この数列 $\{a_n\}$ の一般項は

$a_n=n^2(2n+1)$

$$S_n=\sum_{k=1}^{n}k^2(2k+1)=\sum_{k=1}^{n}(2k^3+k^2)$$
$$=2\cdot\frac{1}{4}n^2(n+1)^2+\frac{1}{6}n(n+1)(2n+1)$$
$$=\frac{1}{6}n(n+1)\{3n(n+1)+2n+1\}$$
$$=\boldsymbol{\frac{1}{6}n(n+1)(3n^2+5n+1)}$$ …答

わからなければ 7 へ

**2** $\dfrac{1}{1\cdot3}+\dfrac{1}{2\cdot4}+\dfrac{1}{3\cdot5}+\cdots+\dfrac{1}{n(n+2)}$ を求めよ。　(12点)

$\dfrac{1}{n(n+2)}=\dfrac{1}{2}\left(\dfrac{1}{n}-\dfrac{1}{n+2}\right)$ なので，求める和を $S_n$ とすると

$$S_n=\frac{1}{2}\left\{\left(1-\frac{1}{3}\right)+\left(\frac{1}{2}-\frac{1}{4}\right)+\left(\frac{1}{3}-\frac{1}{5}\right)+\cdots+\left(\frac{1}{n}-\frac{1}{n+2}\right)\right\}$$
$$=\frac{1}{2}\left(1+\frac{1}{2}-\frac{1}{n+1}-\frac{1}{n+2}\right)=\frac{1}{2}\left\{\frac{3}{2}-\frac{2n+3}{(n+1)(n+2)}\right\}$$
$$=\frac{1}{2}\cdot\frac{3(n+1)(n+2)-2(2n+3)}{2(n+1)(n+2)}=\boldsymbol{\frac{3n^2+5n}{4(n+1)(n+2)}}$$ …答

わからなければ 8 へ

**3** 数列 $\{a_n\}$：1, 2, 6, 15, 31, 56, …について，次の問いに答えよ。

(各10点　計20点)

(1) 数列 $\{a_n\}$ の階差数列 $\{b_n\}$ の一般項を求めよ。

$\{b_n\}$：1, 4, 9, 16, 25, …なので　$\boldsymbol{b_n=n^2}$ …答

(2) 数列 $\{a_n\}$ の一般項を求めよ。

$n\geqq2$ のとき

$$a_n=a_1+\sum_{k=1}^{n-1}b_k=1+\sum_{k=1}^{n-1}k^2=1+\frac{1}{6}(n-1)n(2n-1)=\frac{1}{6}(2n^3-3n^2+n+6)$$

これは $n=1$ のときも成り立つ。よって　$\boldsymbol{a_n=\frac{1}{6}(2n^3-3n^2+n+6)}$ …答

わからなければ 8 へ

**4** 数列 $\{a_n\}$ の初項から第 $n$ 項までの和 $S_n$ が $S_n=3^n-1$ で表されるとき，一般項を求めよ。 (12点)

$a_1=S_1=3^1-1=2$
$n \geqq 2$ のとき

$$a_n=S_n-S_{n-1}=3^n-1-(3^{n-1}-1)=(3-1)\cdot 3^{n-1}=2\cdot 3^{n-1}$$

これは $n=1$ のときも成り立つので　$\boldsymbol{a_n=2\cdot 3^{n-1}}$ …答

わからなければ 9 へ

**5** 次のように自然数を1から順に並べ，第 $n$ 群が $3^{n-1}$ 個の自然数を含むように群に分ける。

1 | 2, 3, 4 | 5, 6, 7, 8, 9, 10, 11, 12, 13 | …

このとき，次の問いに答えよ。 (各12点　計36点)

(1) 第 $n$ 群の最初の項を求めよ。

もとの自然数の列を $\{a_n\}$ とすると　$a_n=n$
第1群から第 $n$ 群までのすべての項数を $T(n)$ とすると

$$T(n)=1+3+3^2+\cdots+3^{n-1}=\frac{3^n-1}{2}$$

よって，第 $n$ 群の最初の項は

$$a_{T(n-1)+1}=T(n-1)+1=\frac{3^{n-1}-1}{2}+1=\boldsymbol{\frac{3^{n-1}+1}{2}}$$ …答

(2) 第 $n$ 群に含まれるすべての自然数の和を求めよ。

初項が $\frac{3^{n-1}+1}{2}$，公差1，項数 $3^{n-1}$ の等差数列の和であるから

$$\frac{1}{2}\cdot 3^{n-1}\left\{2\cdot\frac{3^{n-1}+1}{2}+(3^{n-1}-1)\cdot 1\right\}$$
$$=\frac{1}{2}\cdot 3^{n-1}(3^{n-1}+1+3^{n-1}-1)=\boldsymbol{3^{2n-2}}$$ …答

(3) 250は第何群の何番目の項か。

第 $n-1$ 群の最後の項は $\frac{3^{n-1}-1}{2}$，第 $n$ 群の最後の項は $\frac{3^n-1}{2}$

250が第 $n$ 群に含まれるとすると，$\frac{3^{n-1}-1}{2}<250\leqq\frac{3^n-1}{2}$ より　$3^{n-1}<501\leqq 3^n$

$3^5=243$，$3^6=729$ より　$n=6$

第1群から第5群までのすべての項数は $\frac{3^5-1}{2}=121$，また $250-121=129$ なので，250は**第6群の129番目の項** …答

第1章 数列

類題の解答

## 10 漸化式

本冊 p.29

次の漸化式で表された数列の一般項を求めよ。
(1) $a_1=3,\ a_{n+1}=2a_n+1$
(2) $a_1=4,\ a_{n+1}=2a_n-3$

### ? 考え方

$$a_{n+1}=pa_n+q\ (p\neq1,\ q\neq0)$$

を，$a_n-\alpha=b_n$ とおくことで

$$b_{n+1}=pb_n$$

と変形し，等比数列 $\{b_n\}$ の問題に帰着させることで，数列 $\{a_n\}$ の一般項を求める。
「帰着」という用語は，「船が母港に帰着する」などと用いられるが，数学では難しい問題をおき換えなどの手法でよりカンタンな問題に変化させるときに用いる。

### ! 解き方

(1) $a_n=b_n+\alpha$ とおくと　$a_{n+1}=b_{n+1}+\alpha$
よって　$b_{n+1}+\alpha=2(b_n+\alpha)+1$
$$b_{n+1}=2b_n+\alpha+1$$
$\alpha+1=0$ とすると　$\alpha=-1$
$$b_{n+1}=2b_n$$
$$b_1=a_1-\alpha=3-(-1)=4$$
したがって，数列 $\{b_n\}$ は初項 4，公比 2 の等比数列であるので
$$b_n=4\cdot2^{n-1}=2^{n+1}$$
よって　$\boldsymbol{a_n}=b_n+\alpha=\boldsymbol{2^{n+1}-1}$ …

**[別解]**
方程式 $\alpha=2\alpha+1$ の解 $\alpha=-1$ を使って，
$a_{n+1}=2a_n+1$ を変形すると
$$a_{n+1}+1=2(a_n+1)$$
数列 $\{a_n+1\}$ は，初項 $a_1+1=4$，公比 2 の等比数列であるので
$$a_n+1=4\cdot2^{n-1}=2^{n+1}$$
よって　$\boldsymbol{a_n=2^{n+1}-1}$ …答

(2) $a_n=b_n+\alpha$ とおくと　$a_{n+1}=b_{n+1}+\alpha$
よって　$b_{n+1}+\alpha=2(b_n+\alpha)-3$
$$b_{n+1}=2b_n+\alpha-3$$
$\alpha-3=0$ とすると　$\alpha=3$
$$b_{n+1}=2b_n$$
$$b_1=a_1-\alpha=4-3=1$$
したがって，数列 $\{b_n\}$ は初項 1，公比 2 の等比数列であるので
$$b_n=1\cdot2^{n-1}=2^{n-1}$$
よって　$\boldsymbol{a_n}=b_n+\alpha=\boldsymbol{2^{n-1}+3}$ …

**[別解]**
方程式 $\alpha=2\alpha-3$ の解 $\alpha=3$ を使って，
$a_{n+1}=2a_n-3$ を変形すると
$$a_{n+1}-3=2(a_n-3)$$
数列 $\{a_n-3\}$ は，初項 $a_1-3=1$，公比 2 の等比数列であるので
$$a_n-3=1\cdot2^{n-1}=2^{n-1}$$
よって　$\boldsymbol{a_n=2^{n-1}+3}$ …

**[参考]** (1)，(2)の **[別解]** では，特性方程式の解を使って，一気に式変形を行っている。慣れたらこのような解答を書くようにしよう。

## 11 数学的帰納法

本冊 p.31

$1\cdot2\cdot3+2\cdot3\cdot4+3\cdot4\cdot5+\cdots+n(n+1)(n+2)$
$=\frac{1}{4}n(n+1)(n+2)(n+3)$
を証明せよ。

### 考え方

自然数 $n$ に対する命題 $P(n)$ について，数学的帰納法の流れは，次のようになる。

(Ⅰ) $P(1)$ が成り立つことを示す。
(Ⅱ) ある自然数 $k$ について $P(k)$ が成り立つことを仮定し，$P(k+1)$ が成り立つことを示す。

### 解き方

[証明] $1\cdot2\cdot3+2\cdot3\cdot4+3\cdot4\cdot5+\cdots+n(n+1)(n+2)$
$=\frac{1}{4}n(n+1)(n+2)(n+3)$ ……①
とする。

(Ⅰ) $n=1$ のとき
(①の左辺)$=1\cdot2\cdot3=6$
(①の右辺)$=\frac{1}{4}\cdot1\cdot2\cdot3\cdot4=6$
ゆえに，①は成り立つ。

(Ⅱ) $n=k$ のとき，①が成り立つと仮定すると
$1\cdot2\cdot3+2\cdot3\cdot4+3\cdot4\cdot5+\cdots+k(k+1)(k+2)$
$=\frac{1}{4}k(k+1)(k+2)(k+3)$ ……②
$n=k+1$ のときの①を示す。
(①の左辺)
$=1\cdot2\cdot3+2\cdot3\cdot4+\cdots+k(k+1)(k+2)+(k+1)(k+2)(k+3)$
$=\frac{1}{4}k(k+1)(k+2)(k+3)$ ←②を使う
$+(k+1)(k+2)(k+3)$
$=\frac{1}{4}(k+1)(k+2)(k+3)(k+4)$
$=$(①の右辺)

よって，$n=k+1$ のときも①は成り立つ。
(Ⅰ)，(Ⅱ)より，すべての自然数 $n$ について，①が成り立つ。 [証明終わり]

**[参考]** ここで扱ったのは数学的帰納法の最も基本的なタイプである。応用型として，次のようなものもある。
自然数 $n$ に対する命題を $P(n)$ とするとき，

・応用型(その1)
(Ⅰ) $P(1)$ と $P(2)$ が成り立つことを示す。
(Ⅱ) ある自然数 $k$ について，$P(k)$ と $P(k+1)$ が成り立つことを仮定し，$P(k+2)$ が成り立つことを示す。

・応用型(その2)
(Ⅰ) $P(1)$ が成り立つことを示す。
(Ⅱ) ある自然数 $k$ について，$P(1)$，$P(2)$，$P(3)$，…，$P(k)$ が成り立つことを仮定し，$P(k+1)$ が成り立つことを示す。

# 10～11の確認テストの解答

0　20　40　60　80　100

もう一度最初から　合格

合格点：60点

点

問題 → 本冊 p.32～33

わからなければ 10 へ

**1** $a_1=1$，$a_{n+1}=3a_n+4$ で定義された数列 $\{a_n\}$ の一般項を求めよ。また，初項から第 $n$ 項までの和 $S_n$ を求めよ。（各9点　計18点）

方程式 $\alpha=3\alpha+4$ の解 $\alpha=-2$ を使って，$a_{n+1}=3a_n+4$ を変形すると

$$a_{n+1}+2=3(a_n+2)$$

数列 $\{a_n+2\}$ は，初項 $a_1+2=3$，公比3の等比数列なので

$a_n+2=3\cdot3^{n-1}=3^n$　　よって　$\boldsymbol{a_n=3^n-2}$ …答

$$S_n=\sum_{k=1}^{n}(3^k-2)=\sum_{k=1}^{n}3^k-\sum_{k=1}^{n}2=3\cdot\frac{3^n-1}{3-1}-2n=\boldsymbol{\frac{3^{n+1}-4n-3}{2}}$$ …答

わからなければ 10 へ

**2** $a_1=1$，$a_{n+1}=a_n+2^n+3$ について，次の問いに答えよ。（各9点　計18点）

(1) $a_{n+1}-a_n=b_n$ とおく。$b_n$ を $n$ の式で表せ。

$a_{n+1}=a_n+2^n+3$ より　$a_{n+1}-a_n=2^n+3$

よって　$\boldsymbol{b_n=2^n+3}$ …答

(2) $a_n$ を $n$ の式で表せ。

$n\geqq2$ のとき　$a_n=a_1+\sum_{k=1}^{n-1}(2^k+3)=1+2\cdot\frac{2^{n-1}-1}{2-1}+3(n-1)=2^n+3n-4$

これは $n=1$ のときも成り立つので　$\boldsymbol{a_n=2^n+3n-4}$ …答

わからなければ 11 へ

**3** すべての自然数 $n$ について，$4^n-1$ は3の倍数になることを示せ。（16点）

［証明］

(Ⅰ) $n=1$ のとき，$4^n-1=4-1=3$ となり，3の倍数になる。

(Ⅱ) $n=k$ のとき，$4^n-1$ が3の倍数と仮定すると，$4^k-1=3m$（$m$ は整数）と書ける。これより，$4^k=3m+1$ であるから

$$4^{k+1}-1=4\cdot4^k-1=4(3m+1)-1=12m+3=3(4m+1)$$

$4m+1$ は整数なので，$4^{k+1}-1$ は3の倍数になる。

(Ⅰ)，(Ⅱ)より，すべての自然数 $n$ について，$4^n-1$ は3の倍数になる。

［証明終わり］

わからなければ 11 へ

**4** $n$ を自然数とする。次の等式を数学的帰納法を用いて示せ。

$$\frac{1}{1\cdot 2}+\frac{1}{2\cdot 3}+\frac{1}{3\cdot 4}+\cdots+\frac{1}{n(n+1)}=\frac{n}{n+1} \quad \cdots\cdots ①$$

(20 点)

[証明]

(Ⅰ) $n=1$ のとき

(①の左辺)$=\frac{1}{1\cdot 2}=\frac{1}{2}$　(①の右辺)$=\frac{1}{1+1}=\frac{1}{2}$　よって，①は成り立つ。

(Ⅱ) $n=k$ のとき，①が成り立つと仮定すると

$$\frac{1}{1\cdot 2}+\frac{1}{2\cdot 3}+\frac{1}{3\cdot 4}+\cdots+\frac{1}{k(k+1)}=\frac{k}{k+1}$$

$n=k+1$ のとき，①が成り立つことを示す。

(①の左辺)$=\frac{1}{1\cdot 2}+\frac{1}{2\cdot 3}+\frac{1}{3\cdot 4}+\cdots+\frac{1}{k(k+1)}+\frac{1}{(k+1)(k+2)}$

$=\frac{k}{k+1}+\frac{1}{(k+1)(k+2)}=\frac{k(k+2)+1}{(k+1)(k+2)}=\frac{(k+1)^2}{(k+1)(k+2)}=\frac{k+1}{k+2}$

$=$(①の右辺)

よって，$n=k+1$ のときも①は成り立つ。

(Ⅰ)，(Ⅱ)より，すべての自然数 $n$ について①は成り立つ。　[証明終わり]

わからなければ 10，11 へ

**5** 漸化式 $a_1=1$，$a_{n+1}=\frac{a_n}{1+a_n}$ で定められる数列 $\{a_n\}$ がある。　(各 14 点　計 28 点)

(1) $a_2$，$a_3$，$a_4$ を求め，$a_n$ を推定せよ。

$a_2=\frac{1}{1+1}=\frac{1}{2}$，$a_3=\frac{\frac{1}{2}}{1+\frac{1}{2}}=\frac{1}{3}$，$a_4=\frac{\frac{1}{3}}{1+\frac{1}{3}}=\frac{1}{4}$

よって，$\boldsymbol{a_n=\frac{1}{n}}$ と推定できる。 …答

(2) (1)で推定した $a_n$ が正しいことを示せ。

[証明]　$a_n=\frac{1}{n}$　……①とする。

(Ⅰ) $n=1$ のとき，$a_1=1$ となり，①は成り立つ。

(Ⅱ) $n=k$ のとき，①が成り立つと仮定すると　$a_k=\frac{1}{k}$

$a_{k+1}=\frac{a_k}{1+a_k}=\frac{\frac{1}{k}}{1+\frac{1}{k}}=\frac{1}{k+1}$　よって，$n=k+1$ のときも①は成り立つ。

(Ⅰ)，(Ⅱ)より，すべての自然数 $n$ について，$a_n=\frac{1}{n}$ が成り立つ。　[証明終わり]

類題の解答

## 12 確率分布

本冊 p.35

上の例題(1)と同じ袋から4個の玉を同時に取り出すとき，青玉の個数$Z$の確率分布を求めよ。

**考え方**

合計7個の玉から同時に4個取り出すとき，青玉は3個しかないので，$Z=0,\ 1,\ 2,\ 3$であることに注意する。

**解き方**

確率変数$Z$のとり得る値は，$Z=0,\ 1,\ 2,\ 3$である。

$$P(Z=0)=\frac{{}_4C_4}{{}_7C_4}=\frac{1}{35}$$

$$P(Z=1)=\frac{{}_3C_1\cdot{}_4C_3}{{}_7C_4}=\frac{12}{35}$$

$$P(Z=2)=\frac{{}_3C_2\cdot{}_4C_2}{{}_7C_4}=\frac{18}{35}$$

$$P(Z=3)=\frac{{}_3C_3\cdot{}_4C_1}{{}_7C_4}=\frac{4}{35}$$

| $Z$ | 0 | 1 | 2 | 3 | 計 |
|---|---|---|---|---|---|
| $P$ | $\frac{1}{35}$ | $\frac{12}{35}$ | $\frac{18}{35}$ | $\frac{4}{35}$ | 1 |

**[補足]**　類題の袋から同時に4個取り出すことを，袋に3個残すことと考えると，取り出した青玉の個数$Z$と，袋に残った青玉の個数$X$の間には，$X+Z=3$の関係が成り立つ。
このとき，

$$P(X=0)=P(Z=3)$$
$$P(X=1)=P(Z=2)$$
$$P(X=2)=P(Z=1)$$
$$P(X=3)=P(Z=0)$$

であるから，本問は本質的に例題(1)と同じ問題であることがわかる。

## 13 確率変数の平均・分散・標準偏差

本冊 p.37

袋の中に，[0]，[1]，[2]，[3]の4枚のカードがある。この袋から1枚のカードを取り出し，書かれている数を記録してカードを袋にもどす。これを2回繰り返し，記録された2つの数の小さくない方を$X$とする。確率変数$X$の平均$E(X)$，分散$V(X)$，標準偏差$\sigma(X)$を求めよ。

**考え方**

$V(X)=E(X^2)-\{E(X)\}^2$を利用するとよい。

**解き方**

1回目に記録された数を$a$，2回目に記録された数を$b$とし，それらに対する$X$の値の表を作り，確率分布を求めると，次のようになる。

| $a$＼$b$ | 0 | 1 | 2 | 3 |
|---|---|---|---|---|
| 0 | 0 | 1 | 2 | 3 |
| 1 | 1 | 1 | 2 | 3 |
| 2 | 2 | 2 | 2 | 3 |
| 3 | 3 | 3 | 3 | 3 |

| $X$ | 0 | 1 | 2 | 3 | 計 |
|---|---|---|---|---|---|
| $P$ | $\frac{1}{16}$ | $\frac{3}{16}$ | $\frac{5}{16}$ | $\frac{7}{16}$ | 1 |

$$E(X)=0\times\frac{1}{16}+1\times\frac{3}{16}+2\times\frac{5}{16}+3\times\frac{7}{16}$$
$$=\frac{34}{16}=\frac{17}{8}\quad\cdots\text{答}$$

$$E(X^2)=0^2\times\frac{1}{16}+1^2\times\frac{3}{16}+2^2\times\frac{5}{16}+3^2\times\frac{7}{16}$$
$$=\frac{86}{16}=\frac{43}{8}$$

$$V(X)=E(X^2)-\{E(X)\}^2$$
$$=\frac{43}{8}-\left(\frac{17}{8}\right)^2=\frac{55}{64}\quad\cdots\text{答}$$

$$\sigma(X)=\sqrt{V(X)}=\frac{\sqrt{55}}{8}\quad\cdots\text{答}$$

[参考]　$V(X)=E(X^2)-\{E(X)\}^2$ の証明

分散を求める公式

$$V(X)=E(X^2)-\{E(X)\}^2$$

を証明しておこう。

[証明]

確率変数 $X$ は，次の確率分布に従うものとする。

| $X$ | $x_1$ | $x_2$ | $\cdots$ | $x_n$ | 計 |
|---|---|---|---|---|---|
| $P$ | $p_1$ | $p_2$ | $\cdots$ | $p_n$ | 1 |

$E(X)=m$ とすると

$$\sum_{i=1}^{n} p_i=1$$

$$m=E(X)=\sum_{i=1}^{n} x_i p_i$$

$$E(X^2)=\sum_{i=1}^{n} x_i^2 p_i$$

である。

分散は，偏差の2乗の平均であるから

$$\begin{aligned}V(X)&=\sum_{i=1}^{n}(x_i-m)^2 p_i\\&=\sum_{i=1}^{n}(x_i^2-2mx_i+m^2)p_i\\&=\sum_{i=1}^{n}x_i^2p_i-2m\sum_{i=1}^{n}x_ip_i+m^2\sum_{i=1}^{n}p_i\\&=E(X^2)-2m\cdot m+m^2\cdot 1\\&=E(X^2)-m^2\\&=E(X^2)-\{E(X)\}^2\end{aligned}$$

[証明終わり]

## 14 確率変数 $aX+b$ の平均・分散・標準偏差

本冊 p.39

$E(X)=\dfrac{5}{3}$，$V(X)=\dfrac{4}{9}$ である確率変数 $X$ について，次の確率変数の平均，分散，標準偏差を求めよ。

(1) $Y=3X-1$　　(2) $Z=-2X+4$

### ? 考え方

$$E(aX+b)=aE(X)+b$$
$$V(aX+b)=a^2V(X)$$
$$\sigma(aX+b)=|a|\sigma(X)$$

を利用するとよい。

### ! 解き方

(1) $E(Y)=E(3X-1)=3E(X)-1$

$=3\times\dfrac{5}{3}-1=4$ …答

$V(Y)=V(3X-1)=3^2V(X)$

$=9\times\dfrac{4}{9}=4$ …答

また，$\sigma(X)=\sqrt{V(X)}=\dfrac{2}{3}$ より

$\sigma(Y)=\sigma(3X-1)=|3|\sigma(X)$

$=3\times\dfrac{2}{3}=2$ …答

[別解]　$\sigma(Y)=\sqrt{V(Y)}=2$ …答

(2) $E(Z)=E(-2X+4)=-2E(X)+4$

$=-2\times\dfrac{5}{3}+4=\dfrac{2}{3}$ …答

$V(Z)=V(-2X+4)=(-2)^2V(X)$

$=4\times\dfrac{4}{9}=\dfrac{16}{9}$ …答

$\sigma(Z)=\sigma(-2X+4)=|-2|\sigma(X)$

$=2\times\dfrac{2}{3}=\dfrac{4}{3}$ …答

[別解]　$\sigma(Z)=\sqrt{V(Z)}=\dfrac{4}{3}$ …答

# 12 ～ 14 の 確認テストの解答

点

問題 → 本冊 p.40～41

わからなければ 12 へ

**1** 1枚の硬貨(こうか)を3回続けて投げる試行において，表の出る回数を $X$ とするとき，$X$ の確率分布を求めよ。 (10点)

$X$ のとり得る値は，$X=0$，1，2，3である。

$$P(X=0)=\frac{{}_3C_0}{2^3}=\frac{1}{8} \qquad P(X=1)=\frac{{}_3C_1}{2^3}=\frac{3}{8}$$

$$P(X=2)=\frac{{}_3C_2}{2^3}=\frac{3}{8}$$

$$P(X=3)=\frac{{}_3C_3}{2^3}=\frac{1}{8}$$

答

| $X$ | 0 | 1 | 2 | 3 | 計 |
|---|---|---|---|---|---|
| $P$ | $\frac{1}{8}$ | $\frac{3}{8}$ | $\frac{3}{8}$ | $\frac{1}{8}$ | 1 |

わからなければ 12 へ

**2** 白玉3個と黒玉3個が入っている袋(ふくろ)から，同時に2個の玉を取り出し，その中の白玉の個数を $X$ とするとき，$X$ の確率分布を求めよ。 (15点)

$X$ のとり得る値は，$X=0$，1，2である。

$$P(X=0)=\frac{{}_3C_2}{{}_6C_2}=\frac{3}{15}=\frac{1}{5} \qquad P(X=1)=\frac{{}_3C_1\cdot{}_3C_1}{{}_6C_2}=\frac{3\cdot3}{15}=\frac{3}{5}$$

$$P(X=2)=\frac{{}_3C_2}{{}_6C_2}=\frac{3}{15}=\frac{1}{5}$$

答

| $X$ | 0 | 1 | 2 | 計 |
|---|---|---|---|---|
| $P$ | $\frac{1}{5}$ | $\frac{3}{5}$ | $\frac{1}{5}$ | 1 |

わからなければ 12 へ

**3** A，B 2個のさいころを投げるとき，出た目の和 $X$ の確率分布を求めよ。 (15点)

A，Bの出た目とその和 $X$ の表を作ると，次のようになる。

| A＼B | 1 | 2 | 3 | 4 | 5 | 6 |
|---|---|---|---|---|---|---|
| 1 | 2 | 3 | 4 | 5 | 6 | 7 |
| 2 | 3 | 4 | 5 | 6 | 7 | 8 |
| 3 | 4 | 5 | 6 | 7 | 8 | 9 |
| 4 | 5 | 6 | 7 | 8 | 9 | 10 |
| 5 | 6 | 7 | 8 | 9 | 10 | 11 |
| 6 | 7 | 8 | 9 | 10 | 11 | 12 |

| $X$ | 2 | 3 | 4 | 5 | 6 | 7 |
|---|---|---|---|---|---|---|
| $P$ | $\frac{1}{36}$ | $\frac{2}{36}$ | $\frac{3}{36}$ | $\frac{4}{36}$ | $\frac{5}{36}$ | $\frac{6}{36}$ |

| 8 | 9 | 10 | 11 | 12 | 計 |
|---|---|---|---|---|---|
| $\frac{5}{36}$ | $\frac{4}{36}$ | $\frac{3}{36}$ | $\frac{2}{36}$ | $\frac{1}{36}$ | 1 |

わからなければ 13 へ

**4** 袋の中に 1, 2, 3, 4 の 4 枚のカードがある。この 4 枚から 2 枚を無作為(むさくい)に取り出し，カードに書かれた 2 数の和を $X$ とする。確率変数 $X$ の平均，分散，標準偏差を求めよ。 (各 10 点　計 30 点)

$X$ のとり得る値は，最小が $1+2=3$，最大が $3+4=7$ なので　$X=3,\ 4,\ 5,\ 6,\ 7$
2 枚のカードの取り出し方は　${}_4C_2=6$（通り）

和が 3 → 1 と 2　　和が 4 → 1 と 3
和が 5 → 1 と 4，2 と 3
和が 6 → 2 と 4　　和が 7 → 3 と 4

| $X$ | 3 | 4 | 5 | 6 | 7 | 計 |
|---|---|---|---|---|---|---|
| $P$ | $\frac{1}{6}$ | $\frac{1}{6}$ | $\frac{2}{6}$ | $\frac{1}{6}$ | $\frac{1}{6}$ | 1 |

$X$ の確率分布は，右のようになるから

$$E(X)=3\times\frac{1}{6}+4\times\frac{1}{6}+5\times\frac{2}{6}+6\times\frac{1}{6}+7\times\frac{1}{6}=\frac{30}{6}=\mathbf{5}$$ …答

また　$E(X^2)=3^2\times\frac{1}{6}+4^2\times\frac{1}{6}+5^2\times\frac{2}{6}+6^2\times\frac{1}{6}+7^2\times\frac{1}{6}=\frac{160}{6}=\frac{80}{3}$

よって　$V(X)=E(X^2)-\{E(X)\}^2=\frac{80}{3}-5^2=\mathbf{\frac{5}{3}}$ …答

$$\sigma(X)=\sqrt{V(X)}=\sqrt{\frac{5}{3}}=\mathbf{\frac{\sqrt{15}}{3}}$$ …答

[別解]　$V(X)=(3-5)^2\times\frac{1}{6}+(4-5)^2\times\frac{1}{6}+(5-5)^2\times\frac{2}{6}+(6-5)^2\times\frac{1}{6}+(7-5)^2\times\frac{1}{6}$

$$=\frac{4+1+0+1+4}{6}=\frac{10}{6}=\mathbf{\frac{5}{3}}$$ …答

わからなければ 14 へ

**5** 確率変数 $X$ に対して，$m=E(X)$，$s=\sqrt{V(X)}$ とおく。このとき，確率変数 $Z=\frac{X-m}{s}$ の平均 $E(Z)$ と分散 $V(Z)$ を求めよ。 (各 15 点　計 30 点)

$Z=\frac{1}{s}X-\frac{m}{s}$，$V(X)=s^2$ であるから

$$E(Z)=E\left(\frac{1}{s}X-\frac{m}{s}\right)=\frac{1}{s}E(X)-\frac{m}{s}=\frac{m}{s}-\frac{m}{s}=\mathbf{0}$$ …答

$$V(Z)=V\left(\frac{1}{s}X-\frac{m}{s}\right)=\left(\frac{1}{s}\right)^2V(X)=\frac{1}{s^2}\cdot s^2=\mathbf{1}$$ …答

[参考]　確率変数 $X$ を $Z=\frac{X-m}{s}$ で変換することを，「標準化」という。
本冊 $p.52$ の「19　正規分布」で学習する。

類題の解答

## 15 確率変数の和の平均

本冊 p.43

1枚の硬貨を4回投げて表が出た回数を $X$ とするとき，$X$ の平均を求めよ。

**考え方**

確率変数 $X_i$ $(i=1, 2, 3, 4)$ の値を，$i$ 回目に表が出たら1，裏が出たら0とすると，$X=X_1+X_2+X_3+X_4$ となることを利用する。

**解き方**

確率変数 $X_i$ $(i=1, 2, 3, 4)$ の値を，$i$ 回目に表が出たら1，裏が出たら0とすると，$X_i$ の分布は右のようになる。

| $X_i$ | 0 | 1 | 計 |
|---|---|---|---|
| $P$ | $\frac{1}{2}$ | $\frac{1}{2}$ | 1 |

このとき

$$E(X_i)=0\times\frac{1}{2}+1\times\frac{1}{2}=\frac{1}{2}$$

$X=X_1+X_2+X_3+X_4$ なので

$$E(X)=E(X_1)+E(X_2)+E(X_3)+E(X_4)$$
$$=\frac{1}{2}+\frac{1}{2}+\frac{1}{2}+\frac{1}{2}$$
$$=2$$ …答

## 16 独立な確率変数

本冊 p.45

例題の確率変数 $X$，$Y$ について，次の確率変数の平均を求めよ。

(1) $XY$　(2) $3X^2-Y$

**考え方**

$X$，$Y$ は独立であることを利用し，例題で得られた次の値を使って求める。

$$E(X)=3,\ E(X^2)=\frac{35}{3},\ E(Y)=7$$

**解き方**

(1) $X$，$Y$ は独立であるから

$$E(XY)=E(X)E(Y)$$
$$=3\times7$$
$$=21$$ …答

(2) $E(3X^2-Y)=3E(X^2)-E(Y)$

$$=3\times\frac{35}{3}-7$$
$$=35-7$$
$$=28$$ …答

**[参考]　独立な確率変数の和の分散**

独立な確率変数 $X$，$Y$ について，

$$E(X+Y)=E(X)+E(Y)$$
$$E(XY)=E(X)E(Y)$$

が成り立つことを用いて，

$$V(X+Y)=V(X)+V(Y)$$

となることを証明してみよう。

[証明]

分散は，

(2乗の平均)−(平均の2乗)

で求められるので

$$\begin{aligned}&V(X+Y)\\&=E((X+Y)^2)-\{E(X+Y)\}^2\\&=E(X^2+2XY+Y^2)-\{E(X)+E(Y)\}^2\\&=E(X^2)+2E(XY)+E(Y^2)\\&\quad-\{E(X)\}^2-2E(X)E(Y)-\{E(Y)\}^2\\&=E(X^2)-\{E(X)\}^2+E(Y^2)-\{E(Y)\}^2\\&=V(X)+V(Y)\end{aligned}$$

[証明終わり]

## 17 二項分布

本冊 p.47

AとBの2人でさいころを1個ずつ投げあって，出た目の大小で勝敗をつけるゲームを60回行う。ルールは，Aの目が大きいか2人の目が等しいときはAの勝ちとする。Aの勝つ回数の平均と分散を求めよ。

**? 考え方**

2人で1個ずつ，つまりさいころを2個投げるので，表を作ってAが勝つ確率を調べる。

**! 解き方**

Aが勝つ場合を○，Bが勝つ場合を×として勝敗を表にすると，次のようになる。

| A＼B | 1 | 2 | 3 | 4 | 5 | 6 |
|---|---|---|---|---|---|---|
| 1 | ○ | × | × | × | × | × |
| 2 | ○ | ○ | × | × | × | × |
| 3 | ○ | ○ | ○ | × | × | × |
| 4 | ○ | ○ | ○ | ○ | × | × |
| 5 | ○ | ○ | ○ | ○ | ○ | × |
| 6 | ○ | ○ | ○ | ○ | ○ | ○ |

1回のゲームでAが勝つ確率は

$$\frac{21}{36}=\frac{7}{12}$$

Aが勝つ回数を $X$ とすると，$X$ は二項分布 $B\left(60,\ \frac{7}{12}\right)$ に従うから

$$E(X)=60\times\frac{7}{12}=\mathbf{35}\quad\cdots\text{答}$$

$$\begin{aligned}V(X)&=60\times\frac{7}{12}\times\left(1-\frac{7}{12}\right)\\&=35\times\frac{5}{12}\\&=\frac{\mathbf{175}}{\mathbf{12}}\quad\cdots\text{答}\end{aligned}$$

第2章　統計的な推測

# 15～17の確認テストの解答

0 20 40 60 80 100
もう一度最初から　合格
合格点：60点

点

問題 → 本冊 p.48～49

わからなければ 15 へ

## 1

正しく作られていない2つのさいころ A，B を投げたときに出る目をそれぞれ $X$，$Y$ とする。それらの確率分布が次のようになっているとき，出た目の和 $X+Y$ の平均を求めよ。　（20点）

| $X$ | 1 | 2 | 3 | 4 | 5 | 6 | 計 |
|---|---|---|---|---|---|---|---|
| $P$ | $\frac{1}{4}$ | $\frac{1}{6}$ | $\frac{1}{12}$ | $\frac{1}{4}$ | $\frac{1}{6}$ | $\frac{1}{12}$ | 1 |

| $Y$ | 1 | 2 | 3 | 4 | 5 | 6 | 計 |
|---|---|---|---|---|---|---|---|
| $P$ | $\frac{1}{6}$ | $\frac{1}{3}$ | $\frac{1}{4}$ | $\frac{1}{12}$ | $\frac{1}{12}$ | $\frac{1}{12}$ | 1 |

$$E(X)=1\times\frac{1}{4}+2\times\frac{1}{6}+3\times\frac{1}{12}+4\times\frac{1}{4}+5\times\frac{1}{6}+6\times\frac{1}{12}=\frac{38}{12}=\frac{19}{6}$$

$$E(Y)=1\times\frac{1}{6}+2\times\frac{1}{3}+3\times\frac{1}{4}+4\times\frac{1}{12}+5\times\frac{1}{12}+6\times\frac{1}{12}=\frac{34}{12}=\frac{17}{6}$$

$$E(X+Y)=E(X)+E(Y)=\frac{19}{6}+\frac{17}{6}=\frac{36}{6}=\mathbf{6}$$ …答

わからなければ 16 へ

## 2

次の2つの試行 S，T における確率変数 $X$，$Y$ を考える。

S：袋(ふくろ)の中に，[0]，[1]，[2]，[3] の4枚のカードがある。この袋から1枚のカードを取り出し，書かれている数を記録してカードを袋にもどす。これを2回繰(く)り返し，記録された2つの数の和を $X$ とする。

T：2個のさいころを投げ，出た目の和を $Y$ とする。　（各10点　計40点）

(1) $E(X)$ と $E(Y)$ を求めよ。

確率変数 $X_i$ $(i=1,\ 2)$ の値を，$i$ 回目に取り出したカードに書かれた数とすると，$X=X_1+X_2$ である。

$$E(X_i)=0\times\frac{1}{4}+1\times\frac{1}{4}+2\times\frac{1}{4}+3\times\frac{1}{4}=\frac{0+1+2+3}{4}=\frac{6}{4}=\frac{3}{2}$$

$$E(X)=E(X_1)+E(X_2)=2E(X_1)=2\times\frac{3}{2}=\mathbf{3}$$ …答

同様に $E(Y)=2\left(1\times\frac{1}{6}+2\times\frac{1}{6}+3\times\frac{1}{6}+4\times\frac{1}{6}+5\times\frac{1}{6}+6\times\frac{1}{6}\right)=2\times\frac{21}{6}=\mathbf{7}$ …答

(2) $E(X+Y)$ と $E(XY)$ を求めよ。

$$E(X+Y)=E(X)+E(Y)=3+7=\mathbf{10}$$ …答

2つの試行 S，T は独立なので，確率変数 $X$，$Y$ は独立である。

よって　$E(XY)=E(X)E(Y)=3\times7=\mathbf{21}$ …答

わからなければ 16 へ

**3** Aの袋には[1]，[1]，[1]，[2]，[3]，[4]の6枚のカードが，Bの袋には[0]，[2]，[4]の3枚のカードが入っている。A，Bの袋から1枚ずつカードを取り出し，それらのカードに書かれた数をそれぞれ $X$，$Y$ とするとき，$X+Y$ の平均と分散を求めよ。 (各10点　計20点)

| $X$ | 1 | 2 | 3 | 4 | 計 |
| --- | --- | --- | --- | --- | --- |
| $P$ | $\frac{3}{6}$ | $\frac{1}{6}$ | $\frac{1}{6}$ | $\frac{1}{6}$ | 1 |

$$E(X)=1\times\frac{3}{6}+2\times\frac{1}{6}+3\times\frac{1}{6}+4\times\frac{1}{6}=\frac{12}{6}=2$$

$$E(X^2)=1^2\times\frac{3}{6}+2^2\times\frac{1}{6}+3^2\times\frac{1}{6}+4^2\times\frac{1}{6}$$

$$=\frac{32}{6}=\frac{16}{3}$$

$$V(X)=E(X^2)-\{E(X)\}^2=\frac{16}{3}-2^2=\frac{4}{3}$$

| $Y$ | 0 | 2 | 4 | 計 |
| --- | --- | --- | --- | --- |
| $P$ | $\frac{1}{3}$ | $\frac{1}{3}$ | $\frac{1}{3}$ | 1 |

$$E(Y)=0\times\frac{1}{3}+2\times\frac{1}{3}+4\times\frac{1}{3}=\frac{6}{3}=2$$

$$E(Y^2)=0^2\times\frac{1}{3}+2^2\times\frac{1}{3}+4^2\times\frac{1}{3}=\frac{20}{3}$$

$$V(Y)=E(Y^2)-\{E(Y)\}^2=\frac{20}{3}-2^2=\frac{8}{3}$$

よって　$E(X+Y)=E(X)+E(Y)=2+2=\mathbf{4}$ …答

また，2つの確率変数 $X$，$Y$ は独立であるから

$$V(X+Y)=V(X)+V(Y)=\frac{4}{3}+\frac{8}{3}=\frac{12}{3}=\mathbf{4}$$ …答

わからなければ 17 へ

**4** 袋の中に[0]，[0]，[1]，[1]，[1]の5枚のカードが入っている。この袋の中から3枚のカードを取り出し，それらのカードに書かれた数の合計を得点として記録し，カードを袋にもどす。これを2100回繰り返すとき，得点が2点以上となる回数を $X$ とする。確率変数 $X$ の平均と標準偏差を求めよ。 (各10点　計20点)

得点が2点以上となるのは，3枚とも[1]のとき，または2枚が[1]で1枚が[0]のときであるから，その確率は　$\frac{{}_3C_3}{{}_5C_3}+\frac{{}_3C_2\cdot{}_2C_1}{{}_5C_3}=\frac{1}{10}+\frac{3\cdot2}{10}=\frac{7}{10}$

確率変数 $X$ は，二項分布 $B\left(2100,\ \frac{7}{10}\right)$ に従うから

$$E(X)=2100\times\frac{7}{10}=\mathbf{1470}$$ …答

$V(X)=2100\times\frac{7}{10}\times\frac{3}{10}=21^2$ なので　$\sigma(X)=\sqrt{V(X)}=\mathbf{21}$ …答

類題の解答

## 18 連続型確率変数

本冊 p.51

次の関数 $f(x)$ が，確率変数 $X$ の確率密度関数となるように，定数 $k$ の値を定めよ。

(1) $f(x)=2kx\ \ (0\leqq x\leqq 4)$

(2) $f(x)=\dfrac{9}{7}x^2\ \ (k\leqq x\leqq 4k)$

**? 考え方**

$f(x)$ は確率密度関数であるから，$f(x)\geqq 0$ である。また，指定された全区間での定積分は 1 である。

**! 解き方**

(1) $f(x)$ は確率密度関数であるから

$$f(x)=2kx\geqq 0$$

$0\leqq x\leqq 4$ より，$k\geqq 0$ である。

また，$P(0\leqq X\leqq 4)=1$ で

$$\int_0^4 2kx\,dx=\Big[kx^2\Big]_0^4=16k$$

よって，$16k=1$ より　$\boldsymbol{k=\dfrac{1}{16}}$ …答

（これは，$k\geqq 0$ を満たす。）

(2) $\dfrac{9}{7}x^2\geqq 0$ であるから，$f(x)\geqq 0$ である。

また，$P(k\leqq X\leqq 4k)=1$ で

$$\int_k^{4k}\frac{9}{7}x^2\,dx=\left[\frac{3}{7}x^3\right]_k^{4k}$$

$$=\frac{192}{7}k^3-\frac{3}{7}k^3$$

$$=27k^3$$

よって，$27k^3=1$ より　$k^3=\dfrac{1}{27}$

$k$ は実数なので　$\boldsymbol{k=\dfrac{1}{3}}$ …答

## 19 正規分布

本冊 p.53

確率変数 $X$ が正規分布 $N(4,\ 3^2)$ に従うとき，正規分布表を使って，次の確率を求めよ。

(1) $P(X\leqq 7)$　　(2) $P(1\leqq X\leqq 10)$

**? 考え方**

確率変数 $X$ を，$Z=\dfrac{X-4}{3}$ と変換し，正規分布表を利用する。

また，$P(Z\leqq 0)=P(Z\geqq 0)=0.5$ である。

**! 解き方**

$Z=\dfrac{X-4}{3}$ とおくと，確率変数 $Z$ は標準正規分布 $N(0,\ 1)$ に従う。

(1) $X\leqq 7$ より　$\dfrac{X-4}{3}\leqq\dfrac{7-4}{3}$

よって　$Z\leqq 1$

$$P(X\leqq 7)=P(Z\leqq 1)$$
$$=P(Z\leqq 0)+P(0\leqq Z\leqq 1)$$
$$=0.5+p(1)$$
$$=0.5+0.34134$$
$$=\mathbf{0.84134}$$ …答

(2) $1\leqq X\leqq 10$ より

$$\frac{1-4}{3}\leqq\frac{X-4}{3}\leqq\frac{10-4}{3}$$

よって　$-1\leqq Z\leqq 2$

$$P(1\leqq X\leqq 10)$$
$$=P(-1\leqq Z\leqq 2)$$
$$=P(-1\leqq Z\leqq 0)+P(0\leqq Z\leqq 2)$$
$$=P(0\leqq Z\leqq 1)+P(0\leqq Z\leqq 2)$$
$$=p(1)+p(2)$$
$$=0.34134+0.47725$$
$$=\mathbf{0.81859}$$ …

**[参考]　連続型確率変数の性質**

連続型確率変数 $X$ の確率密度関数を $f(x)$ とすると，

$$P(X=a)=P(a\leqq X\leqq a)$$
$$=\int_a^a f(x)\,dx=0$$

となる。したがって

$$P(a\leqq X\leqq b)$$
$$=P(X=a)+P(a<X\leqq b)$$
$$=0+P(a<X\leqq b)$$
$$=P(a<X\leqq b)$$

同様にして，

$$P(a\leqq X\leqq b)=P(a<X\leqq b)$$
$$=P(a\leqq X<b)$$
$$=P(a<X<b)$$

が示される。

つまり，$X$ の値の範囲について，等号の有無は求める確率に影響しない。

**[参考]　$P(Z\leqq 0)$ と $P(Z\geqq 0)$ の値**

確率変数 $Z$ が標準正規分布 $N(0,\ 1)$ に従うとき，標準正規分布曲線を $y=f(z)$ とすると，$y=f(z)$ と $z$ 軸の間の面積は 1 であるから

$$P(Z\leqq 0)+P(Z\geqq 0)=1 \quad \cdots\cdots①$$

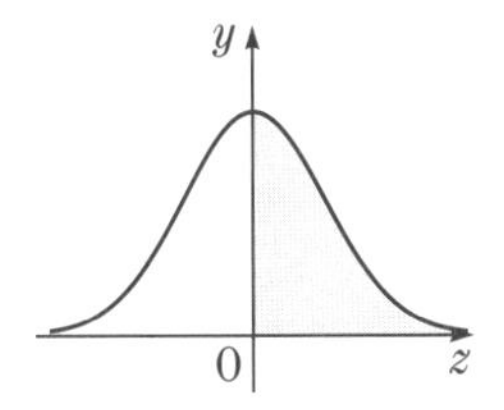


曲線 $y=f(z)$ が $y$ 軸対称であることから

$$P(Z\leqq 0)=P(Z\geqq 0) \quad \cdots\cdots②$$

①，②より，

$$P(Z\leqq 0)=P(Z\geqq 0)=0.5$$

となることがわかる。

## 20 二項分布と正規分布

本冊 p.55

さいころを 720 回投げて，1 の目が 150 回以上出る確率を求めよ。

**? 考え方**

1 の目が出る回数を $X$ とすると，$X$ は二項分布 $B\left(720,\ \frac{1}{6}\right)$ に従う。

**! 解き方**

1 の目が出る回数を $X$ とする。

さいころを 1 回投げて 1 の目が出る確率は $\frac{1}{6}$ であるから，$X$ は二項分布 $B\left(720,\ \frac{1}{6}\right)$ に従う。

$$E(X)=720\times\frac{1}{6}=120$$

$$V(X)=720\times\frac{1}{6}\times\frac{5}{6}=100=10^2$$

720 は十分大きいと考えられるから，$X$ は近似的に正規分布 $N(120,\ 10^2)$ に従うとみなせる。

さらに，$Z=\dfrac{X-120}{10}$ とおくと，$Z$ は近似的に標準正規分布 $N(0,\ 1)$ に従うとみなせる。

$X\geqq 150$ より　$\dfrac{X-120}{10}\geqq\dfrac{150-120}{10}$

よって　$Z\geqq 3$

したがって

$$P(X\geqq 150)=P(Z\geqq 3)$$
$$=P(Z\geqq 0)-P(0\leqq Z\leqq 3)$$
$$=0.5-p(3)$$
$$=0.5-0.49865$$
$$=\underline{0.00135} \quad \cdots 答$$

# 18～20の確認テストの解答

0　20　40　60　80　100
もう一度最初から　合格
合格点：60点

点

問題 → 本冊 p.56～57

わからなければ 18 へ

**1** 関数 $f(x)=k(x+1)$ $(0\leqq x\leqq 2)$ が，確率変数 $X$ の確率密度関数となるように，定数 $k$ の値を定めよ。また，$P\left(\frac{1}{2}\leqq X\leqq \frac{3}{2}\right)$ を求めよ。（各15点　計30点）

$f(x)$ は確率密度関数であるから，$f(x)=k(x+1)\geqq 0$ で，$0\leqq x\leqq 2$ より　$k\geqq 0$
また，$P(0\leqq X\leqq 2)=1$ で

$$\int_0^2 k(x+1)\,dx=k\left[\frac{1}{2}x^2+x\right]_0^2=k(2+2)=4k$$

よって，$4k=1$ より　$\boldsymbol{k=\frac{1}{4}}$ …答　（これは，$k\geqq 0$ を満たす。）

このとき，$f(x)=\frac{1}{4}(x+1)$ であるから

$$P\left(\frac{1}{2}\leqq X\leqq \frac{3}{2}\right)=\frac{1}{4}\int_{\frac{1}{2}}^{\frac{3}{2}}(x+1)\,dx=\frac{1}{4}\left[\frac{1}{2}x^2+x\right]_{\frac{1}{2}}^{\frac{3}{2}}$$

$$=\frac{1}{4}\left(\frac{9}{8}+\frac{3}{2}-\frac{1}{8}-\frac{1}{2}\right)=\boldsymbol{\frac{1}{2}}$$ …答

わからなければ 19 へ

**2** 確率変数 $X$ が正規分布 $N(5,\ 2^2)$ に従うとき，$P(X\leqq 10)$ を求めよ。（10点）

$Z=\frac{X-5}{2}$ とおくと，確率変数 $Z$ は標準正規分布 $N(0,\ 1)$ に従う。

$X\leqq 10$ より　$\frac{X-5}{2}\leqq\frac{10-5}{2}$　　よって　$Z\leqq 2.5$

$$P(X\leqq 10)=P(Z\leqq 2.5)$$
$$=P(Z\leqq 0)+P(0\leqq Z\leqq 2.5)$$
$$=0.5+p(2.5)$$
$$=0.5+0.49379$$
$$=\mathbf{0.99379}$$ …答

わからなければ 19 へ

**3** あるテストを 30000 人の学生が受験した。100 点満点で，平均が 59 点，標準偏差が 13.6 点であり，得点の分布は近似的に正規分布であった。90 点をとった学生は，およそ何百何十番であるか。 （30 点）

30000 人の学生のそれぞれの得点を $X$ とする。
題意より，$X$ は近似的に正規分布 $N(59,\ 13.6^2)$ に従うと考えてよい。
$Z=\dfrac{X-59}{13.6}$ とおくと，確率変数 $Z$ は近似的に標準正規分布 $N(0,\ 1)$ に従う。
$X \geqq 90$ のとき　$\dfrac{X-59}{13.6} \geqq \dfrac{90-59}{13.6}$　　よって　$Z \geqq 2.279\cdots$

$$P(X \geqq 90)=P(Z \geqq 2.28)=P(Z \geqq 0)-P(0 \leqq Z \leqq 2.28)=0.5-p(2.28)$$
$$=0.5-0.48870=0.01130$$

90 点以上の学生の割合が 0.01130 なので，人数は　$30000 \times 0.01130=339$（人）
よって　**およそ 340 番**　…答

わからなければ 20 へ

**4** [1]，[1]，[1]，[0]，[0]，[0] の 6 枚のカードから無作為（むさくい）に 3 枚カードを取り出し，[1] が多ければ勝ち，[0] が多ければ負けというゲームを，1 人 1 回ずつ 10000 人で行う。勝った人数を $X$ とするとき，次の問いに答えよ。 （各 10 点　計 30 点）

(1) 確率変数 $X$ の平均 $m$ と標準偏差 $\sigma$ を求めよ。

勝つのは，3 枚とも [1] のとき，または 2 枚が [1] で 1 枚が [0] のときであるから，その確率は　$\dfrac{{}_3C_3}{{}_6C_3}+\dfrac{{}_3C_2 \cdot {}_3C_1}{{}_6C_3}=\dfrac{1}{20}+\dfrac{3 \cdot 3}{20}=\dfrac{10}{20}=\dfrac{1}{2}$

よって，確率変数 $X$ は，二項分布 $B\left(10000,\ \dfrac{1}{2}\right)$ に従うから

$$m=E(X)=10000 \times \frac{1}{2}=\mathbf{5000}$$ …答

$\sigma^2=V(X)=10000 \times \dfrac{1}{2} \times \dfrac{1}{2}=2500$ なので　$\sigma=\sigma(X)=\sqrt{V(X)}=\mathbf{50}$ …答

(2) $P(4890 \leqq X \leqq 5080)$ を求めよ。

10000 は十分に大きいので，$X$ は近似的に正規分布 $N(5000,\ 50^2)$ に従う。
$Z=\dfrac{X-5000}{50}$ とおくと，確率変数 $Z$ は近似的に標準正規分布 $N(0,\ 1)$ に従う。
$4890 \leqq X \leqq 5080$ より　$\dfrac{4890-5000}{50} \leqq \dfrac{X-5000}{50} \leqq \dfrac{5080-5000}{50}$

よって　$-2.2 \leqq Z \leqq 1.6$

$$P(4890 \leqq X \leqq 5080)=P(-2.2 \leqq Z \leqq 1.6)$$
$$=P(-2.2 \leqq Z \leqq 0)+P(0 \leqq Z \leqq 1.6)=P(0 \leqq Z \leqq 2.2)+P(0 \leqq Z \leqq 1.6)$$
$$=p(2.2)+p(1.6)=0.48610+0.44520=\mathbf{0.93130}$$ …答

類題の解答

## 21 母集団とその分布

本冊 p.59

[-1], [0], [1], [2], [3] のカードが 100 枚ずつ，合計 500 枚のカードがある。この 500 枚のカードを母集団とし，取り出したカードに書かれている数を確率変数 $X$ とする。このとき，母集団分布，母平均 $m$，母分散 $\sigma^2$，母標準偏差 $\sigma$ を求めよ。

### ? 考え方

分布表をしっかりと作ることが肝要であり，そこからすべてが始まる。

### ! 解き方

500 枚のカードの中から 1 枚のカードを取り出すとき，$X=-1,\ 0,\ 1,\ 2,\ 3$ となる確率は，それぞれ $\frac{100}{500}=\frac{1}{5}$ であるから，母集団分布は次のようになる。

| $X$ | $-1$ | $0$ | $1$ | $2$ | $3$ | 計 |
|---|---|---|---|---|---|---|
| $P$ | $\frac{1}{5}$ | $\frac{1}{5}$ | $\frac{1}{5}$ | $\frac{1}{5}$ | $\frac{1}{5}$ | $1$ |

$$m=-1\times\frac{1}{5}+0\times\frac{1}{5}+1\times\frac{1}{5}+2\times\frac{1}{5}+3\times\frac{1}{5}=\frac{5}{5}=\underline{1}\quad\cdots答$$

$$E(X^2)=(-1)^2\times\frac{1}{5}+0^2\times\frac{1}{5}+1^2\times\frac{1}{5}+2^2\times\frac{1}{5}+3^2\times\frac{1}{5}=\frac{15}{5}=3$$

$$\sigma^2=E(X^2)-m^2=3-1^2=\underline{2}\quad\cdots答$$

$$\sigma=\underline{\sqrt{2}}\quad\cdots答$$

## 22 標本平均とその分布

本冊 p.61

ある高校の女子生徒全員の平均身長は，近似的に正規分布 $N(165,\ 4^2)$ に従っている。この母集団から大きさ 25 の標本を無作為に抽出する。この標本平均 $\overline{X}$ について，$164\leqq\overline{X}\leqq166$ となる確率を求めよ。

### ? 考え方

確率変数 $\overline{X}$ の分布を考え，標準化変換をして正規分布表を利用する。

### ! 解き方

母集団が，近似的に正規分布 $N(165,\ 4^2)$ に従い，ここから大きさ 25 の標本を無作為に抽出するから，

$$E(\overline{X})=E(X)=165$$

$$V(\overline{X})=\frac{4^2}{25}=\left(\frac{4}{5}\right)^2=0.8^2$$

より，標本平均 $\overline{X}$ は近似的に正規分布 $N(165,\ 0.8^2)$ に従うとみなしてよい。

$Z=\frac{\overline{X}-165}{0.8}$ とおくと，確率変数 $Z$ は近似的に標準正規分布 $N(0,\ 1)$ に従うとみなしてよい。

$164\leqq\overline{X}\leqq166$ より

$$\frac{164-165}{0.8}\leqq\frac{\overline{X}-165}{0.8}\leqq\frac{166-165}{0.8}$$

よって　$-1.25\leqq Z\leqq1.25$

$$\begin{aligned}P(164\leqq\overline{X}\leqq166)&=P(-1.25\leqq Z\leqq1.25)\\&=2\times P(0\leqq Z\leqq1.25)\\&=2\times p(1.25)\\&=2\times0.39435\\&=\underline{0.78870}\quad\cdots答\end{aligned}$$

| 課 | 題 | 学 | 習 |

# 中心極限定理

母平均 $m$，母分散 $\sigma^2$ である母集団から大きさ $n$ の標本を復元抽出するとき，$n$ を十分大きくすれば，もとの分布とは関係なく，標本平均 $\overline{X}$ の分布は正規分布 $N\left(m,\ \dfrac{\sigma^2}{n}\right)$ で近似される。これを中心極限定理といい，とても興味深いものである。証明は難しいので，具体的な例で確認してみよう。

[1] が 1 枚，[2] が 2 枚，[3] が 3 枚，[4] が 4 枚の合計 10 枚のカードから 1 枚を取り出す。取り出されたカードに書かれた数を確率変数 $X$ とする。

| $X$ | 1 | 2 | 3 | 4 | 計 |
|---|---|---|---|---|---|
| $P$ | $\dfrac{1}{10}$ | $\dfrac{2}{10}$ | $\dfrac{3}{10}$ | $\dfrac{4}{10}$ | 1 |

$X$ の分布は，右のようになる。このとき，

$$m=E(X)=3,\ \sigma^2=V(X)=1$$

となっている。

また，ヒストグラムは，右のようになる。このヒストグラムでは，4 つの長方形の面積の和は，確率の和に等しく 1 である。

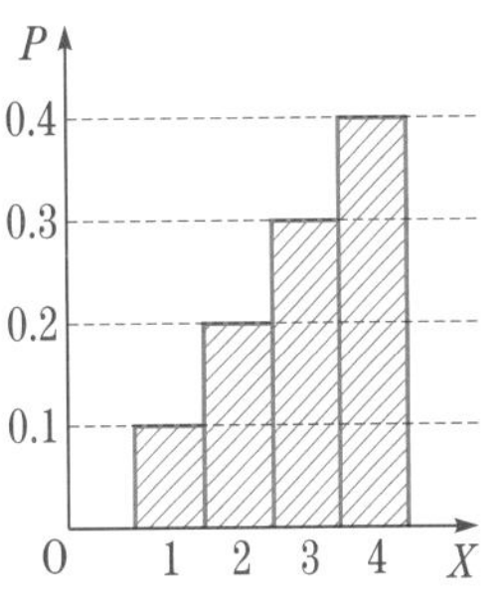


今，この母集団から大きさ 4 の標本を無作為に復元抽出する。可能な標本の取り出し方は，10 枚の中から 1 枚ずつ重複を許して 4 回取り出すから，$10^4=10000$ 通りである。これら 10000 通りの場合について標本平均 $\overline{X}$ をそれぞれ求め，その分布を調べると，右の表のようになる。

| $\overline{X}$ | $P$ |
|---|---|
| 1 | 0.0001 |
| 1.25 | 0.0008 |
| 1.5 | 0.0036 |
| 1.75 | 0.012 |
| 2 | 0.031 |
| 2.25 | 0.0648 |
| 2.5 | 0.1124 |
| 2.75 | 0.1608 |
| 3 | 0.1905 |
| 3.25 | 0.184 |
| 3.5 | 0.1376 |
| 3.75 | 0.0768 |
| 4 | 0.0256 |
| 計 | 1 |

この標本平均の分布を表すヒストグラムをかくとき，1 つの長方形の横の長さが 0.25 なので，面積の和を 1 にするために，縦の長さである確率の値を 4 倍する。

そして，正規分布 $N\left(3,\ \dfrac{1^2}{4}\right)$ の分布曲線と重ねて 2 つを比べてみると，とても似ていることがわかる。

確率変数 $X$ のヒストグラムは直角三角形のような形をしていたが，標本平均 $\overline{X}$ のヒストグラムは正規分布のようになっていることが確認できるであろう。

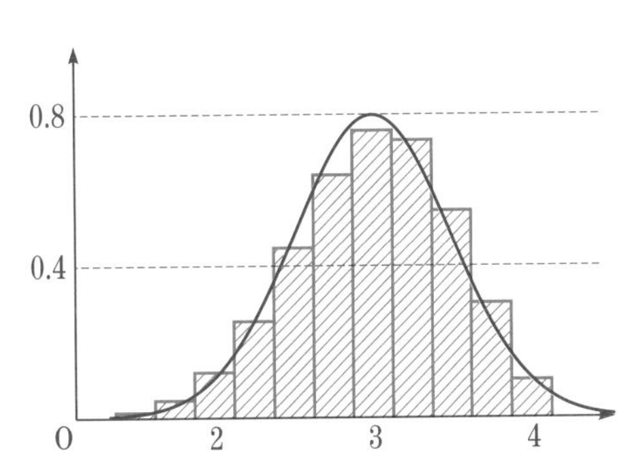

## 21～22の確認テストの解答

0 20 40 60 80 100
もう一度最初から　合格
合格点：60点

点

問題 → 本冊 p.62～63

わからなければ 21 へ

**1** ジョーカーを除いた52枚のトランプに，スペードは4点，ハートは2点，ダイヤは0点，クラブは2点と得点をつける。この52枚のカードを母集団とし，そこから1枚取り出したときのカードの得点を $X$ とするとき，母集団分布，母平均 $m$，母標準偏差 $\sigma$ をそれぞれ求めよ。 (各7点　計21点)

52枚のうち，0点が13枚，2点が26枚，4点が13枚ある。$\frac{13}{52}=\frac{1}{4}$，$\frac{26}{52}=\frac{1}{2}$ より，母集団分布は，右の表のようになる。

答

| $X$ | 0 | 2 | 4 | 計 |
|---|---|---|---|---|
| $P$ | $\frac{1}{4}$ | $\frac{1}{2}$ | $\frac{1}{4}$ | 1 |

$m=0\times\frac{1}{4}+2\times\frac{1}{2}+4\times\frac{1}{4}=0+1+1=\mathbf{2}$ …答

$\sigma^2=(0-2)^2\times\frac{1}{4}+(2-2)^2\times\frac{1}{2}+(4-2)^2\times\frac{1}{4}=1+0+1=2$　　$\boldsymbol{\sigma=\sqrt{2}}$ …答

［別解］ $E(X^2)=0^2\times\frac{1}{4}+2^2\times\frac{1}{2}+4^2\times\frac{1}{4}=0+2+4=6$ より

$\sigma^2=E(X^2)-\{E(X)\}^2=6-2^2=2$　　$\boldsymbol{\sigma=\sqrt{2}}$ …答

わからなければ 21 へ

**2** [1]のカードが4枚，[2]のカードが3枚，[3]のカードが2枚，[4]のカードが1枚，合計10枚のカードを母集団とし，そこから1枚のカードを取り出し，カードに書かれた数を確率変数 $X$ とする。 (各7点　計35点)

(1) 母集団分布，母平均 $E(X)$，母分散 $V(X)$ を求めよ。

母集団分布は，右の表のようになる。

答

| $X$ | 1 | 2 | 3 | 4 | 計 |
|---|---|---|---|---|---|
| $P$ | $\frac{4}{10}$ | $\frac{3}{10}$ | $\frac{2}{10}$ | $\frac{1}{10}$ | 1 |

$E(X)=1\times\frac{4}{10}+2\times\frac{3}{10}+3\times\frac{2}{10}+4\times\frac{1}{10}$

$=\frac{4+6+6+4}{10}=\mathbf{2}$ …答

$V(X)=(1-2)^2\times\frac{4}{10}+(2-2)^2\times\frac{3}{10}+(3-2)^2\times\frac{2}{10}+(4-2)^2\times\frac{1}{10}$

$=\frac{4+0+2+4}{10}=\mathbf{1}$ …答

(2) 1回取り出すごとにカードをもとにもどして，10回カードを取り出す。カードに書かれた数の合計を $Y$ とするとき，平均 $E(Y)$，分散 $V(Y)$ を求めよ。

$Y=10X$ となるから　$E(Y)=E(10X)=10E(X)=10\times2=\mathbf{20}$ …答

$V(Y)=V(10X)=10^2V(X)=100\times1=\mathbf{100}$ …答

わからなければ 22 へ

**3** 正規分布 $N(10,\ 2^2)$ に従う母集団から大きさ 25 の標本を抽出するとき，標本平均 $\overline{X}$ の分布を求めよ。また，$9.6 \leqq \overline{X} \leqq 10.4$ となる確率を求めよ。（各 7 点　計 14 点）

$V(\overline{X})=\dfrac{2^2}{25}=\left(\dfrac{2}{5}\right)^2=0.4^2$ であるから，$\overline{X}$ の分布は　**正規分布 $N(10,\ 0.4^2)$** …答

$Z=\dfrac{\overline{X}-10}{0.4}$ とおくと，確率変数 $Z$ は標準正規分布 $N(0,\ 1)$ に従う。

$9.6 \leqq \overline{X} \leqq 10.4$ のとき　$\dfrac{9.6-10}{0.4} \leqq \dfrac{\overline{X}-10}{0.4} \leqq \dfrac{10.4-10}{0.4}$　　よって　$-1 \leqq Z \leqq 1$

$$P(9.6 \leqq \overline{X} \leqq 10.4)=P(-1 \leqq Z \leqq 1)=2\times P(0 \leqq Z \leqq 1)=2\times p(1)$$
$$=2\times 0.34134=\mathbf{0.68268}$$ …答

わからなければ 22 へ

**4** ある工場で一定の期間に製造された部品 A を母集団とする。部品 A の稼動寿命は平均 2000 時間で，標準偏差 200 時間の正規分布に従っている。この母集団から無作為（むさくい）に 25 個を抽出するとき，それらの稼動寿命の標本平均を $\overline{X}$ とする。$\overline{X} \geqq 1950$ となる確率を求めよ。（10 点）

母集団が正規分布 $N(2000,\ 200^2)$ に従うから，$\dfrac{200^2}{25}=\left(\dfrac{200}{5}\right)^2=40^2$ より，$\overline{X}$ は正規分布 $N(2000,\ 40^2)$ に従う。

$Z=\dfrac{\overline{X}-2000}{40}$ とおくと，確率変数 $Z$ は標準正規分布 $N(0,\ 1)$ に従う。

$\overline{X} \geqq 1950$ のとき　$\dfrac{\overline{X}-2000}{40} \geqq \dfrac{1950-2000}{40}$　　よって　$Z \geqq -1.25$

$$P(\overline{X} \geqq 1950)=P(Z \geqq -1.25)=P(-1.25 \leqq Z \leqq 0)+P(Z \geqq 0)$$
$$=P(0 \leqq Z \leqq 1.25)+0.5=p(1.25)+0.5=0.39435+0.5=\mathbf{0.89435}$$ …答

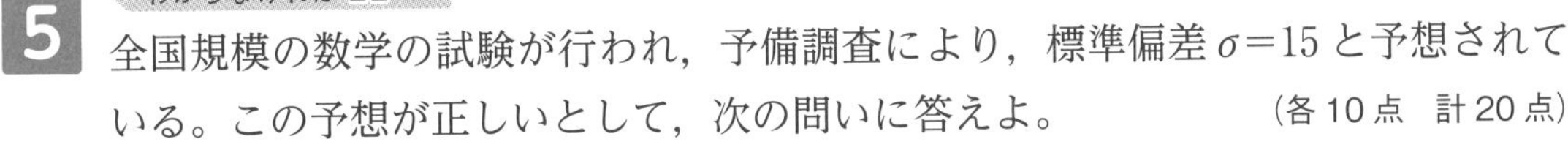

わからなければ 22 へ

**5** 全国規模の数学の試験が行われ，予備調査により，標準偏差 $\sigma=15$ と予想されている。この予想が正しいとして，次の問いに答えよ。（各 10 点　計 20 点）

(1) 100 人の受験者を無作為に抽出するとき，その標本平均 $\overline{X}$ の標準偏差を求めよ。

$V(\overline{X})=\dfrac{15^2}{100}=\left(\dfrac{15}{10}\right)^2=1.5^2$ より，$\overline{X}$ の標準偏差は　**1.5** …答

(2) 標本平均 $\overline{X}$ の標準偏差が 0.5 以下になる最小の標本数 $n$ を求めよ。

$V(\overline{X})=\dfrac{15^2}{n}$ なので，$\sigma=\sqrt{\dfrac{15^2}{n}} \leqq 0.5$ となればよい。

$\dfrac{15}{\sqrt{n}} \leqq 0.5$ より，$\sqrt{n} \geqq \dfrac{15}{0.5}=30$ なので　$n \geqq 30^2=900$

よって，最小の標本数は　$\boldsymbol{n=900}$ …答

類題の解答

## 23 母平均の推定

本冊 p.65

ある工場で大量に鉛筆を作っている。ある日，完成品の中から大きさ 25 の標本を抽出し，長さを測定したところ，平均値が 184mm であった。母分散が $\sigma^2=2^2$ とわかっているとき，母平均の信頼度 95 %の信頼区間を求めよ。

**? 考え方**

$n$ は標本の大きさで 25，母分散から母標準偏差 $\sigma=2$ がわかるので，$1.96\cdot\dfrac{\sigma}{\sqrt{n}}$ を求める。

**! 解き方**

$n=25$，$\sigma=2$ であるから

$$\begin{aligned}1.96\cdot\frac{\sigma}{\sqrt{n}}&=1.96\cdot\frac{2}{\sqrt{25}}\\&=1.96\cdot\frac{2}{5}\\&=0.784\\&\fallingdotseq 0.8\end{aligned}$$

よって，

(信頼区間の左端)$=184-0.8=183.2$

(信頼区間の右端)$=184+0.8=184.8$

となるから，信頼度 95 %の信頼区間は

$[183.2,\ 184.8]$ …答

## 24 母比率の推定

本冊 p.67

ある工場で作られた製品の中から無作為に 600 個を選んで調べたところ，24 個の不良品があった。この工場で作られた製品の中の不良品率 $p$ に対する信頼度 95 %の信頼区間を求めよ。

**? 考え方**

$n$ は標本の大きさ 600 で，標本比率を $R$ として，$1.96\cdot\sqrt{\dfrac{R(1-R)}{n}}$ を計算する。

**! 解き方**

標本比率を $R$ とする。$R=\dfrac{24}{600}=0.04$，標本の大きさは $n=900$ であるから

$$\begin{aligned}1.96\cdot\sqrt{\frac{R(1-R)}{n}}&=1.96\cdot\sqrt{\frac{0.04\times0.96}{600}}\\&=1.96\cdot\frac{1}{125}\\&=0.01568\\&\fallingdotseq 0.016\end{aligned}$$

よって，

(信頼区間の左端)$=0.04-0.016=0.024$

(信頼区間の右端)$=0.04+0.016=0.056$

となるから，不良品率 $p$ の信頼度 95 %の信頼区間は

$[0.024,\ 0.056]$ …答

## 25 仮説検定の考え方

本冊 p.69

ある種子の発芽率は従来 75 %であった。今回新しく品種改良した種子から無作為に 200 個の種子で発芽実験をしたところ，168 個が発芽した。この品種改良によって，発芽率は上昇したといえるか。ただし，$\sqrt{6}=2.4$ とする。

### ? 考え方

対立仮説を「発芽率が上昇した」とし，帰無仮説を「発芽率は従来と同じ」とする。その上で帰無仮説が真であると仮定し，その条件のもとで 168 個以上の発芽確率を計算する。計算過程で，標本が十分大きいときは，二項分布に従う確率変数が近似的に正規分布に従うことや，標準化などを利用する。

### ! 解き方

対立仮説：発芽率が上昇した
帰無仮説：発芽率は従来と同じ

発芽する個数 $X$ は二項分布 $B\left(200,\ \frac{3}{4}\right)$ に従うから，平均は

$$m=200\times\frac{3}{4}=150$$

標準偏差は，$\sqrt{6}=2.4$ を用いて

$$\sigma=\sqrt{200\times\frac{3}{4}\times\frac{1}{4}}=\frac{5\sqrt{6}}{2}=\frac{5\times2.4}{2}=6$$

$Z=\frac{X-150}{6}$ とすれば，$Z$ は近似的に標準正規分布 $N(0,\ 1)$ に従う。
この発芽実験では 168 個が発芽したので，
$P(X\geqq168)$ を考える。

$X=168$ のとき，$Z=\frac{168-150}{6}=3$ であるから

$$\begin{aligned}P(X\geqq168)&=P(Z\geqq3)\\&=P(Z\geqq0)-P(0\leqq Z\leqq3)\\&=0.5-p(3)\\&=0.5-0.49865\\&=0.00135\end{aligned}$$

これは有意水準 5 %より小さいので，帰無仮説は正しくないと判断される。
よって，対立仮説は正しいと判断されるため，
発芽率は上昇したと考えてよい。 …答

**[参考]**　正規分布表から，
$P(0\leqq Z\leqq1.65)=0.45053$ なので，

$$u\geqq1.65 \text{ ならば } P(Z\geqq u)<0.05$$

となる。このように，片側検定では

$$3\geqq\mathbf{1.65} \text{ なので } P(Z\geqq3)<0.05$$

とわかり，有意水準より小さいことがわかる。

また，両側検定の場合，

$$P(Z\leqq-u,\ Z\geqq u)<0.05$$

つまり，$P(Z\geqq u)<0.025$ を考えることになる。
正規分布表から，

$$P(0\leqq Z\leqq1.96)=0.47500$$

なので，

$$u\geqq\mathbf{1.96} \text{ ならば } P(Z\geqq u)<0.025$$

となる。

# 23〜25の確認テストの解答

| 0 | 20 | 40 | 60 | 80 | 100 |
|---|---|---|---|---|---|

もう一度最初から　合格

合格点：60点

点

問題 → 本冊 p.70〜71

わからなければ 23 へ

## 1

ある工場で大量生産された製品の中から 100 個を無作為（むさくい）抽出して重量を測ったところ，平均 102.4(g)，標準偏差 2.5(g) であった。この製品の重量の母平均 $m$(g) に対して，信頼度 95 %の信頼区間を求めよ。　(25点)

$n=100$ で，標本の大きさが大きいので，標本標準偏差 $S=2.5$ を用いて母平均を推定する。

$$1.96\cdot\frac{S}{\sqrt{n}}=1.96\cdot\frac{2.5}{\sqrt{100}}=1.96\cdot\frac{2.5}{10}=1.96\cdot0.25=0.49\fallingdotseq0.5$$

よって，

(信頼区間の左端) $=102.4-0.5=101.9$

(信頼区間の右端) $=102.4+0.5=102.9$

となるから，信頼度 95 %の信頼区間は　**[101.9，102.9]**　…答

わからなければ 24 へ

## 2

自作のさいころを 400 回投げたところ，6 の目が 80 回出た。このさいころで 6 の目が出る割合（母比率）について，信頼度 95 %の信頼区間を求めよ。　(25点)

標本比率を $R$ とする。$R=\frac{80}{400}=0.2$，標本の大きさは $n=400$ であるから

$$1.96\cdot\sqrt{\frac{R(1-R)}{n}}=1.96\cdot\sqrt{\frac{0.2\times0.8}{400}}=1.96\cdot\frac{0.4}{20}=1.96\cdot0.02=0.0392\fallingdotseq0.039$$

よって，

(信頼区間の左端) $=0.2-0.039=0.161$

(信頼区間の右端) $=0.2+0.039=0.239$

となるから，母比率の信頼度 95 %の信頼区間は　**[0.161，0.239]**　…答

わからなければ 25 へ

**3** ある高校入試の得点が近似的に正規分布に従っており，平均点が 275 点，標準偏差が 22.5 点であった。この高校入試で特定の A 中学から 9 名の受験者があり，9 名の平均点が 289 点であった。このとき，次の問いに答えよ。ただし，必要があれば，$p(1.96)=0.475$，$p(1.65)=0.45$ を用いてもよい。（各 25 点　計 50 点）

(1) このA中学の受験者の学力は，全受験者に対して高いといえるか。

対立仮説 $H_1$：「A 中学の受験者の学力は，全受験者に対して高い」
帰無仮説 $H_0$：「A 中学の受験者の学力は，全受験者と同程度である」
と設定し，帰無仮説 $H_0$ を仮定する。
全受験者の得点分布は近似的に正規分布 $N(275,\ 22.5^2)$ に従うから，

$$\frac{\sigma^2}{n}=\frac{22.5^2}{9}=\left(\frac{22.5}{3}\right)^2=7.5^2$$

より，A 中学の受験者 9 名の標本平均 $\overline{X}$ は近似的に正規分布 $N(275,\ 7.5^2)$ に従う。

$Z=\dfrac{\overline{X}-275}{7.5}$ とおくと，$Z$ は近似的に標準正規分布 $N(0,\ 1)$ に従う。

$\overline{X}=289$ のとき，$Z=\dfrac{289-275}{7.5}=1.866\cdots$ となる。

$$\begin{aligned}P(Z\geqq1.87)&<P(Z\geqq1.65)\\&=P(Z\geqq0)-P(0\leqq Z\leqq1.65)\\&=0.5-p(1.65)=0.5-0.45=0.05\end{aligned}$$
←高いかどうかだから片側検定

$P(Z\geqq1.87)<0.05$ より，帰無仮説 $H_0$ は否定され，対立仮説 $H_1$ は肯定される。
したがって，A 中学の受験者の学力は，全受験者に対して**高いと判断してよい**。

…

(2) このA中学の受験者の学力は，全受験者とは異なるといえるか。

対立仮説 $H_1$ ：「A 中学の受験者の学力は，全受験者とは異なる」
帰無仮説 $H_0$ ：「A 中学の受験者の学力は，全受験者と同程度である」
と設定し，帰無仮説 $H_0$ を仮定する。

$$\begin{aligned}P(|Z|\geqq1.87)&=2P(Z\geqq1.87)\\&>2P(Z\geqq1.96)=2\{P(Z\geqq0)-P(0\leqq Z\leqq1.96)\}\\&=2\{0.5-p(1.96)\}=2(0.5-0.475)=0.05\end{aligned}$$
←異なるかどうかだから両側検定

$P(|Z|\geqq1.87)>0.05$ より，帰無仮説 $H_0$ は否定されない。
したがって，A 中学の受験者の学力は，全受験者とは**異なると判断できない**。

…

# 第3章 ベクトル

類題の解答

## 26 ベクトルの定義

本冊 p.73

右の図にある $\vec{a}$ ～$\vec{i}$ について，次の問いに答えよ。ただし，方眼の1目盛りを1とする。

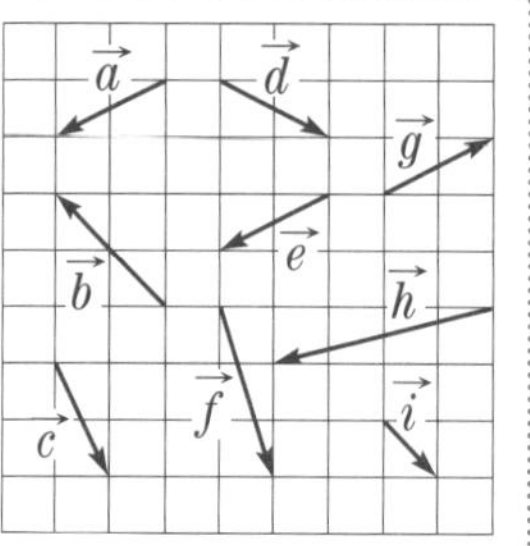


(1) $\vec{a}$ と平行なベクトルをすべて選べ。

(2) $\vec{a}$ と大きさの等しいベクトルをすべて選べ。

(3) $\vec{h}$ の大きさを求めよ。

(4) $\vec{b}$ と $\vec{f}$ では，大きさはどちらが大きいか。

### 考え方

(1) $\vec{a}$ では，始点から終点への移動量は，左へ2目盛り，下に1目盛りであることを考える。

(2) $|\vec{a}|=\sqrt{2^2+1^2}=\sqrt{5}$ である。

(3) $\vec{h}$ では，始点から終点への移動量は，左へ4目盛り，下へ1目盛りである。

(4) (3)と同様に，2つのベクトルの始点から終点への移動量を調べるとよい。

### 解き方

(1) $\vec{e}$，$\vec{g}$ …答

($\vec{e}=\vec{a}$ であり，$\vec{g}=-\vec{a}$ である)

(2) (1)の $\vec{e}$ と $\vec{g}$ は大きさが等しい。そして，$\vec{c}$ と $\vec{d}$ もその大きさが $\sqrt{5}$ である。

よって　$\vec{c}$，$\vec{d}$，$\vec{e}$，$\vec{g}$ …答

(3) $\vec{h}$ では，始点から終点への移動量は，左へ4目盛り，下に1目盛りなので

$$|\vec{h}|=\sqrt{4^2+1^2}=\sqrt{17}$$ …答

(4) $|\vec{b}|=\sqrt{2^2+2^2}=\sqrt{8}=2\sqrt{2}$

$|\vec{f}|=\sqrt{1^2+3^2}=\sqrt{10}$

$\sqrt{8}<\sqrt{10}$ より，$\vec{b}$ と $\vec{f}$ で大きさが大きいのは　$\vec{f}$ …答

## 27 ベクトルの計算

本冊 p.75

次の式を満たす $\vec{x}$，$\vec{y}$ を $\vec{a}$，$\vec{b}$，$\vec{c}$ で表せ。

(1) $3(\vec{x}-\vec{a})+\vec{c}=2(\vec{b}+2\vec{x}-\vec{c})$

(2) $\begin{cases} 4\vec{x}+2\vec{y}=5\vec{a} \\ 2\vec{x}-2\vec{y}=\vec{a}+3\vec{b} \end{cases}$

### 考え方

このようなベクトルの計算は，文字式の計算と同じように計算をすればよいので，しっかりと途中の計算式もていねいに書き，ミスなく答えを求める。

### 解き方

(1) $3(\vec{x}-\vec{a})+\vec{c}=2(\vec{b}+2\vec{x}-\vec{c})$ より

$$3\vec{x}-3\vec{a}+\vec{c}=2\vec{b}+4\vec{x}-2\vec{c}$$
$$3\vec{x}-4\vec{x}=3\vec{a}-\vec{c}+2\vec{b}-2\vec{c}$$
$$-\vec{x}=3\vec{a}+2\vec{b}-3\vec{c}$$
$$\vec{x}=-3\vec{a}-2\vec{b}+3\vec{c}$$ …答

(2) $\begin{cases} 4\vec{x}+2\vec{y}=5\vec{a} & \cdots\cdots① \\ 2\vec{x}-2\vec{y}=\vec{a}+3\vec{b} & \cdots\cdots② \end{cases}$

①＋②より　$6\vec{x}=6\vec{a}+3\vec{b}$

$$\vec{x}=\vec{a}+\frac{1}{2}\vec{b}$$

これを①に代入して

$$4\left(\vec{a}+\frac{1}{2}\vec{b}\right)+2\vec{y}=5\vec{a}$$
$$4\vec{a}+2\vec{b}+2\vec{y}=5\vec{a}$$
$$2\vec{y}=\vec{a}-2\vec{b}$$
$$\vec{y}=\frac{1}{2}\vec{a}-\vec{b}$$

まとめて $\begin{cases} \vec{x}=\vec{a}+\frac{1}{2}\vec{b} \\ \vec{y}=\frac{1}{2}\vec{a}-\vec{b} \end{cases}$ …答

## 28 ベクトルの平行と分解

本冊 p.77

正六角形 ABCDEF において，$\overrightarrow{AB}=\vec{a}$，$\overrightarrow{AF}=\vec{b}$ とする。

(1) $\overrightarrow{AC}$，$\overrightarrow{CE}$，$\overrightarrow{EA}$ をそれぞれ $\vec{a}$，$\vec{b}$ を用いて表せ。

(2) $\vec{a}$ を，$\overrightarrow{AC}$ と $\overrightarrow{CE}$ を用いて表せ。

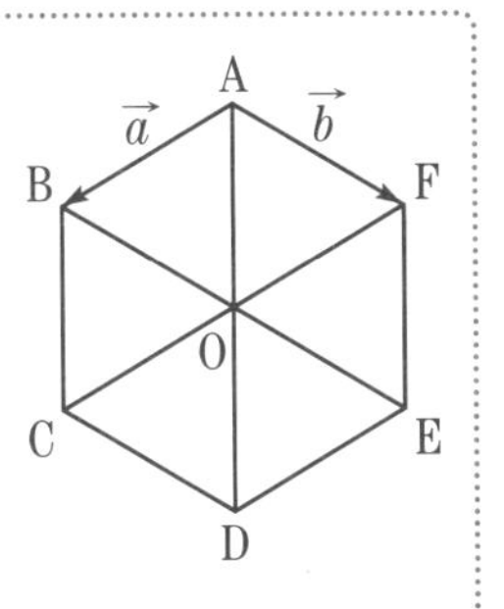


**? 考え方**

(1) 表したいベクトルを 2 辺 AB，AF に平行なベクトルで表しておき，それらのベクトルを $\overrightarrow{AB}$ と $\overrightarrow{AF}$ で表現する方法を考える。

(2) (1)で見つけたベクトルの関係式から $\overrightarrow{AC}$ と $\overrightarrow{CE}$ だけで $\vec{a}$ を求める式を作る。

**! 解き方**

(1) 求めるベクトルを，$\overrightarrow{AB}$，$\overrightarrow{AF}$ で表すと

$$\overrightarrow{AC}=\overrightarrow{AB}+\overrightarrow{BO}+\overrightarrow{OC}$$
$$=\overrightarrow{AB}+\overrightarrow{AF}+\overrightarrow{AB}$$
$$=2\vec{a}+\vec{b}$$ …答

$$\overrightarrow{CE}=\overrightarrow{CO}+\overrightarrow{OE}$$
$$=(-\overrightarrow{AB})+\overrightarrow{AF}$$
$$=-\vec{a}+\vec{b}$$ …答

$$\overrightarrow{EA}=\overrightarrow{EB}+\overrightarrow{BA}$$
$$=2\overrightarrow{FA}+\overrightarrow{BA}$$
$$=2(-\overrightarrow{AF})+(-\overrightarrow{AB})$$
$$=-\vec{a}-2\vec{b}$$ …答

(2) (1)の結果より

$$\begin{cases} 2\vec{a}+\vec{b}=\overrightarrow{AC} & \cdots\cdots① \\ -\vec{a}+\vec{b}=\overrightarrow{CE} & \cdots\cdots② \end{cases}$$

①−②より

$$3\vec{a}=\overrightarrow{AC}-\overrightarrow{CE}$$
$$\vec{a}=\frac{1}{3}\overrightarrow{AC}-\frac{1}{3}\overrightarrow{CE}$$ …答

## 29 ベクトルの成分表示

本冊 p.79

$\vec{a}=(5,\ -1)$，$\vec{b}=(1,\ 1)$ のとき，$\vec{x}=\vec{a}+t\vec{b}$ ($t$ は実数) について，次の条件に合う $t$ の値を求めよ。

(1) $|\vec{x}|=6$ となる $t$ の値

(2) $|\vec{x}|$ が最小となる $t$ の値

**? 考え方**

$\vec{a}$ と $\vec{b}$ の成分表示から，$\vec{x}$ の成分表示を求める。その結果から $|\vec{x}|^2$ を $t$ で表す。(1)，(2)に合う条件を，それぞれ $t$ の条件式を立て，$t$ を求める。

**! 解き方**

(1) $\vec{a}=(5,\ -1)$，$\vec{b}=(1,\ 1)$ なので

$$\vec{x}=\vec{a}+t\vec{b}$$
$$=(5,\ -1)+t(1,\ 1)$$
$$=(t+5,\ t-1)$$

となる。したがって

$$|\vec{x}|^2=(t+5)^2+(t-1)^2$$
$$=(t^2+10t+25)+(t^2-2t+1)$$

よって　$|\vec{x}|^2=2t^2+8t+26$　……①

$|\vec{x}|=6$ より　$|\vec{x}|^2=36$

よって　$2t^2+8t+26=36$

$$t^2+4t-5=0$$
$$(t+5)(t-1)=0$$
$$t=-5,\ 1$$ …答

(2) (1)の①より

$$|\vec{x}|^2=2t^2+8t+26$$
$$=2(t^2+4t+4-4)+26$$
$$=2(t+2)^2+18$$

したがって，$t=-2$ のとき $|\vec{x}|$ は最小となる。よって　$t=-2$ …答

第3章 ベクトル

# 26～29の確認テストの解答

0 20 40 60 80 100
もう一度最初から　合格
合格点：60点

点

問題 → 本冊 p.80～81

わからなければ 26 へ

## 1

右の図は，合同な三角形からなる平行四辺形である。このとき，次のベクトルを，点Aを始点とするベクトルで表せ。　（各4点　計24点）

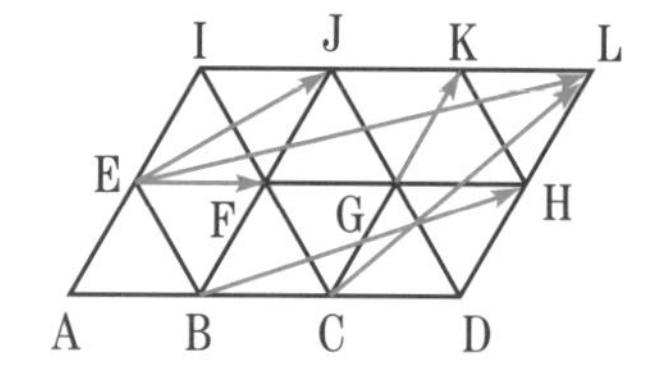


(1) $\overrightarrow{\mathrm{EF}}=\overrightarrow{\mathbf{AB}}$ …答　(2) $\overrightarrow{\mathrm{GK}}=\overrightarrow{\mathbf{AE}}$ …答

(3) $\overrightarrow{\mathrm{EJ}}=\overrightarrow{\mathbf{AF}}$ …答　(4) $\overrightarrow{\mathrm{BH}}=\overrightarrow{\mathbf{AG}}$ …答

(5) $\overrightarrow{\mathrm{CL}}=\overrightarrow{\mathbf{AJ}}$ …答　(6) $\overrightarrow{\mathrm{EL}}=\overrightarrow{\mathbf{AH}}$ …答

【ヒント】 すべて $\overrightarrow{\mathrm{A}\square}$ の形で答える。

わからなければ 27 へ

## 2

$\vec{p}=2\vec{a}-\vec{b}$，$\vec{q}=\vec{a}+2\vec{b}$ とするとき，次のベクトルを $\vec{a}$，$\vec{b}$ で表せ。（各6点　計12点）

(1) $3(\vec{p}+\vec{q})-2(\vec{p}-\vec{q})$

$=3\vec{p}+3\vec{q}-2\vec{p}+2\vec{q}=\vec{p}+5\vec{q}$

$=(2\vec{a}-\vec{b})+5(\vec{a}+2\vec{b})$

$=\mathbf{7\vec{a}+9\vec{b}}$ …答

(2) $3(\vec{x}+3\vec{p})=2(\vec{x}-\vec{q})$ を満たす $\vec{x}$

$3\vec{x}+9\vec{p}=2\vec{x}-2\vec{q}$

$\vec{x}=-9\vec{p}-2\vec{q}=-9(2\vec{a}-\vec{b})-2(\vec{a}+2\vec{b})$

$=\mathbf{-20\vec{a}+5\vec{b}}$ …答

わからなければ 28 へ

## 3

右の図の正六角形ABCDEFにおいて，$\overrightarrow{\mathrm{AB}}=\vec{a}$，$\overrightarrow{\mathrm{AO}}=\vec{b}$ とする。　（(1) 各5点，(2) 8点　計18点）

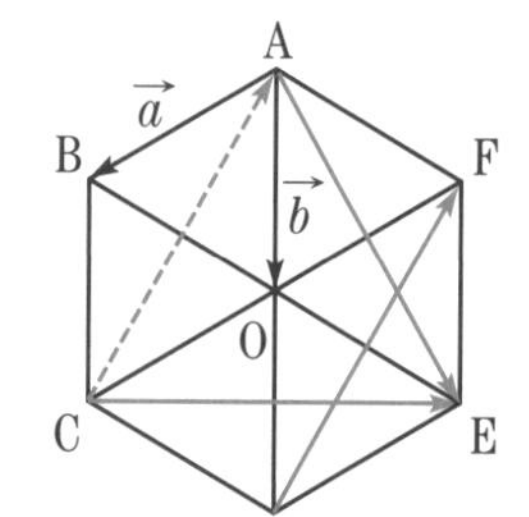


(1) $\overrightarrow{\mathrm{AE}}$，$\overrightarrow{\mathrm{CE}}$ をそれぞれ $\vec{a}$，$\vec{b}$ を用いて表せ。

$\overrightarrow{\mathbf{AE}}=\overrightarrow{\mathrm{AD}}+\overrightarrow{\mathrm{DE}}$

$=2\vec{b}+(-\vec{a})$

$=\mathbf{-\vec{a}+2\vec{b}}$ …答

$\overrightarrow{\mathbf{CE}}=\overrightarrow{\mathrm{CF}}+\overrightarrow{\mathrm{FE}}$

$=2(-\vec{a})+\vec{b}$

$=\mathbf{-2\vec{a}+\vec{b}}$ …答

(2) $\overrightarrow{\mathrm{DF}}$ を $\overrightarrow{\mathrm{AE}}$，$\overrightarrow{\mathrm{CE}}$ を用いて表せ。

(1)より $\begin{cases}-\vec{a}+2\vec{b}=\overrightarrow{\mathrm{AE}} & \cdots\cdots① \\ -2\vec{a}+\vec{b}=\overrightarrow{\mathrm{CE}} & \cdots\cdots②\end{cases}$

①−②×2 より　$3\vec{a}=\overrightarrow{\mathrm{AE}}-2\overrightarrow{\mathrm{CE}}$　　$\vec{a}=\dfrac{1}{3}\overrightarrow{\mathrm{AE}}-\dfrac{2}{3}\overrightarrow{\mathrm{CE}}$

①×2−② より　$3\vec{b}=2\overrightarrow{\mathrm{AE}}-\overrightarrow{\mathrm{CE}}$　　$\vec{b}=\dfrac{2}{3}\overrightarrow{\mathrm{AE}}-\dfrac{1}{3}\overrightarrow{\mathrm{CE}}$

$\overrightarrow{\mathrm{DF}}=\overrightarrow{\mathrm{DO}}+\overrightarrow{\mathrm{OF}}=-\vec{b}-\vec{a}=-\vec{a}-\vec{b}$ より

$\overrightarrow{\mathrm{DF}}=-\dfrac{1}{3}\overrightarrow{\mathrm{AE}}+\dfrac{2}{3}\overrightarrow{\mathrm{CE}}-\dfrac{2}{3}\overrightarrow{\mathrm{AE}}+\dfrac{1}{3}\overrightarrow{\mathrm{CE}}=\mathbf{-\overrightarrow{AE}+\overrightarrow{CE}}$ …答

[別解]　$\overrightarrow{\mathrm{DF}}=\overrightarrow{\mathrm{CA}}=\overrightarrow{\mathrm{CE}}+\overrightarrow{\mathrm{EA}}=\overrightarrow{\mathrm{CE}}-\overrightarrow{\mathrm{AE}}=\mathbf{-\overrightarrow{AE}+\overrightarrow{CE}}$ …答

わからなければ 28 へ

**4** 右の図は，1 辺が 1 の正方格子である。次の問いに答えよ。　((1)，(2)，(4)各 6 点，(3)各 3 点　計 24 点)

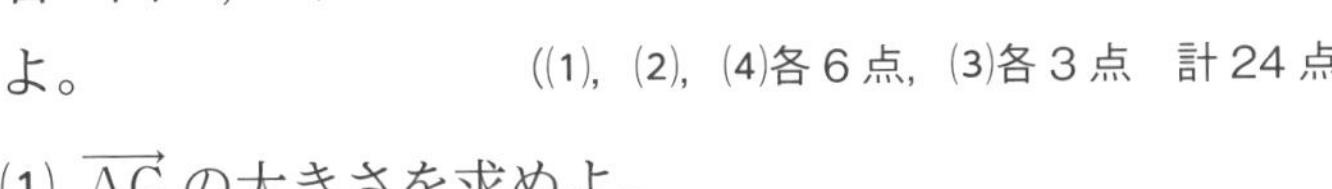

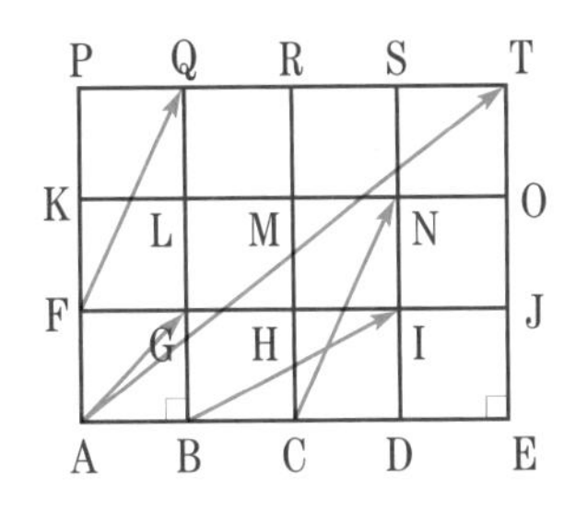

(1) $\overrightarrow{\mathrm{AG}}$ の大きさを求めよ。

直角二等辺三角形 ABG を考えると

$|\overrightarrow{\mathrm{AG}}|=\sqrt{1^2+1^2}=\sqrt{\mathbf{2}}$ …答

(2) $\overrightarrow{\mathrm{AT}}$ の大きさを求めよ。

△AET は直角三角形なので

$|\overrightarrow{\mathrm{AT}}|=\sqrt{4^2+3^2}=\mathbf{5}$ …答

(3) $\overrightarrow{\mathrm{CN}}$ と等しいベクトルで，始点が A のベクトルを求めよ。また，終点が R であるベクトルを求めよ。

始点が A のベクトルは　$\overrightarrow{\mathbf{AL}}$ …答　　終点が R のベクトルは　$\overrightarrow{\mathbf{GR}}$ …答

(4) $\overrightarrow{\mathrm{FQ}}+\overrightarrow{\mathrm{BI}}$ と等しいベクトルで，始点が A のベクトルを求めよ。

$\overrightarrow{\mathrm{FQ}}+\overrightarrow{\mathrm{BI}}=\overrightarrow{\mathrm{AL}}+\overrightarrow{\mathrm{BI}}=\overrightarrow{\mathrm{AL}}+\overrightarrow{\mathrm{LS}}=\overrightarrow{\mathbf{AS}}$ …答

わからなければ 29 へ

**5** $\vec{a}=(3,\ -2)$，$\vec{b}=(-1,\ 3)$，$\vec{c}=(11,\ -12)$ に対して，$\vec{c}=k\vec{a}+l\vec{b}$ を満たす実数 $k$，$l$ を求めよ。　(8 点)

$(11,\ -12)=k(3,\ -2)+l(-1,\ 3)=(3k-l,\ -2k+3l)$ より

$$\begin{cases} 11=3k-l & \cdots\cdots① \\ -12=-2k+3l & \cdots\cdots② \end{cases}$$

①，②を解くと　$\boldsymbol{k=3}$，$\boldsymbol{l=-2}$ …答

わからなければ 29 へ

**6** $\vec{a}=(1,\ 3)$，$\vec{b}=(2,\ 1)$ のとき，$\vec{x}=\vec{a}+t\vec{b}$（$t$ は実数）とする。
$\vec{x}$ の大きさが最小となるときの $t$ の値を求めよ。また，そのときの $|\vec{x}|$ の最小値も求めよ。　(各 7 点　計 14 点)

$\vec{x}=(1,\ 3)+t(2,\ 1)=(2t+1,\ t+3)$

$|\vec{x}|$ が最小となるとき $|\vec{x}|^2$ も最小となる。

$|\vec{x}|^2=(2t+1)^2+(t+3)^2=(4t^2+4t+1)+(t^2+6t+9)$

$=5t^2+10t+10=5(t+1)^2+5$

よって，$t=-1$ のとき $|\vec{x}|^2$ は最小となる。つまり

$\boldsymbol{t=-1}$ のとき $|\vec{x}|$ は最小値 $\sqrt{\mathbf{5}}$ をとる。 …答

類題の解答

## 30 ベクトルの内積

本冊 p.83

右の図は，1辺が1の正方格子の図である。このとき，次のベクトルの内積を求めよ。

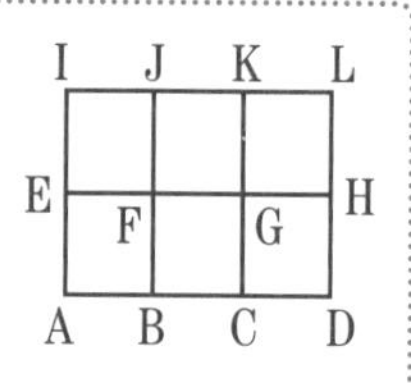


(1) $\overrightarrow{AD}\cdot\overrightarrow{AK}$　(2) $\overrightarrow{AF}\cdot\overrightarrow{JI}$
(3) $\overrightarrow{EK}\cdot\overrightarrow{HB}$　(4) $\overrightarrow{EK}\cdot\overrightarrow{CJ}$

### ? 考え方

ベクトルの内積は，2つのベクトルの大きさと，そのなす角の余弦(cos)の積である。

$$\vec{a}\cdot\vec{b}=|\vec{a}||\vec{b}|\cos\theta$$

したがって，内積を求めるために，まず，2つのベクトルの大きさを調べ，そして，なす角を求め，計算すればよい。

### ! 解き方

(1) $|\overrightarrow{AD}|=3$，$|\overrightarrow{AK}|=2\sqrt{2}$ である。
また，そのなす角は $45^\circ$ である。
$\overrightarrow{AD}\cdot\overrightarrow{AK}=3\cdot2\sqrt{2}\cdot\cos45^\circ=\underline{6}$ …答

(2) $\overrightarrow{AF}=\overrightarrow{BG}$，$\overrightarrow{JI}=\overrightarrow{BA}$ であるので，2つのベクトルのなす角は $135^\circ$ である。
また，$|\overrightarrow{AF}|=\sqrt{2}$，$|\overrightarrow{JI}|=1$ であるので
$\overrightarrow{AF}\cdot\overrightarrow{JI}=\sqrt{2}\cdot1\cdot\cos135^\circ=\underline{-1}$ …答

(3) $\overrightarrow{EK}=-\overrightarrow{HB}$ であるので，なす角は $180^\circ$ であり，$|\overrightarrow{EK}|=|\overrightarrow{HB}|=\sqrt{5}$ である。
$\overrightarrow{EK}\cdot\overrightarrow{HB}=\sqrt{5}\cdot\sqrt{5}\cdot\cos180^\circ$
$=\underline{-5}$ …答

(4) $\overrightarrow{CJ}=\overrightarrow{DK}$ である。
$\triangle$EDK は $\angle$EKD$=90^\circ$ の直角二等辺三角形であるので　$\overrightarrow{EK}\perp\overrightarrow{DK}$
つまり，$\overrightarrow{EK}$ と $\overrightarrow{CJ}$ のなす角は $90^\circ$ である。
したがって　$\overrightarrow{EK}\cdot\overrightarrow{CJ}=\underline{0}$ …答

## 31 内積の成分表示

本冊 p.85

次の問いに答えよ。
(1) $|\vec{a}|=5$，$|\vec{b}|=3$，$|\vec{a}-\vec{b}|=7$ のとき，$\vec{a}$ と $\vec{b}$ のなす角 $\theta$ を求めよ。
(2) $\vec{a}=(2,\ 1)$ と $45^\circ$ の角をなし，大きさが $\sqrt{10}$ であるベクトル $\vec{b}$ を求めよ。

### ? 考え方

(1) $|\vec{a}-\vec{b}|^2=|\vec{a}|^2-2\vec{a}\cdot\vec{b}+|\vec{b}|^2$ と，
$\vec{a}\cdot\vec{b}=|\vec{a}||\vec{b}|\cos\theta$ を用いて $\cos\theta$ の値を求め，
$\theta$ を決定すればよい。

(2) $\vec{a}=(a_1,\ a_2)$，$\vec{b}=(b_1,\ b_2)$ とすれば
$\vec{a}\cdot\vec{b}=a_1b_1+a_2b_2$ である。
また，$|\vec{b}|^2={b_1}^2+{b_2}^2$ から2つの等式を作る。
解答のはじめに，$\vec{b}=(x,\ y)$ とおくとよい。

### ! 解き方

(1) $|\vec{a}-\vec{b}|=7$ の両辺を2乗して
$|\vec{a}-\vec{b}|^2=49$
$|\vec{a}|^2-2\vec{a}\cdot\vec{b}+|\vec{b}|^2=49$
$5^2-2\cdot5\cdot3\cdot\cos\theta+3^2=49$

よって　$\cos\theta=-\dfrac{1}{2}$

$0^\circ\leqq\theta\leqq180^\circ$ なので　$\underline{\theta=120^\circ}$ …答

(2) $\vec{b}=(x,\ y)$ とおく。
$|\vec{b}|=\sqrt{10}$ より　$|\vec{b}|^2=10$
よって　$x^2+y^2=10$　……①
$\vec{a}\cdot\vec{b}=|\vec{a}||\vec{b}|\cos45^\circ$
$=\sqrt{2^2+1^2}\cdot\sqrt{10}\cdot\dfrac{1}{\sqrt{2}}=5$
また　$\vec{a}\cdot\vec{b}=(2,\ 1)\cdot(x,\ y)=2x+y$
よって　$2x+y=5$　……②
①，②より　$x^2+(5-2x)^2=10$
$x^2-4x+3=0$
$(x-1)(x-3)=0$　　$x=1,\ 3$
したがって　$(x,\ y)=(1,\ 3),\ (3,\ -1)$
$\underline{\vec{b}=(1,\ 3),\ (3,\ -1)}$ …答

# 32 位置ベクトル

本冊 p.87

三角形 ABC について，辺 AB を 1：2 に内分する点を L とし，線分 CL の中点を M とする。辺 AC を 3：2 に内分する点を P とし，線分 BP を 5：1 に内分する点を Q とする。このとき，2 点 M，Q は一致することを示せ。

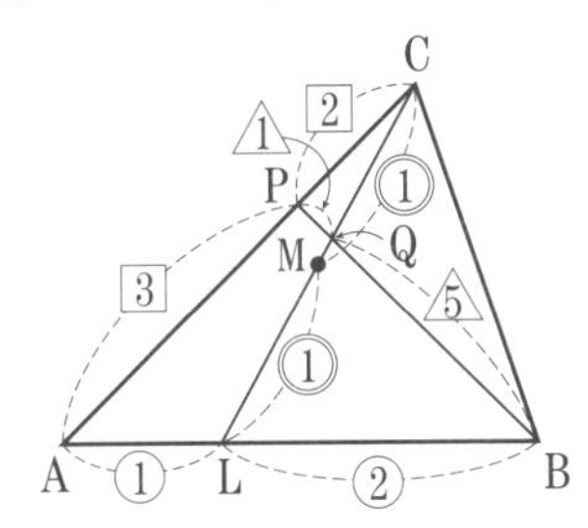


(図では，M，Q はずらしてある。)

## ？考え方

各点に対し，その位置ベクトルはそれぞれの小文字で表すことにし，内分公式などを利用して，ベクトル間の関係を等式で表す。その等式を代入・変形すれば，「自動的」に同じ式となり，2 点が一致する証明となる。

## ！解き方

[証明]

各点の位置ベクトルを考え，A($\vec{a}$)，B($\vec{b}$)，C($\vec{c}$)，L($\vec{l}$)，M($\vec{m}$)，P($\vec{p}$)，Q($\vec{q}$) と表す。

点 L は辺 AB を 1：2 に内分するので

$$\vec{l}=\frac{2}{3}\vec{a}+\frac{1}{3}\vec{b}$$

点 M は線分 CL の中点なので

$$\vec{m}=\frac{1}{2}\vec{c}+\frac{1}{2}\vec{l}$$

$$=\frac{1}{3}\vec{a}+\frac{1}{6}\vec{b}+\frac{1}{2}\vec{c}$$

次に，点 P は辺 AC を 3：2 に内分するので

$$\vec{p}=\frac{2}{5}\vec{a}+\frac{3}{5}\vec{c}$$

点 Q は線分 BP を 5：1 に内分するので

$$\vec{q}=\frac{1}{6}\vec{b}+\frac{5}{6}\vec{p}=\frac{1}{6}\vec{b}+\frac{5}{6}\left(\frac{2}{5}\vec{a}+\frac{3}{5}\vec{c}\right)$$

$$=\frac{1}{3}\vec{a}+\frac{1}{6}\vec{b}+\frac{1}{2}\vec{c}$$

ゆえに，$\vec{m}=\vec{q}$ である。

したがって，2 点 M，Q は一致する。

[証明終わり]

[別証]

$\overrightarrow{CA}=\vec{a}$，$\overrightarrow{CB}=\vec{b}$ とおく。

点 L は辺 AB を 1：2 に内分するので

$$\overrightarrow{CL}=\frac{2\vec{a}+1\cdot\vec{b}}{1+2}=\frac{2}{3}\vec{a}+\frac{1}{3}\vec{b}$$

点 M は線分 CL の中点なので

$$\overrightarrow{CM}=\frac{1}{2}\overrightarrow{CL}=\frac{1}{3}\vec{a}+\frac{1}{6}\vec{b} \quad \cdots\cdots①$$

点 P は辺 AC を 3：2 に内分するので

$$\overrightarrow{CP}=\frac{2}{5}\overrightarrow{CA}=\frac{2}{5}\vec{a}$$

点 Q は線分 BP を 5：1 に内分するので

$$\overrightarrow{CQ}=\frac{1\cdot\overrightarrow{CB}+5\overrightarrow{CP}}{5+1}=\frac{1}{6}\vec{b}+\frac{5}{6}\cdot\frac{2}{5}\vec{a}$$

$$=\frac{1}{3}\vec{a}+\frac{1}{6}\vec{b} \quad \cdots\cdots②$$

①，②より　$\overrightarrow{CM}=\overrightarrow{CQ}$

ゆえに，2 点 M，Q は一致する。

[証明終わり]

# 30～32の確認テストの解答

0　20　40　60　80　100
もう一度最初から　合格
合格点：60点

点

問題 → 本冊 p.88～89

わからなければ 31 へ

**1** $|\vec{a}|=6$, $|\vec{b}|=5$, $|\vec{a}-\vec{b}|=\sqrt{91}$ のとき，$\vec{a}$ と $\vec{b}$ のなす角 $\theta$ を求めよ。　(13点)

$|\vec{a}-\vec{b}|^2=(\sqrt{91})^2$ より　$|\vec{a}|^2-2\vec{a}\cdot\vec{b}+|\vec{b}|^2=91$

よって　$|\vec{a}|^2-2|\vec{a}||\vec{b}|\cos\theta+|\vec{b}|^2=91$　　$\cos\theta=\dfrac{36+25-91}{2\cdot6\cdot5}=-\dfrac{1}{2}$

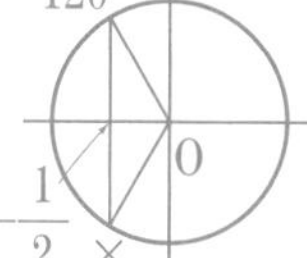


$0°\leqq\theta\leqq180°$ なので　$\boldsymbol{\theta=120°}$　…答

わからなければ 31 へ

**2** $|\vec{a}|=5$, $|\vec{b}|=7$, $|\vec{a}-\vec{b}|=8$ のとき，$\vec{a}$ と $\vec{a}-\vec{b}$ のなす角 $\theta$ を求めよ。　(13点)

$\vec{c}=\vec{a}-\vec{b}$ とおく。$\vec{b}=\vec{a}-\vec{c}$ となり　$|\vec{a}|=5$, $|\vec{c}|=8$, $|\vec{a}-\vec{c}|=7$

$|\vec{a}-\vec{c}|^2=7^2$ より　$|\vec{a}|^2-2\vec{a}\cdot\vec{c}+|\vec{c}|^2=49$

よって　$|\vec{a}|^2-2|\vec{a}||\vec{c}|\cos\theta+|\vec{c}|^2=49$　　$\cos\theta=\dfrac{25+64-49}{2\cdot5\cdot8}=\dfrac{1}{2}$

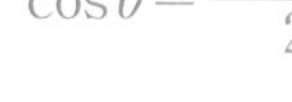

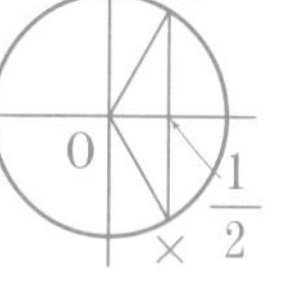


$0°\leqq\theta\leqq180°$ なので　$\boldsymbol{\theta=60°}$　…答

わからなければ 31 へ

**3** $|\vec{a}|=2$, $|\vec{b}|=4$ であり，$\vec{a}+2\vec{b}$ と $3\vec{a}-\vec{b}$ が垂直であるという。このとき，$\vec{a}$ と $\vec{b}$ のなす角 $\theta$ を求めよ。　(15点)

$(\vec{a}+2\vec{b})\perp(3\vec{a}-\vec{b})$ なので　$(\vec{a}+2\vec{b})\cdot(3\vec{a}-\vec{b})=0$　　$3|\vec{a}|^2+5\vec{a}\cdot\vec{b}-2|\vec{b}|^2=0$

よって　$3\cdot2^2+5|\vec{a}||\vec{b}|\cos\theta-2\cdot4^2=0$　　$\cos\theta=\dfrac{32-12}{5\cdot2\cdot4}=\dfrac{1}{2}$

$0°\leqq\theta\leqq180°$ なので　$\boldsymbol{\theta=60°}$　…答

わからなければ 31 へ

**4** $\vec{a}=(1,\ -1)$, $\vec{b}=(1,\ k)$ のとき，$\vec{a}$ と $\vec{b}$ のなす角が $60°$ となるように，実数 $k$ の値を定めよ。　(15点)

$\vec{a}\cdot\vec{b}=1\cdot1+(-1)\cdot k=1-k$

また，$\vec{a}\cdot\vec{b}=|\vec{a}||\vec{b}|\cos60°=\sqrt{2}\cdot\sqrt{1+k^2}\cdot\dfrac{1}{2}$ より　$\dfrac{\sqrt{2}}{2}\sqrt{1+k^2}=1-k$　……①

①の左辺は0以上であるから　$1-k\geqq0$　　すなわち　$k\leqq1$　……②

このとき，①の両辺を2乗して　$\dfrac{1}{2}(1+k^2)=(1-k)^2$

整理して　$k^2-4k+1=0$　　解いて　$k=2\pm\sqrt{3}$　　②より　$\boldsymbol{k=2-\sqrt{3}}$　…答

わからなければ 31 へ

**5** $\vec{a}=(4,\ 3)$ と同じ向きの単位ベクトル $\vec{u}$ を求めよ。また，$\vec{a}$ と垂直な単位ベクトル $\vec{v}$ を求めよ。

（各10点　計20点）

$|\vec{a}|=\sqrt{4^2+3^2}=5$ より　$\vec{u}=\frac{1}{5}\vec{a}=\left(\frac{4}{5},\ \frac{3}{5}\right)$ …答

$\vec{v}=(x,\ y)$ とすると　$\vec{a}\cdot\vec{v}=4x+3y=0$ ……①

$|\vec{v}|^2=1$ より　$x^2+y^2=1$ ……②

①，②を解いて　$(x,\ y)=\left(\frac{3}{5},\ -\frac{4}{5}\right),\ \left(-\frac{3}{5},\ \frac{4}{5}\right)$

よって　$\vec{v}=\left(\frac{3}{5},\ -\frac{4}{5}\right),\ \left(-\frac{3}{5},\ \frac{4}{5}\right)$ …答

わからなければ 32 へ

**6** 3点 $A(\vec{a})$，$B(\vec{b})$，$C(\vec{c})$ を頂点とする △ABC について，辺 AB の中点を D，辺 BC を 1：2 に内分する点を E，辺 CA を 1：3 に内分する点を F とする。また，△ABC，△DEF の重心をそれぞれ G，H とする。このとき，$G(\vec{g})$，$H(\vec{h})$ の位置ベクトルを $\vec{a}$，$\vec{b}$，$\vec{c}$ で表せ。

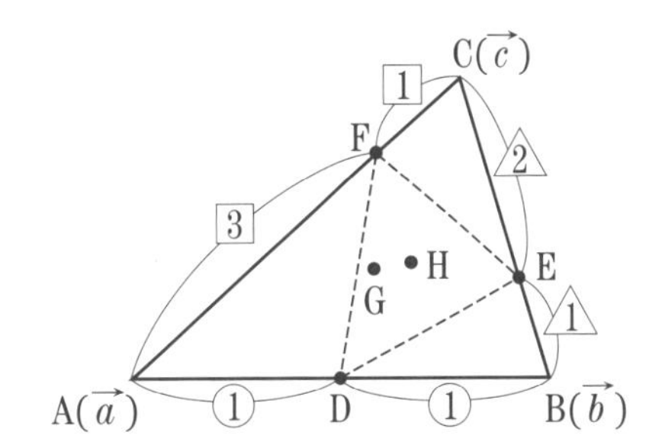


（各12点　計24点）

$D(\vec{d})$，$E(\vec{e})$，$F(\vec{f})$ とする。

$$\vec{g}=\frac{1}{3}\vec{a}+\frac{1}{3}\vec{b}+\frac{1}{3}\vec{c}$$ …答

また，$\vec{h}=\frac{1}{3}\vec{d}+\frac{1}{3}\vec{e}+\frac{1}{3}\vec{f}$ であり，$\vec{d}=\frac{1}{2}\vec{a}+\frac{1}{2}\vec{b}$，$\vec{e}=\frac{2}{3}\vec{b}+\frac{1}{3}\vec{c}$，$\vec{f}=\frac{3}{4}\vec{c}+\frac{1}{4}\vec{a}$

であるので

$$\vec{h}=\left(\frac{1}{6}\vec{a}+\frac{1}{6}\vec{b}\right)+\left(\frac{2}{9}\vec{b}+\frac{1}{9}\vec{c}\right)+\left(\frac{1}{4}\vec{c}+\frac{1}{12}\vec{a}\right)$$

$$=\frac{1}{4}\vec{a}+\frac{7}{18}\vec{b}+\frac{13}{36}\vec{c}$$ …答

類題の解答

## 33 位置ベクトルと共線条件

本冊 p.91

△OABにおいて，辺OAを2：1に内分する点をC，辺OBを1：2に内分する点をDとし，2直線AD，BCの交点をEとするとき，AE：EDを求めよ。

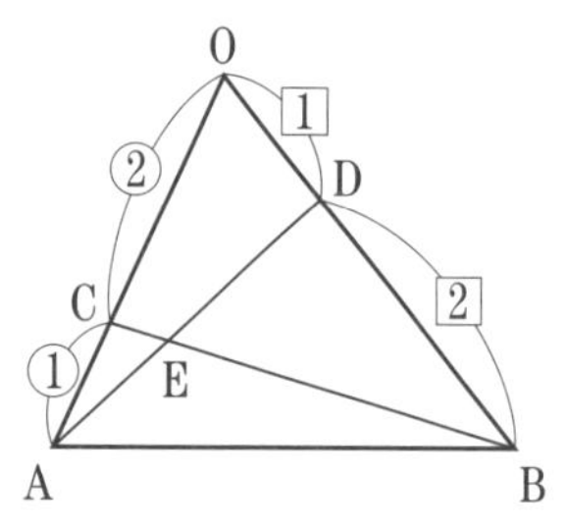


### ? 考え方

BE：EC$=s:(1-s)$，　AE：ED$=t:(1-t)$とおき，$\overrightarrow{OE}$を2通りの方法で表して，それが一致することから$s$，$t$を求める。

### ! 解き方

BE：EC$=s:(1-s)$，

AE：ED$=t:(1-t)$とおく。

$$\overrightarrow{OE}=(1-s)\overrightarrow{OB}+s\overrightarrow{OC}$$

$$=\frac{2}{3}s\overrightarrow{OA}+(1-s)\overrightarrow{OB}$$

$$\overrightarrow{OE}=(1-t)\overrightarrow{OA}+t\overrightarrow{OD}$$

$$=(1-t)\overrightarrow{OA}+\frac{1}{3}t\overrightarrow{OB}$$

よって　$\frac{2}{3}s=1-t,\ 1-s=\frac{1}{3}t$

これを解いて　$s=\frac{6}{7},\ t=\frac{3}{7}$

よって　**AE：ED＝3：4**　…答

**[注意]**　数学Aの「図形の性質」で学んだメネラウスの定理を用いて，比を直接求めることができる。

その方法で解いてみることも良い練習になる。ぜひ1度解いてみよう。

## 34 内積の図形への応用

本冊 p.93

次の問いに答えよ。

(1) 3点O，A$(\sqrt{3}+1,\ 3)$，B$(-1,\ \sqrt{3}-1)$を頂点とする△OABの面積を求めよ。

(2) $|\overrightarrow{AB}|=4,\ |\overrightarrow{AC}|=5,\ |\overrightarrow{BC}|=7$のとき，△ABCの面積を求めよ。

### ? 考え方

(1) O，A$(x_1,\ y_1)$，B$(x_2,\ y_2)$のとき

△OAB$=\frac{1}{2}|x_1y_2-x_2y_1|$を利用する。

(2) $|\overrightarrow{BC}|=|\overrightarrow{AC}-\overrightarrow{AB}|$より$\overrightarrow{AB}\cdot\overrightarrow{AC}$の値を求めて

$$\triangle ABC=\frac{1}{2}\sqrt{|\overrightarrow{AB}|^2|\overrightarrow{AC}|^2-(\overrightarrow{AB}\cdot\overrightarrow{AC})^2}$$

に代入すればよい。

### ! 解き方

(1) △OAB

$$=\frac{1}{2}|(\sqrt{3}+1)\cdot(\sqrt{3}-1)-(-1)\cdot3|$$

$$=\frac{1}{2}|3-1+3|=\frac{5}{2}$$　…答

(2) $|\overrightarrow{BC}|=7$より，$|\overrightarrow{AC}-\overrightarrow{AB}|=7$の両辺を2乗して

$$|\overrightarrow{AC}|^2-2\overrightarrow{AC}\cdot\overrightarrow{AB}+|\overrightarrow{AB}|^2=49$$

$$5^2-2\overrightarrow{AC}\cdot\overrightarrow{AB}+4^2=49$$

$$\overrightarrow{AC}\cdot\overrightarrow{AB}=-4$$ ← $\overrightarrow{AC}\cdot\overrightarrow{AB}=\overrightarrow{AB}\cdot\overrightarrow{AC}$

よって

△ABC

$$=\frac{1}{2}\sqrt{|\overrightarrow{AB}|^2|\overrightarrow{AC}|^2-(\overrightarrow{AB}\cdot\overrightarrow{AC})^2}$$

$$=\frac{1}{2}\sqrt{4^2\cdot5^2-(-4)^2}=4\sqrt{6}$$　…答

**[注意]**　(2)は△ABCで$a=7$，$b=5$，$c=4$の三角形なので「数学Ⅰ・A」の範囲での解答などいろいろある。数学Ⅰ・Aを見なおしてみよう。

## 35 直線のベクトル方程式

本冊 p.95

3 点 A(1, 3), B(1, −4), C(3, −2) があるとき，次の問いに答えよ。

(1) 線分 BC の中点と点 A を通る直線を，媒介変数表示せよ。

(2) 点 A を通り，$\overrightarrow{\mathrm{BC}}$ に垂直な直線の方程式を求めよ。

### ? 考え方

(1) 線分 BC の中点を M とし，M の座標を求めてから，2 点 A，M を通る直線を媒介変数 $t$ を用いて表す。その際，直線上の任意の点を $\mathrm{P}(x,\ y)$ とする。

(2) 直線上の任意の点を $\mathrm{P}(x,\ y)$ とし，$\overrightarrow{\mathrm{AP}}$ と $\overrightarrow{\mathrm{BC}}$ を成分で表し，そのベクトルが垂直となる条件，つまり内積を 0 とする。

### ! 解き方

(1) 線分 BC の中点を M とすると

$\mathrm{M}\left(\dfrac{1+3}{2},\ \dfrac{-4-2}{2}\right)$ つまり $\mathrm{M}(2,\ -3)$

直線上の任意の点を $\mathrm{P}(x,\ y)$ とする。

$\overrightarrow{\mathrm{OP}}=(1-t)\overrightarrow{\mathrm{OA}}+t\overrightarrow{\mathrm{OM}}$ より

$$
\begin{aligned}
(x,\ y)&=(1-t)(1,\ 3)+t(2,\ -3)\\
&=(1-t+2t,\ 3(1-t)-3t)\\
&=(1+t,\ 3-6t)
\end{aligned}
$$

よって，媒介変数表示は

$\begin{cases} \boldsymbol{x=1+t} \\ \boldsymbol{y=3-6t} \end{cases}$ …答

(2) 直線上の任意の点を $\mathrm{P}(x,\ y)$ とする。

$\overrightarrow{\mathrm{AP}}=(x,\ y)-(1,\ 3)=(x-1,\ y-3)$

$\overrightarrow{\mathrm{BC}}=(3,\ -2)-(1,\ -4)=(2,\ 2)$

$\overrightarrow{\mathrm{AP}}\perp\overrightarrow{\mathrm{BC}}$ より $\overrightarrow{\mathrm{AP}}\cdot\overrightarrow{\mathrm{BC}}=0$

$(x-1,\ y-3)\cdot(2,\ 2)=0$

$2(x-1)+2(y-3)=0$

$\boldsymbol{x+y-4=0}$ …答

## 36 円のベクトル方程式

本冊 p.97

平面上に定点 $\mathrm{A}(\vec{a})$ と動点 $\mathrm{P}(\vec{p})$ がある。次のベクトル方程式で表される点 P は，どのような図形上にあるか。

(1) $(\vec{p}+\vec{a})\cdot(\vec{p}-\vec{a})=0$

(2) $\vec{p}\cdot(\vec{p}-\vec{a})=0$

### ? 考え方

方程式を変形し，

$|\vec{p}-\vec{a}|=r$ または $|\overrightarrow{\mathrm{AP}}|=r$

および

$(\vec{p}-\vec{a})\cdot(\vec{p}-\vec{b})=0$ または $\overrightarrow{\mathrm{AP}}\cdot\overrightarrow{\mathrm{BP}}=0$

の形に変形することを考える。

### ! 解き方

位置ベクトルの始点を O とする。

(1) $(\vec{p}+\vec{a})\cdot(\vec{p}-\vec{a})=0$ より

$|\vec{p}|^2-|\vec{a}|^2=0$

$|\vec{p}|^2=|\vec{a}|^2$

$|\vec{p}|=|\vec{a}|$

**点 O を中心とする半径 OA の円。** …答

(点 O を中心とし，点 A を通る円)

[別解]

$-\vec{a}$ を位置ベクトルにもつ点を A′ とする。

$\overrightarrow{\mathrm{A'P}}\cdot\overrightarrow{\mathrm{AP}}=0$

**2 点 A，A′ を直径の両端とする円。** …答

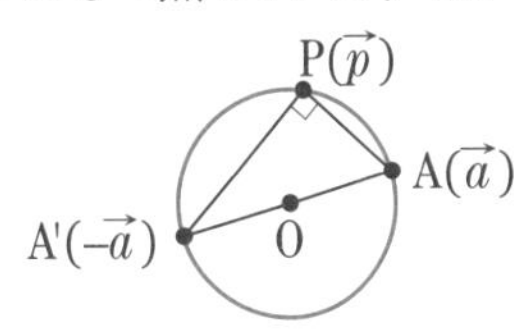


(2) $\vec{p}\cdot(\vec{p}-\vec{a})=0$ より

$\overrightarrow{\mathrm{OP}}\cdot\overrightarrow{\mathrm{AP}}=0$

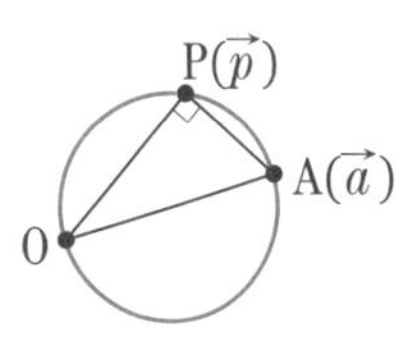


**2 点 O，A を直径の両端とする円。** …答

# 33～36の確認テストの解答

0 20 40 60 80 100
もう一度最初から　合格
合格点：60点

点

問題 → 本冊 p.98～99

わからなければ 33 へ

**1** 平行四辺形OACBがある。辺OA，CBを2：1に内分する点をそれぞれD，E，線分DEを1：2に内分する点をFとし，辺ACを3：2に内分する点をGとするとき，3点O，F，Gは一直線上にあることを示せ。（13点）

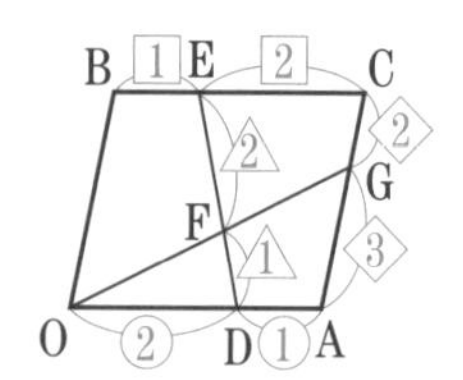


［証明］ $\overrightarrow{OD}=\frac{2}{3}\overrightarrow{OA}$，$\overrightarrow{OE}=\frac{1}{3}\overrightarrow{OA}+\overrightarrow{OB}$ である。

$$\overrightarrow{OF}=\frac{2}{3}\overrightarrow{OD}+\frac{1}{3}\overrightarrow{OE}=\frac{2}{3}\cdot\frac{2}{3}\overrightarrow{OA}+\frac{1}{3}\left(\frac{1}{3}\overrightarrow{OA}+\overrightarrow{OB}\right)=\frac{5}{9}\overrightarrow{OA}+\frac{1}{3}\overrightarrow{OB}$$

$$\overrightarrow{OG}=\overrightarrow{OA}+\frac{3}{5}\overrightarrow{OB}=\frac{9}{5}\left(\frac{5}{9}\overrightarrow{OA}+\frac{1}{3}\overrightarrow{OB}\right)=\frac{9}{5}\overrightarrow{OF}$$

$\overrightarrow{OG}/\!/\overrightarrow{OF}$ なので，3点O，F，Gは一直線上にある。［証明終わり］

わからなければ 34 へ

**2** 平面上の3点A$(-2,\ 0)$，B$(8,\ 0)$，C$(0,\ 6)$がある。このとき，△ABCの重心をG，垂心をHとし，外心をSとする。3点G，H，Sの座標を求めよ。

（Gは7点，H，Sは各14点　計35点）

$\overrightarrow{OG}=\frac{1}{3}(\overrightarrow{OA}+\overrightarrow{OB}+\overrightarrow{OC})=(2,\ 2)$ より　**G(2，2)** …答

$\overrightarrow{AB}=(10,\ 0)$，$\overrightarrow{BC}=(-8,\ 6)$ である。$H(h_1,\ h_2)$ とする。

$\overrightarrow{CH}=(h_1,\ h_2-6)$，$\overrightarrow{CH}\cdot\overrightarrow{AB}=0$ より　$10h_1=0$　よって　$h_1=0$

$\overrightarrow{AH}=(h_1+2,\ h_2)$，$\overrightarrow{AH}\cdot\overrightarrow{BC}=0$ より　$-8(h_1+2)+6h_2=0$

$h_1=0$ より　$h_2=\frac{8}{3}$　　$\mathbf{H\left(0,\ \frac{8}{3}\right)}$ …答

AB，BCの中点をそれぞれD，Eとすると

$\overrightarrow{OD}=(3,\ 0)$，$\overrightarrow{OE}=(4,\ 3)$

$S(s_1,\ s_2)$ とする。

$\overrightarrow{DS}=(s_1-3,\ s_2)$，$\overrightarrow{DS}\cdot\overrightarrow{AB}=0$ より

$10(s_1-3)=0$　　$s_1=3$

$\overrightarrow{ES}=(s_1-4,\ s_2-3)$，$\overrightarrow{ES}\cdot\overrightarrow{BC}=0$ より

$-8(s_1-4)+6(s_2-3)=0$　　$s_2=\frac{5}{3}$　　$\mathbf{S\left(3,\ \frac{5}{3}\right)}$ …答

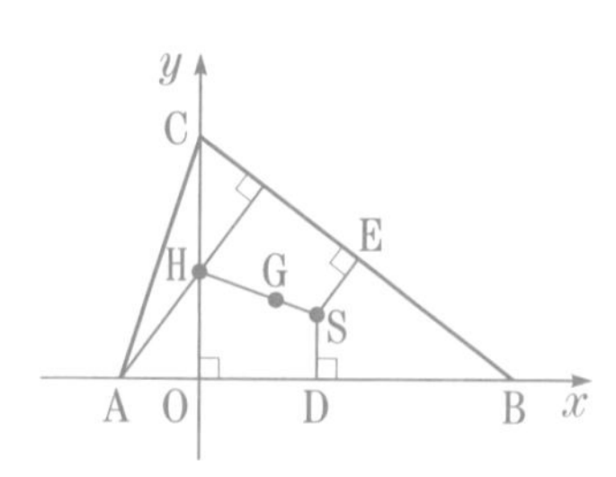


**［参考］** G，Hが求められたら，$\overrightarrow{SH}=3\overrightarrow{SG}$ を使って $\overrightarrow{OS}$ を求めてもよい。

わからなければ 34 へ

## 3 次の問いに答えよ。

(各 8 点　計 16 点)

(1) 3 点 A$(-2,\ -1)$，B$(2,\ 4)$，C$(0,\ 3)$ を頂点とする三角形の面積を求めよ。

$\overrightarrow{AB}=(2,\ 4)-(-2,\ -1)=(4,\ 5)$，$\overrightarrow{AC}=(0,\ 3)-(-2,\ -1)=(2,\ 4)$ より

$\triangle ABC=\dfrac{1}{2}|4\cdot4-2\cdot5|=\dfrac{6}{2}=\mathbf{3}$ …答

(2) $\triangle$OAB において，$\overrightarrow{OA}=\vec{a}$，$\overrightarrow{OB}=\vec{b}$ とする。$|\vec{a}|=\sqrt{13}$，$|\vec{b}|=\sqrt{10}$，$|\vec{a}-\vec{b}|=\sqrt{5}$ のとき，$\triangle$OAB の面積を求めよ。

$|\vec{a}-\vec{b}|^2=(\sqrt{5})^2$ より　$13-2\vec{a}\cdot\vec{b}+10=5$　　$\vec{a}\cdot\vec{b}=9$

よって　$\triangle OAB=\dfrac{1}{2}\sqrt{13\cdot10-9^2}=\dfrac{\mathbf{7}}{\mathbf{2}}$ …答

わからなければ 34 へ

## 4 四角形 OABC において，$OA^2+BC^2=OC^2+AB^2$ が成り立つならば，対角線 OB と AC は直交することを，ベクトルを用いて示せ。

(10 点)

[証明]　$\overrightarrow{OA}=\vec{a}$，$\overrightarrow{OB}=\vec{b}$，$\overrightarrow{OC}=\vec{c}$ とする。

$|\vec{a}|^2+|\vec{c}-\vec{b}|^2=|\vec{c}|^2+|\vec{b}-\vec{a}|^2$ より　$-2\vec{b}\cdot\vec{c}=-2\vec{a}\cdot\vec{b}$　　$\vec{b}\cdot\vec{c}=\vec{a}\cdot\vec{b}$

$\vec{b}\cdot(\vec{c}-\vec{a})=0$ より　$\overrightarrow{OB}\cdot\overrightarrow{AC}=0$　　よって　$OB\perp AC$　　[証明終わり]

わからなければ 35 へ

## 5 3 点 A$(-2,\ -6)$，B$(8,\ 4)$，C$(3,\ 14)$ がある。

(各 8 点　計 16 点)

(1) 直線 BC を媒介変数表示せよ。

直線 BC 上の動点を P$(x,\ y)$ とすると

$(x,\ y)=(1-t)(8,\ 4)+t(3,\ 14)=(8-5t,\ 4+10t)$

よって　$\begin{cases}\boldsymbol{x=8-5t}\\ \boldsymbol{y=4+10t}\end{cases}$ …答　$\left(\begin{cases}x=3+5t\\ y=14-10t\end{cases}\text{でもよい}\right)$

(2) $\triangle$ABC の重心 G から辺 BC に垂線 $\ell$ をひいたとき，辺 BC と $\ell$ との交点 D の座標を求めよ。

$G\left(\dfrac{-2+8+3}{3},\ \dfrac{-6+4+14}{3}\right)$ より　G$(3,\ 4)$　　また　$\overrightarrow{BC}=(-5,\ 10)$

(1)より，D$(8-5t,\ 4+10t)$ とおくと　$\overrightarrow{GD}=(8-5t,\ 4+10t)-(3,\ 4)=(5-5t,\ 10t)$

$\overrightarrow{GD}\cdot\overrightarrow{BC}=0$ より，$-5(5-5t)+10\cdot10t=0$ となり，$t=\dfrac{1}{5}$ なので

**D$(7,\ 6)$** …答

わからなければ 36 へ

## 6 平面上に同一直線上にない 3 点 A$(\vec{a})$，B$(\vec{b})$，C$(\vec{c})$ があるとき，$|\overrightarrow{AP}+\overrightarrow{BP}+\overrightarrow{CP}|=3$ で表される点 P$(\vec{p})$ は，どのような図形上にあるか。

(10 点)

$|\overrightarrow{AP}+\overrightarrow{BP}+\overrightarrow{CP}|=3$ より　$|\vec{p}-\vec{a}+\vec{p}-\vec{b}+\vec{p}-\vec{c}|=3$　　$\left|\vec{p}-\dfrac{\vec{a}+\vec{b}+\vec{c}}{3}\right|=1$

**$\triangle$ABC の重心を中心とする半径 1 の円。** …答

類題の解答

## 37 空間座標

本冊 p.101

3点 A(3, 1, 3), B(4, 0, 1), C(5, 2, 2) から等距離にある $xy$ 平面上の点 D の座標を求めよ。

### 考え方

2点 $P(x_1,\ y_1,\ z_1)$, $Q(x_2,\ y_2,\ z_2)$ に対して, $PQ^2=(x_2-x_1)^2+(y_2-y_1)^2+(z_2-z_1)^2$ である。このことを用いて, 等式

$$AD^2=BD^2=CD^2$$

から, D の座標を計算する。その際, 点 D は $xy$ 平面上にあることから, $z$ 座標は 0 であるので, $D(x,\ y,\ 0)$ とおけばよい。

### 解き方

$xy$ 平面上にあるので, $D(x,\ y,\ 0)$ とおく。
いま, $AD^2=BD^2=CD^2$ であることから

$$\begin{cases}(x-3)^2+(y-1)^2+(-3)^2=(x-4)^2+y^2+(-1)^2\\(x-5)^2+(y-2)^2+(-2)^2=(x-4)^2+y^2+(-1)^2\end{cases}$$

展開して

$$\begin{cases}x^2-6x+y^2-2y+19=x^2-8x+y^2+17\\x^2-10x+y^2-4y+33=x^2-8x+y^2+17\end{cases}$$

整理して

$$\begin{cases}x-y+1=0\\x+2y-8=0\end{cases}$$

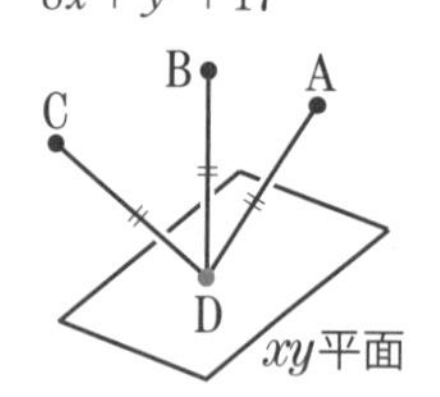


連立方程式を解いて

$$x=2,\ y=3$$

よって **D(2, 3, 0)** …答

[注意] D(2, 3, 0) のとき, 実際に

$$AD=\sqrt{(2-3)^2+(3-1)^2+(0-3)^2}=\sqrt{14}$$
$$BD=\sqrt{(2-4)^2+(3-0)^2+(0-1)^2}=\sqrt{14}$$
$$CD=\sqrt{(2-5)^2+(3-2)^2+(0-2)^2}=\sqrt{14}$$

となり, AD=BD=CD であることが確認できる。

## 38 空間ベクトル

本冊 p.103

3点 A(2, −1, 3), B(3, 2, 5), C(1, 2, 2) について, 次の問いに答えよ。

(1) 四角形 ABCD が平行四辺形になるように, 点 D の座標を定めよ。
(2) 四角形 ABEC が平行四辺形になるように, 点 E の座標を定めよ。

### 考え方

四角形 ABCD が平行四辺形
$\Leftrightarrow \overrightarrow{AB}=\overrightarrow{DC}$
$\Leftrightarrow \overrightarrow{AD}=\overrightarrow{BC}$

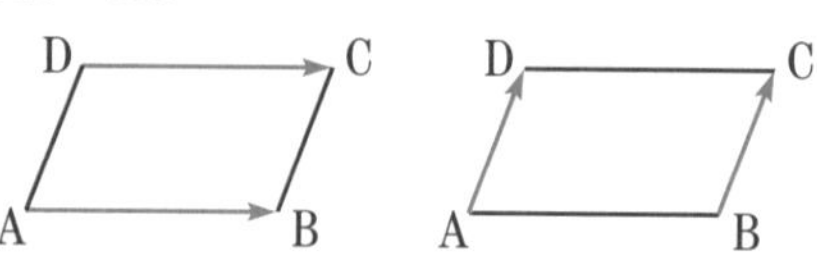


この条件を使って第 4 の頂点を求めればよい。

### 解き方

(1) $\overrightarrow{AB}=\overrightarrow{OB}-\overrightarrow{OA}$
$=(3,\ 2,\ 5)-(2,\ -1,\ 3)$
$=(1,\ 3,\ 2)$

点 $D(x,\ y,\ z)$ とおくと
$\overrightarrow{DC}=\overrightarrow{OC}-\overrightarrow{OD}$
$=(1,\ 2,\ 2)-(x,\ y,\ z)$
$=(1-x,\ 2-y,\ 2-z)$

よって $1=1-x,\ 3=2-y,\ 2=2-z$
したがって $x=0,\ y=-1,\ z=0$

**D(0, −1, 0)** …答

(2) $\overrightarrow{AB}=\overrightarrow{CE}$ である。
点 $E(x,\ y,\ z)$ とおくと
$\overrightarrow{CE}=\overrightarrow{OE}-\overrightarrow{OC}$
$=(x,\ y,\ z)-(1,\ 2,\ 2)$
$=(x-1,\ y-2,\ z-2)$

よって $1=x-1,\ 3=y-2,\ 2=z-2$
したがって $x=2,\ y=5,\ z=4$

**E(2, 5, 4)** …答

## 39 空間ベクトルの内積

本冊 p.105

次の問いに答えよ。

(1) 3点 A(1, 2, 3), B(4, 4, 3), C(1, 4, 5) を頂点とする △ABC の面積を求めよ。

(2) 2つのベクトル $\vec{a}=(3,\ 5,\ -7)$, $\vec{b}=(-2,\ -6,\ 5)$ について, $\vec{a}+\vec{b}$ と $\vec{a}+t\vec{b}$ が垂直になるように, 実数 $t$ の値を定めよ。

### ? 考え方

(1) ベクトルを利用した △ABC の面積の公式は

$$\triangle ABC=\frac{1}{2}\sqrt{|\overrightarrow{AB}|^2|\overrightarrow{AC}|^2-(\overrightarrow{AB}\cdot\overrightarrow{AC})^2}$$

であるので, まず $\overrightarrow{AB}$ と $\overrightarrow{AC}$ を成分表示する。そして $|\overrightarrow{AB}|^2$, $|\overrightarrow{AC}|^2$, および $\overrightarrow{AB}\cdot\overrightarrow{AC}$ を求め, 公式に代入すればよい。

(2) 垂直となる2つのベクトルを成分で表し, それらの内積を0とすればよい。

また, (1), (2)ともに

$$\vec{a}=(a_1,\ a_2,\ a_3),\ \vec{b}=(b_1,\ b_2,\ b_3)$$

のとき

$$\vec{a}\cdot\vec{b}=a_1b_1+a_2b_2+a_3b_3$$

を利用する。

### ! 解き方

(1) $\overrightarrow{AB}=(4,\ 4,\ 3)-(1,\ 2,\ 3)=(3,\ 2,\ 0)$

$\overrightarrow{AC}=(1,\ 4,\ 5)-(1,\ 2,\ 3)=(0,\ 2,\ 2)$

よって $|\overrightarrow{AB}|^2=3^2+2^2+0^2=13$

$|\overrightarrow{AC}|^2=0^2+2^2+2^2=8$

また $\overrightarrow{AB}\cdot\overrightarrow{AC}=3\cdot0+2\cdot2+0\cdot2=4$

したがって

$$\triangle ABC=\frac{1}{2}\sqrt{13\cdot8-4^2}$$

$$=\frac{1}{2}\sqrt{104-16}$$

$$=\frac{1}{2}\sqrt{88}$$

$$=\sqrt{22}$$ …答

(2) $\vec{a}+\vec{b}=(1,\ -1,\ -2)$

$\vec{a}+t\vec{b}=(3-2t,\ 5-6t,\ -7+5t)$

である。

$$(\vec{a}+\vec{b})\cdot(\vec{a}+t\vec{b})=0$$

なので

$$1\cdot(3-2t)-1\cdot(5-6t)-2\cdot(-7+5t)=0$$

$$(3-5+14)+(-2+6-10)t=0$$

$$12-6t=0$$

よって $t=2$ …答

# 37～39の確認テストの解答

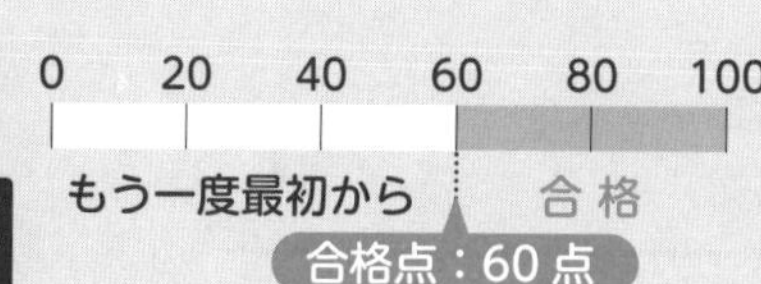


点

問題 → 本冊 p.106～107

わからなければ37へ

## 1

点 A(2, 3, 1) について，次の点の座標を求めよ。

（各6点　計24点）

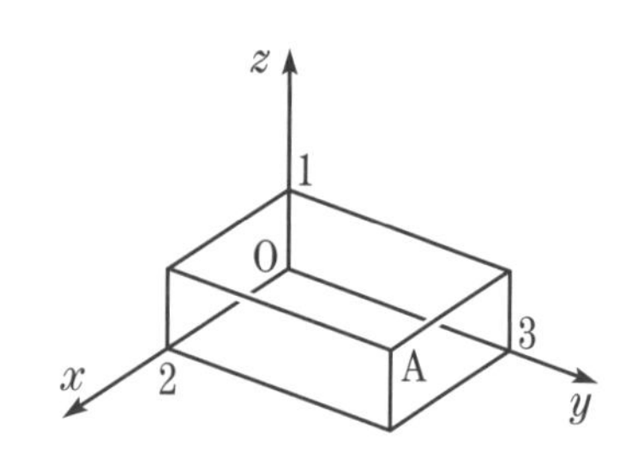


点 A の原点 O に関する対称点 B **(−2, −3, −1)**

点 A の $y$ 軸に関する対称点 C **(−2, 3, −1)**

点 A の $yz$ 平面に関する対称点 D **(−2, 3, 1)**

線分 CD の中点 M **(−2, 3, 0)**

わからなければ37へ

## 2

2 点 A(2, −2, 1), B(5, 4, 2) から等距離にある $y$ 軸上の点 C の座標を求めよ。

（8点）

C(0, $y$, 0) とおく。AC＝BC より $AC^2=BC^2$ であるから

$$(-2)^2+(y+2)^2+(-1)^2=(-5)^2+(y-4)^2+(-2)^2$$

$$y^2+4y+9=y^2-8y+45 \qquad 12y=36 \qquad y=3$$

よって　**C(0, 3, 0)** …答

わからなければ37へ

## 3

平行四辺形 ABCD の対角線の交点を M とする。
A(2, 3, 1), B(3, −2, 1), M(5, 2, 3) とするとき，
点 C, D の座標を求めよ。　　（各9点　計18点）

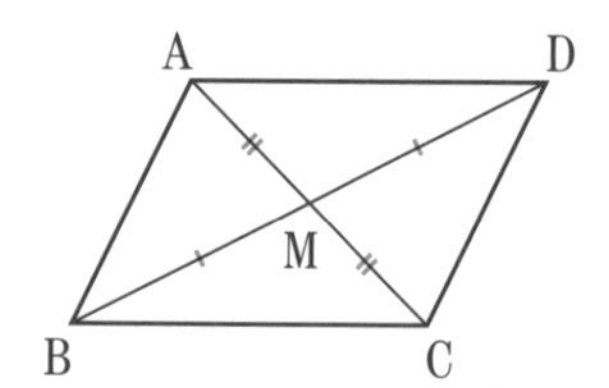


線分 AC の中点が M なので，C($x$, $y$, $z$) とすると

$$\frac{2+x}{2}=5, \quad \frac{3+y}{2}=2, \quad \frac{1+z}{2}=3$$

より　$x=8$, $y=1$, $z=5$　　**C(8, 1, 5)** …答

線分 BD の中点が M なので，D($p$, $q$, $r$) とすると

$$\frac{3+p}{2}=5, \quad \frac{-2+q}{2}=2, \quad \frac{1+r}{2}=3$$

より　$p=7$, $q=6$, $r=5$　　**D(7, 6, 5)** …答

わからなければ 38 へ

## 4

$x$, $y$, $z$ 座標がすべて同じ値の点 T$(t,\ t,\ t)$ と点 S$(3,\ 4,\ 5)$ について，$\overrightarrow{\mathrm{ST}}$ の大きさが最小となるような実数 $t$ の値とその最小値を求めよ。　（各５点　計 10 点）

$|\overrightarrow{\mathrm{ST}}|$ が最小となるのは，$|\overrightarrow{\mathrm{ST}}|^2$ が最小となるときである。

$$|\overrightarrow{\mathrm{ST}}|^2=(t-3)^2+(t-4)^2+(t-5)^2=t^2-6t+9+t^2-8t+16+t^2-10t+25$$
$$=3t^2-24t+50=3(t^2-8t+16-16)+50=3(t-4)^2+2$$

$\boldsymbol{t=4}$ のとき，最小値 $|\overrightarrow{\mathrm{ST}}|=\boldsymbol{\sqrt{2}}$ をとる。 …答

わからなければ 39 へ

## 5

3 点 A$(3,\ -2,\ 5)$，B$(-2,\ -1,\ 9)$，C$(1,\ 2,\ 3)$ を頂点とする △ABC の面積を求めよ。　（10 点）

$\overrightarrow{\mathrm{AB}}=(-5,\ 1,\ 4)$，$\overrightarrow{\mathrm{AC}}=(-2,\ 4,\ -2)$ より

$$|\overrightarrow{\mathrm{AB}}|^2=25+1+16=42,\quad |\overrightarrow{\mathrm{AC}}|^2=4+16+4=24$$
$$\overrightarrow{\mathrm{AB}}\cdot\overrightarrow{\mathrm{AC}}=(-5)\cdot(-2)+1\cdot 4+4\cdot(-2)=6$$

よって　$\triangle\mathrm{ABC}=\dfrac{1}{2}\sqrt{|\overrightarrow{\mathrm{AB}}|^2|\overrightarrow{\mathrm{AC}}|^2-(\overrightarrow{\mathrm{AB}}\cdot\overrightarrow{\mathrm{AC}})^2}=\dfrac{1}{2}\sqrt{42\cdot 24-6^2}$

$$=\frac{1}{2}\sqrt{6^2(7\cdot 4-1)}=\frac{1}{2}\cdot 6\sqrt{27}=3\cdot 3\sqrt{3}=\boldsymbol{9\sqrt{3}}$$ …答

わからなければ 39 へ

## 6

3 点 A$(3,\ 1,\ 2)$，B$(-2,\ 1,\ 2)$，C$(8,\ 5,\ 5)$ について，∠BAC を求めよ。（12 点）

$\overrightarrow{\mathrm{AB}}=(-5,\ 0,\ 0)$，$\overrightarrow{\mathrm{AC}}=(5,\ 4,\ 3)$ より

$$|\overrightarrow{\mathrm{AB}}|=\sqrt{25+0+0}=5,\quad |\overrightarrow{\mathrm{AC}}|=\sqrt{25+16+9}=5\sqrt{2}$$
$$\overrightarrow{\mathrm{AB}}\cdot\overrightarrow{\mathrm{AC}}=-25+0+0=-25$$

∠BAC$=\theta$ とすると　$\cos\theta=\dfrac{\overrightarrow{\mathrm{AB}}\cdot\overrightarrow{\mathrm{AC}}}{|\overrightarrow{\mathrm{AB}}||\overrightarrow{\mathrm{AC}}|}=\dfrac{-25}{5\cdot 5\sqrt{2}}=-\dfrac{1}{\sqrt{2}}$

$0^\circ\leqq\theta\leqq 180^\circ$ より　∠BAC$=\theta=\boldsymbol{135^\circ}$ …答

わからなければ 39 へ

## 7

1 辺の長さが 4 の正四面体 OABC について，次の値を求めよ。　（各９点　計 18 点）

(1) $\overrightarrow{\mathrm{OA}}\cdot\overrightarrow{\mathrm{OB}}$

正四面体の 4 つの面はすべて正三角形であるので，$\overrightarrow{\mathrm{OA}}$，$\overrightarrow{\mathrm{OB}}$ のなす角は $60^\circ$ である。

よって　$\overrightarrow{\mathrm{OA}}\cdot\overrightarrow{\mathrm{OB}}=|\overrightarrow{\mathrm{OA}}||\overrightarrow{\mathrm{OB}}|\cos 60^\circ$

$$=4\cdot 4\cdot\frac{1}{2}$$
$$=\boldsymbol{8}$$ …答

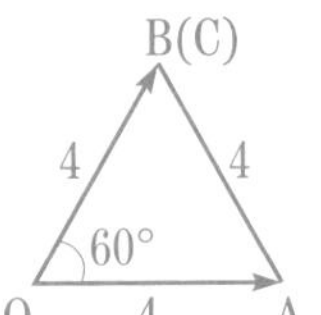


(2) $\overrightarrow{\mathrm{OA}}\cdot\overrightarrow{\mathrm{BC}}$

$$\overrightarrow{\mathrm{OA}}\cdot\overrightarrow{\mathrm{BC}}=\overrightarrow{\mathrm{OA}}\cdot(\overrightarrow{\mathrm{OC}}-\overrightarrow{\mathrm{OB}})$$
$$=\overrightarrow{\mathrm{OA}}\cdot\overrightarrow{\mathrm{OC}}-\overrightarrow{\mathrm{OA}}\cdot\overrightarrow{\mathrm{OB}}$$
$$=8-8$$
$$=\boldsymbol{0}$$ …答

類題の解答

## 40 空間の位置ベクトル

本冊 p.109

原点 O と 3 点 A, B, C がある。△OAB, △OBC, △OCA の重心をそれぞれ D, E, F とし, △DEF の重心を G とする。また, △ABC の重心を H とする。3 点 O, G, H は一直線上にあることを示せ。

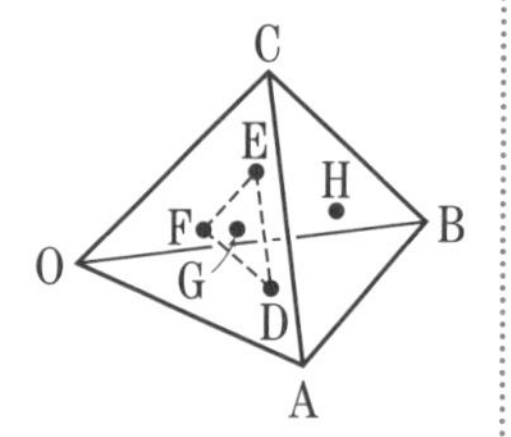


**考え方**

△ABC の重心を G とすると

$$\overrightarrow{OG}=\frac{1}{3}(\overrightarrow{OA}+\overrightarrow{OB}+\overrightarrow{OC})$$

この問題は, いろいろな三角形の重心を求めるので, どの三角形の重心であるかをよく見極めて, 計算まちがいをしないように注意しよう。

3 点 P, Q, R が一直線上にある

$\Longleftrightarrow$ $\overrightarrow{PQ}=k\overrightarrow{PR}$ となる実数 $k$ が存在する

これは, 何か 1 つ $k$ の値を見つければよいので, 具体的な値で等式が成り立つことを示す。

**解き方**

[証明] $\overrightarrow{OD}=\frac{1}{3}(\overrightarrow{OA}+\overrightarrow{OB})$,

$$\overrightarrow{OE}=\frac{1}{3}(\overrightarrow{OB}+\overrightarrow{OC}),\ \overrightarrow{OF}=\frac{1}{3}(\overrightarrow{OC}+\overrightarrow{OA})$$

であるので

$$\overrightarrow{OG}=\frac{1}{3}(\overrightarrow{OD}+\overrightarrow{OE}+\overrightarrow{OF})$$
$$=\frac{1}{9}(\overrightarrow{OA}+\overrightarrow{OB}+\overrightarrow{OB}+\overrightarrow{OC}+\overrightarrow{OC}+\overrightarrow{OA})$$
$$=\frac{2}{9}(\overrightarrow{OA}+\overrightarrow{OB}+\overrightarrow{OC})$$

また, $\overrightarrow{OH}=\frac{1}{3}(\overrightarrow{OA}+\overrightarrow{OB}+\overrightarrow{OC})$ である。

よって, $\overrightarrow{OH}=\frac{3}{2}\overrightarrow{OG}$ となり, 3 点 O, G, H は一直線上にある。 [証明終わり]

## 41 空間ベクトルと図形

本冊 p.111

図のような立体 OAB-CDE (側面はすべて平行四辺形) がある。辺 DE の中点を M とする。直線 OM と平面 ABC との交点を P とする。また, $\overrightarrow{OA}=\vec{a}$, $\overrightarrow{OB}=\vec{b}$, $\overrightarrow{OC}=\vec{c}$ とする。このとき, $\overrightarrow{OM}$, $\overrightarrow{OP}$ を $\vec{a}$, $\vec{b}$, $\vec{c}$ を用いて表せ。

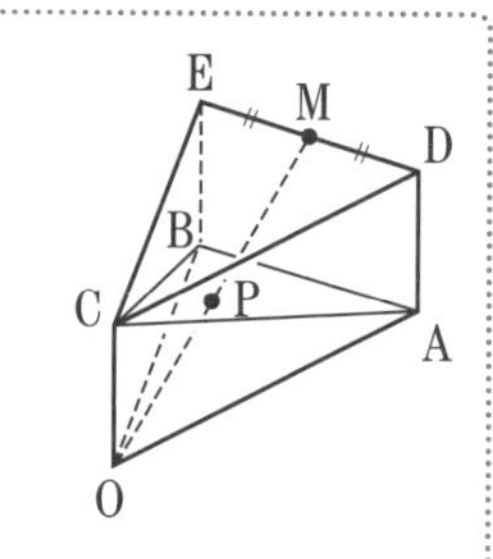


**考え方**

一直線上にない異なる 3 点 A($\vec{a}$), B($\vec{b}$), C($\vec{c}$) に対して, 点 P($\vec{p}$) が平面 ABC 上にある条件は, $\vec{p}=s\vec{a}+t\vec{b}+u\vec{c}$ と表されたとき

$$s+t+u=1$$

となることである。

つまり, 「係数の和が 1」である。

また本冊 $p.108$ にも書いたが次も大切である。

「3 点 A, B, C が一直線上にある

$\Longleftrightarrow$ $\overrightarrow{AC}=k\overrightarrow{AB}$ となる実数 $k$ が存在する」

**解き方**

四角形 OADC, OBEC が平行四辺形なので

$$\overrightarrow{OD}=\vec{a}+\vec{c},\ \overrightarrow{OE}=\vec{b}+\vec{c}$$

また, 点 M は辺 DE の中点なので

$$\overrightarrow{OM}=\frac{1}{2}(\overrightarrow{OD}+\overrightarrow{OE})=\frac{1}{2}\vec{a}+\frac{1}{2}\vec{b}+\vec{c}$$ …答

3 点 O, P, M は一直線上にあるので

$$\overrightarrow{OP}=k\overrightarrow{OM}=\frac{1}{2}k\vec{a}+\frac{1}{2}k\vec{b}+k\vec{c}$$

点 P は平面 ABC 上にあることより

$$\frac{1}{2}k+\frac{1}{2}k+k=1 \qquad k=\frac{1}{2}$$

よって $\overrightarrow{OP}=\frac{1}{4}\vec{a}+\frac{1}{4}\vec{b}+\frac{1}{2}\vec{c}$ …答

## 42 空間ベクトルの応用

本冊 p.113

3点A(1, 0, 0), B(0, 2, 0), C(0, 0, 2) に対して，次の問いに答えよ。
(1) 平面ABCの方程式を求めよ。
(2) 点D(−1, −1, −1)から平面ABCに垂線DHを下ろしたとき，点Hの座標を求めよ。

### ? 考え方

点$(x_0,\ y_0,\ z_0)$を通り，$\vec{0}$でないベクトル$(a,\ b,\ c)$に垂直な平面の方程式は

$$a(x-x_0)+b(y-y_0)+c(z-z_0)=0$$

であり，一般の平面の方程式は

$$ax+by+cz+d=0$$

と書ける。
また点$(x_0,\ y_0,\ z_0)$を通りベクトル$(a,\ b,\ c)$に平行な直線は，$t$を媒介変数として次のように書ける。

$$\begin{cases} x=x_0+at \\ y=y_0+bt \\ z=z_0+ct \end{cases}$$

### ! 解き方

(1) 平面ABC上の点をP$(x,\ y,\ z)$とすると，$\overrightarrow{AP}=s\overrightarrow{AB}+t\overrightarrow{AC}$とおける。
ゆえに

$$(x-1,\ y,\ z)$$
$$=s(-1,\ 2,\ 0)+t(-1,\ 0,\ 2)$$

よって　$x-1=-s-t,\ y=2s,\ z=2t$

$s,\ t$を消去して　$x-1=-\dfrac{y}{2}-\dfrac{z}{2}$

整理して　$\mathbf{2x+y+z-2=0}$ …答

**[別解]** 平面ABCの方程式を
$ax+by+cz+d=0$ ……① とする。
3点A, B, Cを通るので

$$a+d=0,\ 2b+d=0,\ 2c+d=0$$

よって

$$a=-d,\ b=-\frac{1}{2}d,\ c=-\frac{1}{2}d$$

①に代入して

$$-dx-\frac{1}{2}dy-\frac{1}{2}dz+d=0$$

$d\neq0$であるので ←$d=0$とすると$a=b=c=0$となり，①は平面を表さない。

$\mathbf{2x+y+z-2=0}$ …答

(2) (1)より，平面ABCに垂直なベクトルの1つは(2, 1, 1)である。
よって，直線DHは

$$\begin{cases} x=-1+2t \\ y=-1+t \\ z=-1+t \end{cases}$$

と表される。点Hは平面ABC上の点であるから，これを(1)で求めた方程式

$$2x+y+z-2=0$$

に代入すると

$$2(2t-1)+(t-1)+(t-1)-2=0$$
$$6t-6=0$$
$$t=1$$

よって　$x=1,\ y=0,\ z=0$

したがって　**H(1, 0, 0)** …答

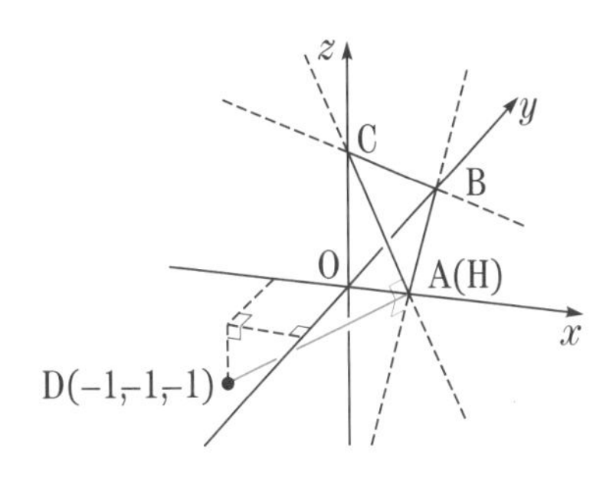

# 40～42 の確認テストの解答

0　20　40　60　80　100
もう一度最初から　合格
合格点：60点

点

問題 → 本冊 p.114～115

わからなければ 40 へ

## 1

平行六面体 ABCD-EFGH において，$\overrightarrow{AB}=\vec{b}$，$\overrightarrow{AD}=\vec{d}$，$\overrightarrow{AE}=\vec{e}$ とする。対角線 CE を 1：2 に内分する点を P とするとき，$\overrightarrow{HP}$ を $\vec{b}$，$\vec{d}$，$\vec{e}$ で表せ。　（15点）

$\overrightarrow{AC}=\overrightarrow{AB}+\overrightarrow{AD}=\vec{b}+\vec{d}$ である。

点 P は線分 CE を 1：2 に内分しているので

$$\overrightarrow{AP}=\frac{2}{3}\overrightarrow{AC}+\frac{1}{3}\overrightarrow{AE}=\frac{2}{3}\vec{b}+\frac{2}{3}\vec{d}+\frac{1}{3}\vec{e}$$

また，$\overrightarrow{AH}=\overrightarrow{AD}+\overrightarrow{AE}=\vec{d}+\vec{e}$ より

$$\overrightarrow{HP}=\overrightarrow{AP}-\overrightarrow{AH}=\left(\frac{2}{3}\vec{b}+\frac{2}{3}\vec{d}+\frac{1}{3}\vec{e}\right)-(\vec{d}+\vec{e})=\boldsymbol{\frac{2}{3}\vec{b}-\frac{1}{3}\vec{d}-\frac{2}{3}\vec{e}}$$ …答

**[参考]**　$\overrightarrow{HC}=\vec{b}-\vec{e}$，$\overrightarrow{HE}=-\vec{d}$ から

$$\overrightarrow{HP}=\frac{2\overrightarrow{HC}+1\cdot\overrightarrow{HE}}{1+2}=\frac{2}{3}(\vec{b}-\vec{e})+\frac{1}{3}(-\vec{d})=\frac{2}{3}\vec{b}-\frac{1}{3}\vec{d}-\frac{2}{3}\vec{e}$$

としてもよい。

わからなければ 40 へ

## 2

四面体 OABC において，$4\overrightarrow{OP}+\overrightarrow{AP}+\overrightarrow{BP}+2\overrightarrow{CP}=\vec{0}$ を満たす点 P は，どのような位置にあるか。　（15点）

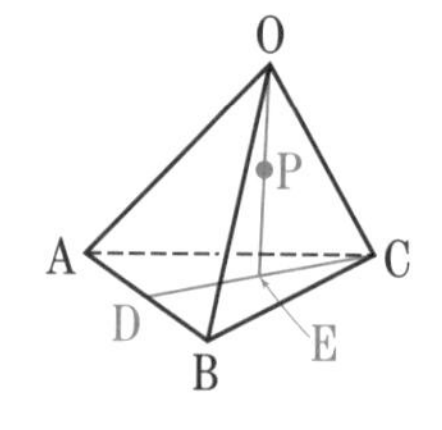


$\overrightarrow{OA}=\vec{a}$，$\overrightarrow{OB}=\vec{b}$，$\overrightarrow{OC}=\vec{c}$，$\overrightarrow{OP}=\vec{p}$ とすると

$$4\vec{p}+\vec{p}-\vec{a}+\vec{p}-\vec{b}+2(\vec{p}-\vec{c})=\vec{0}\qquad 8\vec{p}=\vec{a}+\vec{b}+2\vec{c}$$

よって　$4\vec{p}=\dfrac{\vec{a}+\vec{b}}{2}+\vec{c}$

辺 AB の中点を $D(\vec{d})$ とすると，$4\vec{p}=\vec{d}+\vec{c}$ より　$2\vec{p}=\dfrac{\vec{d}+\vec{c}}{2}$

線分 CD の中点を $E(\vec{e})$ とすると，$2\vec{p}=\vec{e}$ より　$\vec{p}=\dfrac{1}{2}\vec{e}$

よって，点 P は，**辺 AB の中点を D，線分 CD の中点を E としたときの線分 OE の中点。** …答

わからなければ 41 へ

**3** 四面体 OABC において，辺 OA を 3：2 に内分する点を D，線分 BD を 2：1 に内分する点を E，直線 OE と辺 AB の交点を F とする。また，$\overrightarrow{OA}=\vec{a}$，$\overrightarrow{OB}=\vec{b}$，$\overrightarrow{OC}=\vec{c}$ とする。次の問いに答えよ。（各 20 点　計 40 点）

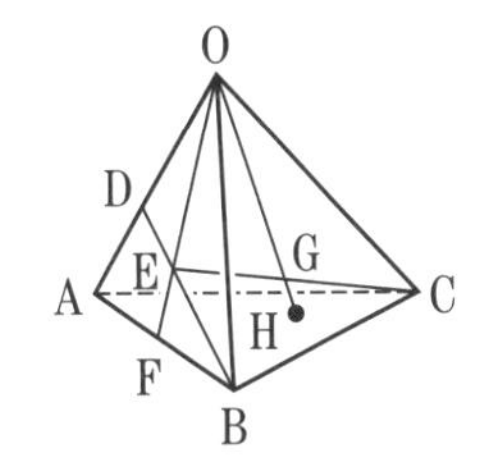


(1) $\overrightarrow{OF}$ を $\vec{a}$，$\vec{b}$ で表せ。

$$\overrightarrow{OE}=\frac{1}{3}\overrightarrow{OB}+\frac{2}{3}\overrightarrow{OD}=\frac{1}{3}\overrightarrow{OB}+\frac{2}{3}\cdot\frac{3}{5}\overrightarrow{OA}=\frac{2}{5}\vec{a}+\frac{1}{3}\vec{b}$$

$\overrightarrow{OF}=k\overrightarrow{OE}$ とおくと　$\overrightarrow{OF}=\frac{2}{5}k\vec{a}+\frac{1}{3}k\vec{b}$

点 F は辺 AB 上にあるので　$\frac{2}{5}k+\frac{1}{3}k=1$　　$k=\frac{15}{11}$

よって　$\overrightarrow{OF}=\frac{6}{11}\vec{a}+\frac{5}{11}\vec{b}$ …答

(2) 線分 CE を 3：2 に内分する点を G，直線 OG と面 ABC の交点を H とするとき，$\overrightarrow{OH}$ を $\vec{a}$，$\vec{b}$，$\vec{c}$ で表せ。

$$\overrightarrow{OG}=\frac{2}{5}\overrightarrow{OC}+\frac{3}{5}\overrightarrow{OE}=\frac{2}{5}\vec{c}+\frac{3}{5}\left(\frac{2}{5}\vec{a}+\frac{1}{3}\vec{b}\right)=\frac{6}{25}\vec{a}+\frac{1}{5}\vec{b}+\frac{2}{5}\vec{c}$$

$\overrightarrow{OH}=l\overrightarrow{OG}$ とおくと　$\overrightarrow{OH}=\frac{6}{25}l\vec{a}+\frac{1}{5}l\vec{b}+\frac{2}{5}l\vec{c}$

点 H は面 ABC 上にあるので　$\frac{6}{25}l+\frac{1}{5}l+\frac{2}{5}l=1$　　$l=\frac{25}{21}$

よって　$\overrightarrow{OH}=\frac{2}{7}\vec{a}+\frac{5}{21}\vec{b}+\frac{10}{21}\vec{c}$ …答

わからなければ 42 へ

**4** 点 A$(-3,\ 3,\ 0)$ を通り，$\vec{u}=(2,\ -1,\ 1)$ に平行な直線を $\ell$ とする。次の問いに答えよ。（各 10 点　計 30 点）

(1) 直線 $\ell$ を，媒介変数を $t$ とする方程式で表せ。

$x=-3+2t,\ y=3-t,\ z=t$ …答

(2) 直線 $\ell$ と $zx$ 平面との交点の座標を求めよ。

$zx$ 平面上の点は $y$ 座標が 0 なので，(1)の結果で $y=0$ とすると　$t=3$

よって　$x=3,\ z=3$　　交点の座標は　$(3,\ 0,\ 3)$ …答

(3) 直線 $\ell$ と球 $x^2+y^2+z^2=6$ との交点の座標を求めよ。

(1)の結果を球の方程式に代入すると　$(-3+2t)^2+(3-t)^2+t^2=6$

整理して　$t^2-3t+2=0$　　$(t-1)(t-2)=0$　　$t=1,\ 2$

$t=1$ のとき　$(x,\ y,\ z)=(-1,\ 2,\ 1)$

$t=2$ のとき　$(x,\ y,\ z)=(1,\ 1,\ 2)$

よって，交点の座標は　$(-1,\ 2,\ 1)$，$(1,\ 1,\ 2)$ …答